Geyer | Gies – Island

Matthias Geyer | Nils Gies

ISLAND

Natur – Landschaft – Geysire

Quelle & Meyer Verlag Wiebelsheim

Die Angaben in diesem Buch sind von den Autoren und dem Verlag sorgfältig erwogen und geprüft, dennoch kann keine Garantie übernommen werden. Eine Haftung der Autoren bzw. des Verlags und seiner Beauftragten für Personen-, Sach- und Vermögensschäden ist ausgeschlossen.

Bibliografische Information der Deutschen Nationalbibliothek
Die Deutsche Nationalbibliothek verzeichnet diese Publikation in der Deutschen Nationalbibliografie; detaillierte bibliografische Daten sind im Internet über http://dnb.d-nb.de abrufbar.

www.quelle-meyer.de

Umschlagabbildungen: vorne: M. Geyer (o.li.), N. Gies (o.m., u.), Pixabay/pvdberg (o.re.); hinten: M. Geyer
Druck und Verarbeitung: Westermann Druck Zwickau GmbH
Printed in Germany/Imprimé en Allemagne
ISBN 978-3-494-01824-9

Inhalt

Hinweise der Autoren

- Die Drohnenaufnahmen wurden ausschließlich an Stellen gemacht, an denen dies zum Zeitpunkt der Aufnahmen nicht verboten war bzw. im Vorfeld eine Erlaubnis eingeholt.
- Es werden hier nur Ziele vorgestellt, welche selbst besucht wurden. Daher fehlen z. B. die bekannte Sprengisandur Hochlandpiste oder die Laki Spalte.
- Die einzelnen Tourenpunkte wurden in Kategorien unterteilt (Aussichtspunkt, **Biologie**, **Geologie**, Gletscher, **Kultur** und **Wasserfall**). In den Touren und in den beigefügten Karten wurden die einzelnen Punkte farblich und mit eckigen Klammern gekennzeichnet und erlauben so auch eine optische Zuweisung zu der jeweiligen Kategorie.
- Die Touren wurden in möglichst einheitlicher Form vom Start- zum Endpunkt beschrieben. Ausnahmen bilden hierbei die **Tour I** (Reykjavík) und **Tour V** (Westmänner-Inseln): Hier wurden Einzelpunkte ohne vorgeschlagene Reihenfolge aufgeführt. In der **Tour V** wurde zusätzlich noch etwas detaillierter auf einige Besonderheiten der Inselgruppe eingegangen. Die **Tour XIV** (Laugavegur) ist keine klassische Routenbeschreibung, sondern entspricht eher einem kommentierten Bilderbogen des bekannten Fernwanderweges.
- Alle Abbildungen sind – falls nicht anders angegeben – genordet und besitzen daher und der Übersichtlichkeit wegen keinen Nordpfeil.
- Eine Liste mit den wichtigsten isländischen geographischen Bezeichnungen (und deren deutscher Übersetzung) ist zusammen mit dem Literaturverzeichnis am Ende des Buches angefügt.
- Die Texte wurden nach bestem Wissen und Gewissen zusammengestellt. Dennoch sind Fehler wohl unvermeidlich. Wir bitten alle Leserinnen und Leser dieses Buchs um entsprechende Korrekturen an den Verlag oder an uns.
- Wir bedanken uns beim Verlag, der nach der Erstellung des FOSSILIEN Sonderhefts Island auch dieses Buch unterstützt hat und hoffen, dass der Leserkreis unsere Islandbegeisterung teilt.

- Die Bilder stammen von insgesamt 10 verschiedenen Reisen zwischen 1985 und 2019. Zusätzliche Bilder haben uns freundlicherweise folgende Personen zur Verfügung gestellt: Emilia Bandosz, Philipp Behncke, Laurent Blanchard, Ljuba Brank, Achim Braun, Gerhard Hoffmann, Bernd Langhuber, Regína Hrönn Ragnarsdóttir, Elke Ludewig, Florian Rauscher, Erik Sturkell, Rüdiger Wandke, Ingrid Waller, Markus Wloka und Mark Vetter. Die Bilder von der Befahrung des Vulkans Þríhnjúkagígur und die Innenaufnahmen der Lavahöhle Raufarhólshellir wurden uns von den jeweiligen Betreibern zur Verwendung freigegeben.
- Tipps bei beim Verfassen der Texte und zusätzliche Informationen erhielten wir von Magnús Bragason, María Jóna Helgadóttir, Kristín Jóhannsdóttir, Jóhannes Marteinn Jóhannesson, Elke Ludewig, Florian Rauscher, Erik Sturkell, Ingrid Waller und Daniel Ben Yehosua.

Einführung

Abb. A-1 Bei der Anreise mit dem Flugzeug aus Europa taucht als erstes die Südküste von Island auf. (Foto: M. Geyer)

Geografie und Klima

Island (deutsch: Eisland) erstreckt sich über eine Fläche von 103'000 km² und ist damit etwas größer als Portugal. Das Land erklärte am 17. Juni 1944 seine Unabhängigkeit von Dänemark. Island ist eine parlamentarische Demokratie, Gründungsmitglied der NATO (aber ohne Armee!) sowie Mitglied des Europäischen Wirtschaftsraums, der EFTA und des Nordischen Rates. Das Land bildet die größte Vulkaninsel der Welt und liegt knapp südlich des Nördlichen Polarkreises im Nordatlantik (A-1). Mit etwa 360'000 Einwohnern (Stand: 1. Januar 2019) ist Island das am dünnsten besiedelte Land Europas. Etwas mehr als die Hälfte der Bevölkerung lebt im Großraum der Hauptstadt Reykjavík (deutsch: rauchende Bucht). Die Republik Island gehört in Bezug auf das Prokopfeinkommen zu den 10 reichsten Ländern der Welt – bei der Millionärsdichte pro Einwohner liegt das Land sogar auf Rang 8.

Klimatisch gehören die großen Sanderflächen der Südküste, die Reykjanes Halbinsel mit der Hauptstadtregion, die Westküste sowie das Gebiet um Akureyri in Nordisland zum subpolar-ozeanischen Klima. Dank der Nordatlantikströmung, die als nördlicher Ausläufer des Golfstroms anzusehen ist (A-2), fallen die mittleren Temperaturen in Island im Winter in den subpolaren Küstenbereichen nicht unter -3°C, erreichen aber im Sommer auch nicht mehr als 22°C. Der gesamte Rest der Insel, einschließlich des Hochlands und der Westfjorde, gehört in die Klimazone der Tundra. Die durchschnittlichen Maximaltemperaturen übersteigen hier nicht 10 °C, während die mittleren Minimalwerte selten unter -3°C fallen. Island ist für ganzjährig starke Winde mit Spitzen von 100 km/h bekannt. Diese Winde sind die Ursache für die im Hochland und auf den großen Sanderflächen in der südlichen Küstenebene häufig vorkommenden Sandstürme.

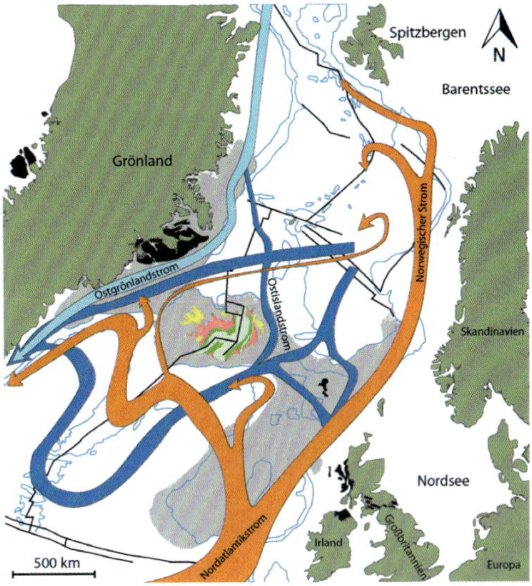

Abb. A-2 Meeresströmungen im Nordatlantik (Grafik: N. Gies, abgeändert nach Wikipedia)

Flora und Fauna

Flora

Infolge der geringen Bodenbedeckung ist die Vegetation sehr trittempfindlich. Große Teile vor allem der nacheiszeitlichen Lavafelder sind nur von Isländisch Moos und gelegentlichen Grasnelken-Polstern bewachsen (B-1). Dies ist auch auf die Besiedlung seit dem 9. Jahrhundert zurückzuführen: nach Schätzungen war Island damals, im Klimaoptimum des Hochmittelalters, zumindest von 25% (Birken–) Wald bedeckt. Dies lässt sich auch aus der großen Verbreitung entsprechender topographischer Geländebezeichnungen ableiten. So ist z. B. der Wortstamm "skóg" (deutsch: Wald) deutlich häufiger anzutreffen als heutige Waldgebiete. Doch das Holz wurde für Schiff-

Abb. B-1 Oben Isländisch Moos (Cetraria islandica) *auf der Halbinsel Reykjanes am Berg Keilir (Fotos: M. Geyer) und unten mit Grasnelken* (Armeria maritima) *in den jungen Lavafeldern der Halbinsel Reykjanes (Foto links: N. Gies) und am Vulkan Grábrók (Foto rechts: M. Geyer)*

und Häuserbau verwendet. Die ebenfalls mitgebrachten Nutztiere sorgten aber für einen weit größeren Verlust an Waldflächen – und auf die Überweidung folgte die Erosion durch Wind und Regen. Klimatisch bedingt wuchs der Wald nicht mehr nach und hatte auch keine Möglichkeit, sich auf natürlichem Weg zu regenerieren. Wälder existieren heute dank groß angelegter Kampagnen zur Wiederaufforstung wieder in bescheidenem Umfang vor allem in Ostisland (z.B. Wald von Hallormsstaður). Im Haukadalur in der Nähe von Geysir [13] gibt es das größte zusammenhängende Waldgebiet in Südisland. Allerdings ist das Höhenwachstum der Bäume klimabedingt eingeschränkt und mit einem Waldbestand von etwa 1,5% ist der Wert noch weit von der ursprünglichen Bewaldung entfernt.

Als natürliche Bodendecker sind der Arktische Thymian (B-2) und, vor allem in Nordisland, eine Zwergstrauchgesellschaft aus Heidelbeere, Rauschbeere und Krähenbeere (B-3) zu nennen. Aber die fehlende Vegetation führte mancherorts zu Sandstürmen und Geröllawinen. Um der Bodenerosion Einhalt zu gebieten, wurde die im nordwestlichen Nordamerika heimische Alaska-Lupine eingeführt, die sich auf Island sehr gut akklimatisierte (B-4). Allerdings hat sie sich deutlich weiter ausgebreitet als vorgesehen. Da die Lupine wegen ihres raschen Wachstums auch einheimische Flora überwuchert, wird sie mittlerweile in bestimmten Gegenden wieder entfernt.

Trotz der geschilderten widrigen Umstände ist es doch erstaunlich, mit welcher Vielfalt die Vegetation im Umfeld eines Gletschers einsetzt, wie dies z. B. beim Sólheimajökull [25] zu beobachten ist (B-5). Bestimmte Farn- und Moosarten sind an die heißen Quellen besonders gut angepasst. Eine Unterart des Rippenfarns kommt nur in Deildartunguhver [131] vor. In den übersäuerten Sumpfwiesen ist das Fettkraut recht häufig – aber deutlich kleinwüchsiger als in Mitteleuropa (B-6). In Mooren und Sumpfgebieten, aber auch entlang der Küste,

Abb. B-2 Arktischer Thymian (Thymus praecox arcticus) *ist ein weitverbreiteter Bodendecker in Island – auch in unmittelbarer Nähe des Gletschers Solheimajökull. (Foto: M. Geyer)*

Abb. B-3 Vor allem in Nordisland bedeckt die Krähenbeere (Empetrum nigrum) *weite Flächen. (Foto: G. Hoffmann)*

Abb. B-4 Alaska-Lupinen (Lupinus nootkatensis) *an der Südküste Islands bei Skógar (Foto: M. Geyer)*

Abb. B-5 In unmittelbarer Nähe der heutigen Gletscherstirn des Sólheimajökull besteht eine erstaunliche botanische Vielfalt. Links oben: Alpen-Säuerling (Oxyria digyna), *rechts oben: Mauerpfeffer* (Sedum acre), *links unten: Labkraut* (Galium verum), *rechts unten: Frauenmantel* (Alchemilla) *(Fotos: M. Geyer)*

sind gelegentlich Wollgraswiesen anzutreffen (B-7). An Fluss- und Seeufern ist neben der Sumpfdotterblume auch die Engelwurz relativ häufig. Einzelne Stauden dieser auch für Heilzwecke verwendeten Pflanze

Abb. B-6 Das Fettkraut (Pinguicula vulgaris) *ist an feuchten Standorten sehr häufig. (Foto: M. Geyer)*

Abb. B-7 Wollgras (Eriophorum scheuchzeri) *entwickelt sich vor allem in feuchten Wiesen. (Foto: M. Geyer)*

können mehrere Dezimeter hoch werden (B-8). Vorzugsweise in Ostisland gibt es an den Küsten große Bestände von Strandblauglöckchen,

Abb. B-8 Der Engelwurz (Angelica archangelica) *säumt oft die Uferbereiche von Wasserläufen. (Foto: M. Geyer)*

Abb. B-9 Das Strandblauglöckchen (Mertensia maritima) *ist ein auffälliger Bodendecker in den Strandbereichen von Ost- und Nordisland. (Foto: M. Geyer)*

das mit seiner intensiven Farbe sehr auffällig ist (B-9). Auf Kiesbänken von Flüssen oder in Geröllhalden können große Bestände von Arktischem Weidenröschen vorkommen. Im Hochland ist die Vegetation oft nur auf polsterförmige, widerstandsfähige Pflanzen beschränkt. Doch bei genauerem Hinsehen ist die Flora keineswegs eintönig (B-10).

Abb. B-10 Auswahl an Vertretern der Flora von Island (von oben links nach unten rechts): Arktischer Mohn (Papaver radicatum), *Arktisches Weidenröschen* (Chamerion latifolium) *und Geflecktes Knabenkraut* (Dactylorhiza maculata), *Klippenleimkraut* (Silene uniflora), *Enzian Zarter Haarschlund* (Comastoma tenellum), *Wollweide* (Salix lanata), *Alpenhelm* (Bartsia alpina) *und Strandwegerich* (Plantago maritima) *(Fotos oben: M. Geyer, unten: E. Ludewig)*

Fauna

Auf Island ist die einheimische Fauna nicht sehr artenreich. Polarfüchse sind im Ostland, im Norden sowie in den Westfjorden heimisch. Die größte Population lebt auf der Halbinsel Hornstrandir (B-11). Eine Aufzucht- und Forschungsstation für Polarfüchse befindet sich in **Súðavík [112]** (Arctic-Fox-Center). Die bekannten Islandpferde (B-12) sowie die heute auf etwa knapp ½ Millionen geschätzten Schafe (B-13) kamen mit den Einwanderern nach Island. Dabei gelten für die 80'000 Islandpferde strenge Schutzbestimmungen: Hat ein Islandpferd das Land einmal verlassen, so ist die Rückkehr nicht mehr möglich. Mäuse und Ratten sind vor allem im Großraum Reykjavík heimisch geworden; allerdings ist die Zahl relativ gering. Die Einfuhr der Rentiere ab 1771 war ein Geschenk des norwegischen Königs an die Isländer. Heute wird

Abb. B-11 Polarfuchs in den Westfjorden (Foto: R. Wancke)

Abb. B-12 Islandpferde bei Borgarnes in Westisland (Foto: M. Geyer)

Abb. B-13 Schafe am Strand der Halbinsel Langanes in Nordostisland (Foto: M. Geyer)

die Zahl der Rentiere auf Island auf etwa 7000 geschätzt. Da Rentiere hier keine natürlichen Feinde haben, wird Ihre Zahl kontrolliert und die Wanderbewegungen mit GPS-Sendern überwacht. Außerdem stellen die Tiere für die Wälder Islands eine große Belastung dar. Heute leben einige Herden vor allem in Ost- und Nordisland sowie im Gebiet um den Mývatn-See. Im Raum Reykjavík gibt es einige Kaninchen, die aber eher als Einwanderer eingestuft werden müssen und deren Bestände kontrolliert werden. Eisbären gelangen gelegentlich auf Eisschollen in das Gebiet der Westfjorde oder an die Strände der Halbinseln Tjörnes oder Melrakkaslétta in Nordisland; allerdings werden die Tiere als gefährlich eingestuft, gelten als nicht überlebensfähig in Island und werden daher bejagt. Spinnen sind auch in Island an extreme Lebenssituationen angepasst und leben z. B. auch im unmittelbaren Umfeld der Gletscher (B-14). Unter den Insekten können Mücken zu bestimmten Jahreszeiten in manchen Gebieten störend sein (Mývatn [89]).

Abb. B-14 Spinne im Geröllfeld nahe der Gletscherstirn des Sólheimajökull (Foto: M. Geyer)

Abb. B-15 Walbeobachtung in der Bucht von Reykjavík. Im Hintergrund liegt der Berg Esja. (Foto: M. Vetter)

In den Gewässern um Island gibt es neben Delfinen auch Walbestände, die trotz internationalem Druck weiter in begrenztem Umfang bejagt werden. In Island wurde Walfleisch traditionell immer gegessen und wird auch heute noch (in beschränktem Umfang) in Restaurants angeboten. An verschiedenen Orten (z. B. Akureyri, Húsavík oder Reykjavík) werden aber inzwischen auch Walbeobachtungsfahrten angeboten (B-15). Wegen des Zusammentreffens der warmen Nordatlantischen Strömung und der sauerstoffreichen, polaren Wassermassen sind die Gewässer um Island sehr fischreich. Die Fischindustrie bildet daher seit jeher das Rückgrat der isländischen Wirtschaft und ist auch heute noch nach dem Tourismus die zweitwichtigste Einnahmequelle. Allerdings sind auch hier Verschiebungen in den Wanderbewegungen festzustellen, die mit der gegenwärtigen globalen Erwärmung der Weltmeere zusammenhängen. Neben der traditionellen Hochseefischerei gibt es in Island auch zahlreiche Fischfarmen. In Küstennähe gibt es einige Gebiete, in denen Seehunde und Robben relativ häufig anzutreffen sind (B-16). Bekannte Stellen sind z. B. Hvammstangi [102] und Hvítanes [111]. In den Seen und Flüssen Islands sind vor allem Aale, Forellen, Lachse, Saiblinge und Stichlinge anzutreffen.

Die Vogelwelt ist sicher interessanter als der Rest der Fauna. Entlang der Küste gibt es eine Reihe von bekannten Vogelfelsen. Die bekanntesten Stellen sind dabei Dyrhólaey [47] an der Südküste (**Tour IV**), Stórhöfði [58] auf den Westmänner-Inseln (**Tour V**) und der Látrabjarg [119] in den Westfjorden (**Tour XI**). Dabei bevorzugen die unterschied-

Abb. B-16 Seehunde am Strand bei Hvítanes am Skötufjörður in den Westfjorden. (Fotos: F. Rauscher)

lichen Vogelarten bestimmte "Stockwerke" der Vogelfelsen (B-17). Der Papageitaucher ist ohne Zweifel die bekannteste Vogelart in

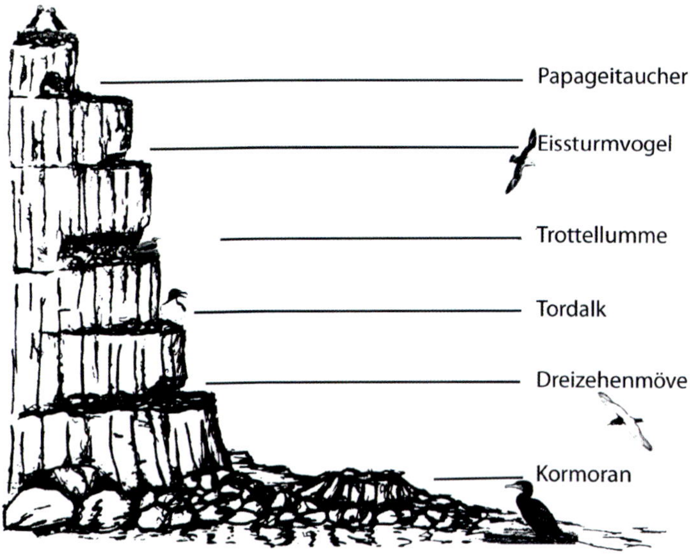

Abb. B-17 Schematischer Aufbau eines Vogelfelsens (Grafik: N. Gies, nach einer Infotafel am Látrabjarg)

Island (B-18). Die Gelege und auch der Papageitaucher selbst gelten in Island als Spezialität und werden unter Auflagen bejagt. Der starke

Abb. B-18 Papageitaucher (Fratercula arctica) *auf den Westmänner-Inseln (Fotos: E. Ludewig)*

Rückgang der Bestände, vor allem auf den Westmänner-Inseln, ist aber hauptsächlich auf die gegenwärtige Erwärmung des Nordatlantiks zurückzuführen. Die Vögel verhungern, weil die von ihnen verzehrten Fische weiter nördlich in kältere Gewässer abgewandert sind. Dennoch sind die auf etwa 4 Millionen Exemplare geschätzten Vögel nicht vom Aussterben bedroht. Weitere See- und Küstenvögel sind: Austernfischer, Basstölpel, Eiderente, Eissturmvogel, Graugans, Küstenseeschwalbe, Raubmöwe, Singschwan, Stockente, Tordalk und Trottellumme (B-19). Die Artenvielfalt an Landvögeln ist nicht so groß. Hier sind vor allem Brachvogel, Goldregenpfeifer, Moorschneehuhn und Schneeammer und unter den Raubvögeln der Gerfalke zu nennen (B-20).

Abb. B-19 Oben Küstenseeschwalbe (Sterna paradisaea) *im Flug, bei der Fütterung und Jungtier in Hvallátur in den Westfjorden (Fotos: F. Rauscher) und unten von links nach rechts Eissturmvogel* (Fulmarus glacialis) *auf den Westmänner-Inseln, Graugans* (Anser anser) *am Þingvallavatn bei Þingvellir, Gryllteiste* (Cepphus grylle) *bei Dyrhólaey an der Südküste und Austernfischer* (Haematopus ostralegus) *in Arnarstapi auf der Halbinsel Snæfellsnes. (Fotos: E. Ludewig)*

Abb. B-20 Rechts Brachvogel (Numenius arquata) *auf der Halbinsel Reykjanes (Foto: M. Geyer) und links Goldregenpfeifer* (Pluvialis apricaria) *auf dem Weg zum Leuchtturm Hópsnes (Foto: E. Ludewig)*

Abb. K-1 Am Lögberg in Þingvellir wurde am 17. Juni 1944 die Unabhängigkeit von Island ausgerufen. (Foto: M. Geyer)

Abb. K-2 Auf den Glasfenstern der Kirche von Akureyri finden sich Szenen aus der isländischen Geschichte wieder. Hier ist die Versenkung der Statuen heidnischer Götter in den Goðafoss durch Þorgeir im Jahr 1000 zu sehen. (Foto: M. Geyer)

Wann Island von Menschen dauerhaft besiedelt wurde, ist unklar. Es gibt Funde von römischen Goldmünzen aus dem 3. Jahrhundert und dendrochronologische Untersuchungen im Herjólfsdalur auf der Insel Heimaey liefern ein Alter von ca. 690 n. Chr. für die Balken eines Langhauses. Allerdings kann nicht ausgeschlossen werden, dass Treibholz verwendet worden ist. Irische und norwegische Mönche oder Missionare sollen ebenfalls vor dem 8. Jahrhundert isländischen Boden betreten haben. Die offizielle Landnahmezeit beginnt die isländische Geschichtsschreibung mit der Ankunft von Ingólfur Arnarson im Jahr 874, der bei dem später nach ihm benannten Bauernhof Ingólfshöfði an Land ging (**Tour VI**). Seit dem Jahr 930 trafen sich Vertreter aus den verschiedenen Siedlungsgebieten Islands in Þingvellir [11] zum Alþingi (deutsch: Althing), der jährlichen gesetzgebenden und rechtsprechenden Versammlung. Diese fand am Lögberg (deutsch: Gesetzesberg) statt (K-1). Das Jahr 1000 brachte eine bedeutsame Änderung, denn das Alþingi nahm das Christentum an (K-2). Immer wieder führten Vulkanausbrüche zu großen Schäden und zur Aufgabe ganzer Landstriche. Das deutlich kühlere Klima während großer Teile des Mittelalters trug nichts zur Verbesserung dieser Situation bei. Als gegen Ende der Kleinen Eiszeit im 18. Jahrhundert auch noch die Laki-Spalte nahe Kirkjubæjarklaustur [59] in Südostisland nach einem heftigen Erdbeben von 1783 bis 1784 nahezu ununterbrochen gewaltige Mengen an Lava, Asche und Gase in die Luft schleuderte, hatte dies nicht nur Auswirkungen auf Island, sondern auch auf weite Teile Europas. Diese Zeit wird in Island als Móðuharðindin (deutsch: Nebelnot) bezeichnet und vorsichtigen Schätzungen zufolge forderten die schwefel- und fluorhaltigen Gase einen hohen Tribut: 80% der Schafe sowie die Hälfte der Kühe und Pferde kamen um oder mussten notgeschlachtet werden. Der folgenden Hungerkatastrophe fiel mindestens ein Viertel der isländischen Bevölkerung zum Opfer. Viele Hinweise zu dieser Katastrophe verdankt man dem Pfarrer Jón Steingrímsson, der seine Erlebnisse und Aufzeichnungen 1788 unter dem Titel Eldrit veröffentlichte (deutsch: Feuerpredigt).

Es ist an dieser Stelle kein Raum für eine detaillierte Beschreibung der isländischen Geschichte, die auch in den Folgejahren immer wieder von Vulkanausbrüchen beeinflusst wurde. Doch drei Ereignisse der letzten Jahrzehnte verdienen Beachtung.

Die kleine Insel im Nordatlantik bot zwischen 1958 und 1975 mit ihrer aus zwei Schiffen bestehenden Küstenwache der britischen Fischereiflotte die Stirn (K-3). Island hatte etappenweise und einseitig seine Fischereigrenzen von 3 auf 200 Seemeilen ausgedehnt und angekündigt, fremde Fischer in seinen Hoheitsgewässern nicht zu gestatten. Dies führt zu dip-

Abb. K-3 Die Schiffe der durch den Kabeljaukrieg bekannt gewordenen Küstenwache Islands im Hafen von Reykjavík. (Foto: M. Geyer)

lomatischen Verwicklungen, die als "Kabeljaukrieg" in die Geschichte eingingen. Die isländische Küstenwache kappte die Netze von Fischtrawlern, die innerhalb der beanspruchten Gewässer fischten. Unter diplomatischem Druck der USA konnte Island seine Interessen durchsetzen.

Das Treffen der Präsidenten Reagan (USA) und Gorbatschow (UdSSR) im Oktober 1986 in Reykjavík gilt als das formale Ende des Kalten Krieges und als Beginn der Entspannungspolitik zwischen den beiden damaligen Supermächten. Das Gipfeltreffen fand im bescheidenen Gästehaus Höfði der isländischen Regierung statt. Unweit davon wurde 2015 ein Originalstück der Berliner Mauer aufgestellt, welches als Geschenk der Neu West-Berlin Art Gallery zum 25. Jubiläum der Deutschen Einheit an das historische Treffen erinnern soll (K-4).

Abb. K-4 Das unscheinbare Gästehaus Höfði der isländischen Regierung in Reykjavík (links) schrieb 1986 mit dem Treffen von Reagan und Gorbatschow Weltgeschichte. Unweit davon wurde 2015 ein Originalstück der Berliner Mauer aufgestellt. (Quelle links und rechts: M. Geyer; Mitte: Wikimedia Commons)

Im Jahr 2008 ereignete sich kein tektonisches, sondern ein wirtschaftliches und politisches Beben: Nach jahrelangen Spekulationsgeschäften betrug die Bilanzsumme der drei größten (privaten) Banken Islands mehr als Zehnfache des damaligen isländischen Bruttosozialprodukts. Als direkte Folge der Pleite der Lehman Brothers Bank in den USA waren die drei isländischen Großbanken innerhalb einer Woche bankrott. Island erhielt Kredite in Milliardenhöhe vom Internationalen Währungsfonds, den Ländern des Nordischen

Rats und Polen, um den Staatsbankrott abzuwenden. Nach Protesten der Bevölkerung verstaatlichte die Regierung die Banken und garantierte die inländischen Spareinlagen. Einem Gesetz der Regierung zur Entschädigung der ausländischen Gläubiger verweigerte der isländische Präsident zweimal eine Unterschrift. Daraufhin kam es zu zwei Volksabstimmungen, in denen eine große Mehrheit der Isländer sich gegen eine Entschädigung aussprach. Zur Bewältigung der Krise erhöhte die Regierung die Steuern für Besserverdienende, private Bauvorhaben wurden vom Staat übernommen und fertiggestellt. Symbolkraft hatte in diesem Zusammenhang die Fertigstellung des Konzerthauses Harpa [3] in Reykjavík (K-5). Die isländische Krone wurde um mehr als 50% abgewertet. Die Rechnung ging für Island auf: Nach 4 Jahren war die Arbeitslosigkeit wieder auf dem niedrigen Stand vor der Staatskrise und der Staatshaushalt wieder

Abb. K-5 Die Wiederaufnahme der Bauarbeiten für das Konzerthaus Harpa war von hoher Symbolkraft in der Staatskrise von 2008. (Quelle: Wikimedia Commons)

ausgeglichen. Der in den Jahren ab 2012 einsetzende Tourismusboom sorgte zusätzlich für zahlreiche Arbeitsplätze.

Auf den Punkt gebracht

Island ist ein modernes Land mit hoher Lebensqualität und entsprechendem Preisniveau. Die Lebenserwartung gehört zu den höchsten auf der Welt, die Zufriedenheit der Bevölkerung ebenso. Nirgendwo auf der Welt gibt es mehr Verlage und Tageszeitungen pro Einwohner wie in Island. Seit 2011 ist Reykjavík eine der weltweit nur fünf UNESCO Literaturstädte. Die isländische Bevölkerung ist auch Weltmeister im Bücherlesen. Die Kriminalitätsrate gehört zu den niedrigsten weltweit und dies, obwohl die Polizei unbewaffnet ist. Gelegentliche Vorstöße zur Bewaffnung der Polizeistreifen wurden bislang und zuletzt 2018 nicht weiterverfolgt. Der sehr starke Anstieg des Tourismus in den Jahren seit 2012 stellt für die isländische Bevölkerung eine hohe Belastung dar. Der Hauptansturm in den Sommermonaten fällt auch in die Urlaubszeit der Isländer. Bei über 2 Millionen Touristen (2018) ist das Verhältnis zwischen Gästen und Einwohnern etwa 6:1. Das ist eine Gratwanderung und ohne zahlreiche Fremdarbeiter, vor allem im Hotel- und Gaststättengewerbe, nicht zu bewältigen.

Historische Reiseberichte

Als erste isländische Forschungsreisende gelten Eggert Ólafsson (1726–1768) und Bjarni Pálsson (1719–1779), denen die Erstbesteigung des Vulkans Hekla im Jahr 1750 (H-1) und des Snæfellsnes [124] im Jahr 1753 zugeschrieben wird (H-1). Die beiden Männer bereisten zwischen 1752 und 1757 im Auftrag des dänischen Königs Island. Ihre vielfältigen Beobachtungen wurden erstmals 1772 in dänischer Sprache veröffentlicht. Das Buch *Reise igiennem Island* (deutsch: Reisen in Island) gilt auch heute

Abb. H-1 Die Erstbesteigung der Hekla fand 1750 durch Eggert Ólafsson (1726 – 1768) und Bjarni Pálsson statt. (Quelle: http://thrandur.com/eggert-and-bjarni/)

noch als Referenzwerk. So findet sich hier eine Erstbeschreibung der fossilen Blätter in den Kohlelagen von Surtarbrandsgil [120] bei Brjánslækur (**Tour XI**).

Ab dem 18. Jahrhundert und bis Anfang des 20. Jahrhunderts fanden auch zahlreiche Forschungs-, Kavaliers- und Selbstfindungsreisen von Wissenschaftlern unterschiedlicher Nationen statt (H-2). Die Ergebnisse und Beobachtungen wurden später in der Regel veröffentlicht.

Reisejahr	Autor	Herkunft	Titel (Erscheinungsjahr)
1810	Georg Steuart Mackenzie (1780–1848)	Großbritannien	Travels to the Island of Iceland in the Summer of the Year 1810 (1811)
1834	John Barrow (1808–1898)	Großbritannien	Ein Besuch auf der Insel Island über Tronyem im Sommer (1836)
1845	Ida Pfeiffer (1797–1858)	Österreich	Reise nach dem skandinavischen Norden und der Insel Island (1846)
1846	Robert Bunsen (1811–1899)	Deutschland	Über die Processe der vulkanischen Gesteinsbildungen Islands (1851)
1846	Sartorius von Waltershausen (1809–1876)	Deutschland	Physisch-geographische Skizze von Island (1847) Geologischer Atlas von Island (1853)
1858	Gustav Georg Winkler (1820–1896)	Deutschland	Island: seine Bewohner, Landesbildung und vulkanische Natur (1861)
1858	Konrad Maurer (1823–1902)	Deutschland	Island von seiner ersten Entdeckung bis zum Untergange des Freistaats (1874)
1860	Ferdinand Zirkel (1838–1912)	Deutschland	Reise nach Island im Sommer 1860 (1862)
1861	Carl Vogt (1817–1895)	Deutschland / Schweiz	Nordfahrt, entlang der Norwegischen Küste, nach dem Nordkap, den Inseln Jan Mayen und Island (1863)
1875	William Lord Watts (1850–1921)	Großbritannien	Across the Vatna Jökull or Scenes of Iceland (1876)
1883	Konrad Keilhack (1858–1944)	Deutschland	Reisebilder aus Island (1885)
1897	Bernhard Kahle (1861–1910)	Deutschland	Ein Sommer in Island (1900)
1908	Ina von Grumbkow (1872–1942)	Deutschland	Ísafold. Reisebilder aus Island (1909)

Abb. H-2 Zusammenstellung einiger Forschungsreisen nach Island im 19. Jahrhundert.

Nachfolgend sind einige ausgewählte Zitate aus diesen historischen Reiseberichten unter Verweis auf die beschriebenen Touren aufgeführt. Zur besseren Lesbarkeit sind in den jeweiligen Beschreibungen keine Verweise auf die die historischen Reiseberichte enthalten.

Tour I (Reykjavík)

Barrow (1834) beschreibt die Umgebung von Reykjavík: *Den auffallendsten Zug ... könnte man einen negativen nennen, und dieser ist, der gänzliche Mangel an Bäumen und Gebüsch.* Einer der ersten Ausflüge führte Barrow in das Laugardalur am Ostrand von Reykjavík: ... *gelangten wir zu einer Stelle, an der wir schon früher hatten Rauch aufsteigen sehen. Es war eine klare Quelle mitten in einem von einer grünen Decke überzogenen Morast. Dicht an dieser Quelle stand ein kleiner hölzerner Schuppen, in dem wir, als wir dessen Thüre öffneten, fünf bis sechs emsig beschäftigte Weiber fanden, ihre Linnenzeug in dem warmen Wasser zu waschen, das sie in Wannen ausschöpften. Diese Najaden schienen mit unserem Eindringen nicht eben zufrieden zu sein ... Dicht bei den Quellen rinnt ein Bach, der das heiße, während seines Laufes dampfende Wasser aufnimmt .... wenn man es* (das Wasser) *ausschöpft, und einige Zeit in der Luft stehen lässt,* (soll sich) *ein leichter Schwefelgeruch bemerklich machen.* Der heutige Laugavegur, die Hauptgeschäftsstraße, führt vom Stadtzentrum auch heute noch in dieses mittlerweile weitgehend überbaute Gebiet unweit des Botanischen Gartens (**Grasagarður Reykjavíkur [8]**).

Tour II (Golden Circle)

Der **Geysir [13]** als namensgebende und weltweit bekannteste Springquelle wurde durch von Walterhausen 1846 wie folgt beschrieben: *Stärkeres Donner wird aus der Tiefe vernommen; das Wasser schwillt im Bassin, schlägt hohe Wellen und wirbelt umher. In der Mitte erheben sich gewaltige Dampfblasen und wenigen Augenblicken schießt ein Wasserstrahl in feinen, blendend weißen Staub gehüllt, in die Luft; er hat kaum eine Höhe von 80 bis 100 Fuß erreicht und seine einzelnen Perlen sind nicht im Zurückfallen begriffen, so folgt ein zweiter und dritter emporsteigender dem ersten nach.* Bunsen (1852) lieferte nicht nur die wissenschaftliche Erklärung für die Funktionsweise des **Geysir [13]**, sondern auch eine präzise Beschreibung seines Umfeldes: *Der Krater dieser Quelle, der das Material zu seinem Kieseltuffmantel, wie die meisten dieser Quellen, aus dem* *leicht zersetzbaren Palagonittuff empfangen hat, ruht auf einem noch immer thätigen Fumarolenboden, der am nordwestlichen, durch einen Wasserriss aufgeschlossenen, Rande des Quellenkonus zutage liegt.* Auch Vogt 1863 beschreibt und zeichnet im Umfeld des Geysir [13]. Der Litli Geysir war damals noch gelegentlich aktiv (H-3).

Abb. H-3 Der Litli Geysir brach beim Besuch von Carl Vogt 1861 aus. (Quelle: Carl Vogt 1863)

Im Vergleich mit den heutigen Reisemöglichkeiten wird selbst noch bei Kahle (1900) die Beschwerlichkeit seines Besuchs am Gullfoss [14] deutlich. Kahle brach von einem Bauernhaus in etwa 15 km Entfernung nordöstlich von Selfoss auf: *Nach vierstündigem Ritt gelangten wir ans Ziel. ... Man steigt von einem Hochplateau hinab zu ihm und gelangt so an das Ufer zur Einsenkung, in die er stürzt. ... Der Fluss wälzt in breiter Masse seine Fluten in zwei in spitzem Winkel zueinanderstehenden Absätzen in eine unwirtliche, steil abfallende Kluft. ... Ein scharfer Ritt führte uns in 1 ½ Stunden in die Nähe des grossen Geysir, noch trennte uns der Tunguliuss, ein Nebenfluss der Hvítá, von ihm.* Der heutige Besucher findet eine asphaltierte Straße mit einer Brücke vor und benötigt für die Strecke kaum 10 Minuten.

Tour V (Westmänner-Inseln)

Winkler kommt 1858 mit dem Schiff an die Südküste von Island. Er besucht die Westmänner-Inseln zwar nicht, liefert aber eine kurze Beschreibung der Inseln, so wie er sie auf der Vorbeifahrt beobachten konnte: *Die Westmanns-Inseln liegen etwas mehr als eine Meile südlich der Küste Islands. Nur eine derselben verdient eigentlich den Namen Insel, die anderen sind nur Klippen ... Die einzige bewohnte Insel ... bildet eine schief ansteigende Ebene, einen Wiesengrund auf dem eine Kirche und einige Ansiedlerwohnungen sich erkennen lassen; das Ganze ist auf zwei Seiten gegen die See durch steil aufstarrende, zerissene Felsenkegel eingerahmt.*

Tour VIII (Nordisland – Nordosten)

Über seinen Aufenthalt 1897 in Akureyri [86] schreibt Kahle mit folgenden Worten: *Das Städtchen Akureyri besteht im wesentlichen aus zwei dem Strande parallel gehenden Strassen, hat mehrere Kaufmanngeschäfte, ein Krankenhaus, eine Apotheke, Druckereien und ist der Sitz eines Amtmanns ... Im Jahr 1895 waren es 654 Einwohner ... Die Bevölkerung gilt als geistig sehr regsam.* Damals wie heute war Akureyri die zweitgrößte Stadt von Island, die mittlerweile sogar über eine Hochschule verfügt.

Tour IX (Nordisland östlich von Akureyri)

Kahle besuchte 1897 auch den Goðafoss [88] östlich von Akureyri ... *dessen aufsteigenden Wasserdampf man schon vom Tún aus sehen konnte. Einer der längsten Flüsse Islands, der auf der nordwestlichen Seite des großen Vatnajökull entspringende Skjálfandaflót, bildet hier einen nicht gerade sehr hohen, aber breiten und durch seine Wassermenge imponierenden Fall, der in einem halbmondförmigen Bogen herabstürzt. Hat der Fluss viel Wasser, so ist er ein einziger Fall, bei geringerem Wasserstand dagegen soll er sich in mehrere kleinere auflösen ... Seinen Namen ... hat der Fall einer unverbürgten Überlieferung zufolge daher, dass der Gode von Ljósavatn, nachdem er das Christentum angenommen, in ihn die Götzen seines Tempels geschleudert hat.* Danach reist der deutsche Geologe weiter und berichtet von seinem Besuch am Geothermiefeld Hverir [92] östlich von Mývatn mit sehr anschaulichen Beschreibungen: *Rauchsäulen wirbeln empor und verraten schon von weitem ihr Walten. Wir reiten heran und schwingen uns von den Pferden, die traurig dastehen, denn Ihnen wächst nichts hier, was ihr Herz erfreut. Wir hören ein unheimliches Zischen und Brodeln, das aus dem Innern einer Anzahl über den flachen Boden sich erhebender Krater kommt. Wir eilen auf sie zu, aber plötzlich beginnt unser Fuss zu stocken, denn wir merken, wie der Boden der Kraterwände nachgiebt und der Fuss einsinkt. Vorsichtig steigen wir nun hinauf und nähern uns dem Rand und blicken beklommenen Herzens hinüber. Wir sehen hinein in eine widerwärtige, zähe, dunkle Masse, die in unaufhörlicher Bewegung sich befindet. Bald steigen an der Seite grosse Blasen auf, die zischend zerplatzen, der eine der Kessel spritzt zuweilen den Schlamm einige Fuss empor, klatschend fällt er dann wieder zurück.*

Tour XII (Snæfellsnes und Westisland)

Trotz seiner Bekanntheit gibt es kaum naturkundliche historischen Beschreibungen des Snæfellsnes [124]. Das Schiff mit Winkler konnte 1858 wegen schlechten Wetters nicht in Arnarstapi [125] anlegen. Dennoch ist der Berg als Schauplatz des 1864 von Jules Verne veröffentlichten Romans Voyage au centre de la terre (Reise zum Mittelpunkt der Erde, 1873) mit der Geologie verknüpft. So suchen (und finden) seine Protagonisten, unter anderem der etwas exzentrische deutsche Hochschulprofessor Otto Lidenbrok aus Hamburg, dort den gesuchten Zugang zum Erdmittelpunkt (um nach phantasievoll beschriebenen Abenteuern schließlich am Stromboli wieder an die Erdoberfläche zurückzugelangen).

Tour XIII (Hochland)

Durch das Kaldidalur [128] zwischen Þingvellir [11] und Húsafell verlief früher ein wichtiger Verbindungsweg zwischen Nord- und Südisland. In der Beschreibung von Zirkel von 1860 liest sich dies wie folgt: *Kaldidalur (kaltes Thal) ist der Name des gletscherumsäumten steinigen Thals, durch den wir nun ritten. Links erhebt sich ein hoher kegelförmiger Berg mit der ihn umgebenden Terrasse Ok (eigentlich das Joch) genannt, rechts ein schöner Krater und weiterhin zwei wundervoll gewölbte schneeumhüllte Hügel einander überraschend ähnlich.* Pfeiffer schreibt 1846 über ihre Angst in dieser *schrecklichsten und beschwerlichsten Einöde* Islands.

Das Reykholtsdalur (früher: Reykjadalur) und die Umgebung der heißen Quelle Deildartunguhver [131] mit seinen ergiebigen heißen Quellen war schon im 19. Jahrhundert bei Reisenden beliebt. Dies liegt nicht zuletzt auch an der damals großen Bedeutung von Reykholt [130] für Kultur und Wissenschaft in Island. Kahle notierte zu diesem Gebiet 1897: *Das weite Wiesenthal führt seinen Namen 'Rauchthal' mit Recht. Eine grosse Menge heisser Quellen liegen in ihm, und weithin über die Ebene sieht man Dampf zum Himmel emporwallen. Besonders in der Nähe des Hofes Deildartunga liegen verschiedene Quellen am Fusse eines Hügels aus Kiesel, die ihr Wasser etwa einen Fuss hoch in die Luft spritzen.* Von Waltershausen, Keilhack und Maurer sind ebenfalls von diesem Gebiet begeistert, das Pfeiffer 1846 sogar als *feenartig* beschreibt.

Von der Hochebene Holtavörðuheiði vor der Abfahrt nach **Staðarskáli F** beschreibt Kahle 1897 mit begeisterten Worten seinen Ausblick: *Nach Osten über eine Anzahl kleinerer Seen hinweg zu den Gletschermassen des Eiríksjökull und Langjökull, vor allem aber nordwärts auf den tief ins Land einschneidenden Hrútafjörður. Das also war das Nordmeer, das ich zum ersten Mal in meinem Leben erblickte.*

Geologische Erforschungsgeschichte und Ausblick

Bereits 1669 beschreibt Erasmus Bartolinus die Doppelbrechung von Licht bei wasserklaren Kristallen aus Helgustaðir [75] (**Tour VII**). In der Folge wurden die Kristalle wegen der Lage des Fundortes als Isländischer Doppelspat bezeichnet.

Zwischen 1752 und 1757 bereisen Eggert Ólafsson und Bjarni Pálsson im Auftrag des dänischen Königs Island. Dabei stellten geologische Untersuchungen einen Schwerpunkt dar. Hier findet sich z. B. die Erstbeschreibung der fossilen Flora in den Kohlenlagen von Surtarbrandsgil [120] (**Tour XI**). Die Reisebeschreibung wird 1775 auch in deutscher Sprache gedruckt.

Im Jahr 1881 verbringt der norwegische Geologe Amund Helland zwei Monate in Ost- und Nordisland. Er untersucht die Lakagígar-

Krater, den Vatnajökull und das Geothermiefeld Hverir [92] östlich von Mývatn (**Tour IX**). Start- und Endpunkt seiner Expedition war Seyðisfjörður in den Ostfjorden.

Im Sommer 1885 untersuchte John Starkie Gardner die Flora der Braunkohlelagen in Nordisland und in den Westfjorden.

1896 publizierte Archibald Geikie eine Zusammenfassung über tertiären Vulkanismus in Irland und Schottland sowie auf den Faröer-Inseln und Island. Obwohl Geikie nie in Island war, galten seine Ausführungen über die isländischen Lokalitäten Askja, Hekla, Laki und Ódáðahraun lange als Referenz.

Im Jahr 1901 erscheint die erste geologische Karte von Island im Maßstab 1:600‘000 von Þorvaldur Thoroddsen (H-4), der zwischen 1881 und 1898 zahlreiche geologische Exkursionen in seinem Heimatland leitete und als der erste moderne isländische Geologe gilt. Eine zweite Auflage der Geologischen Karte von 1906 stammt ebenso von

Abb. H-4 Die erste Geologische Karte von Island wurde 1901 erstellt (Quelle: Wikimedia Commons)

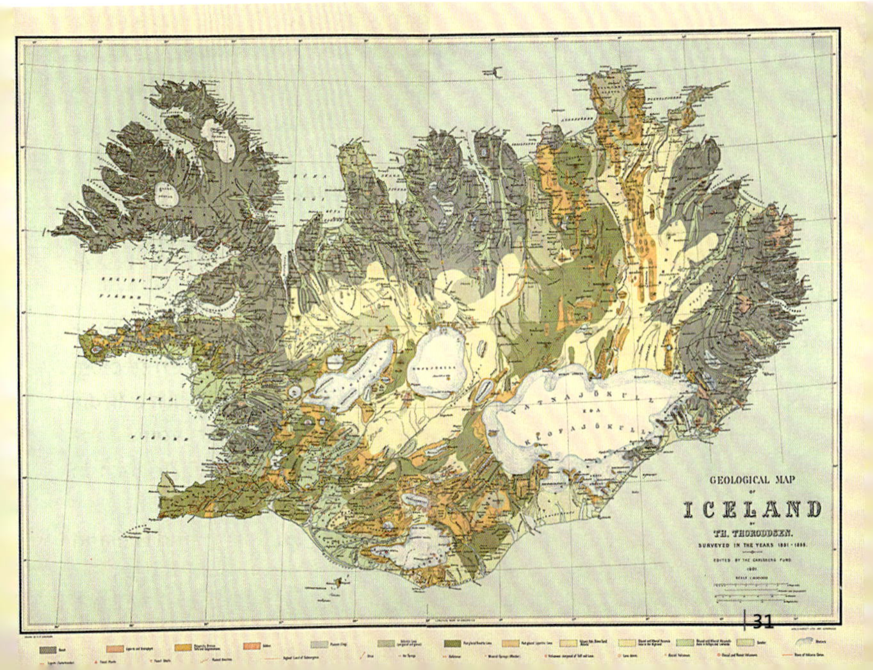

Þorvaldur Thoroddsen wie das erste Lehrbuch zur Geologie von Island in isländischer Sprache im Jahr 1914.

Die Ansprüche der heutigen Gesellschaft fordern immer präzisere geologische Aussagen. Dies ist ohne Forschung nicht möglich und gleichzeitig eine gute Möglichkeit für die Geowissenschaften zum Ausbau ihres gesellschaftlichen Stellenwerts.

Verschiedene Tunnelprojekte stellen seit der zweiten Hälfte des 20. Jahrhunderts nicht nur die Fähigkeiten der Ingenieure auf die Probe, sondern auch hohe Anforderungen an die Geologen. Zur Verbesserung der Infrastruktur wurde 1998 der erste und bislang einzige Unterseetunnel von Island (Hvalfjarðargöng: 5,7 km) an der Ringstraße bei Akranes eröffnet. 2005 folgten die Tunnel Fáskrúðsfjarðargöng zwischen Reyðarfjörður und Fáskrúðsfjörður in Ostisland (5,9 km) sowie der Almannaskarðsgöng bei Höfn an der Südküste (5 km). Im November 2017 wurde der Norðfjarðargöng zwischen Eskifjörður und Norðfjörður eröffnet (7,5 km) und seit Dezember 2018 kann der Vaðlaheiðargöng (7,4 km) östlich von Akureyri befahren werden. Weitere Tunnelprojekte wie der Vopnafjarðargöng in Nordisland sowie in den Ost- wie in den Westfjorden sind in Planung.

Die Entstehung der Insel Surtsey im Jahr 1959 (**Tour V**; Friðleifsson et al. 2015) und die regelmäßigen Vulkanausbrüche, wie zuletzt der Eyjafjallajökull [42] im Jahr 2010 (**Tour IV**; Karlsdóttir et al. 2012) waren weltweit beachtete Ereignisse. Deren Untersuchung in Verbindung mit den begleitenden geologischen Prozessen sind eine einmalige Chance für die Profilierung der isländischen Geowissenschaften.

Geothermie

Die geologischen Gegebenheiten ermöglichen es der isländischen Bevölkerung, ihren gesamten Energiebedarf aus Geothermie und Wasserkraft zu gewinnen. Während die Akzeptanz bei neuen Wasserkraftwerken sehr gering ist, steht die Bevölkerung neuen geothermischen Anlagen aufgeschlossen gegenüber. Es muss an dieser Stelle noch einmal darauf hingewiesen werden, dass geothermische Energie keineswegs unerschöpflich ist. Dies lässt sich am Beispiel der vorübergehenden Nutzung der Erdwärme nach dem Ausbruch des Eldfell [51] im Jahr 1973 gut belegen (Tour V). Es wird daher trotz gegenwärtig niedriger Energiepreise auch zunehmend großer Wert auf zeitgemäße Isolation der Häuser gelegt.

Sechs Kraftwerke sind die Strom- und Heißwasserlieferanten des Landes: Suðurnes bei Gunnuhver [24] und Svartsengi bei Grindavík [25] auf der Halbinsel Reykjanes, Nesjavellir [18] und Hellisheiði [34] (G-1) im Hengill-Gebiet südöstlich von Reykjavík und die Kraftwerke Kröflustöð und Bjarnarflagsstöð im Gebiet Krafla-Víti [94] in Nordisland.

Abb. G-1 Außenansicht des Kraftwerks Hellisheiði (Foto: G. Hoffmann)

Geothermale Erscheinungsformen

Der als Folge des Vulkanismus erhöhte geothermische Tiefengradient hat auf Island eine starke hydrothermale (geothermale) Tätigkeit zur Folge. Dabei wird grundsätzlich zwischen Hochtemperaturgebieten (Hochthermalgebiete) in Zonen mit aktivem Vulkanismus und Niedrigtemperaturgebieten (Niedrigthermalgebiete) in Bereichen mit erloschenem Vulkanismus unterschieden. Die Unterscheidung liegt dabei in der in 1000 m Tiefe gemessenen Temperatur: Bei über 200 °C spricht man von Hochtemperaturgebieten. Die Niedrigtemperaturgebiete wurden früher in der Nähe von Siedlungen vor allem zum Wäschewaschen genutzt, wie dies z. B. im Laugardalur in Reykjavík noch zu Beginn des 20. Jahrhunderts üblich war (G-2). An der Ober-

Abb. G-2 Die Frauen kamen noch zu Beginn des 20. Jahrhunderts in das Laugardalur am östlichen Ortsrand von Reykjavík, um dort an den natürlichen heißen Quellen die Wäsche zu waschen. Auch heute kann man die Stelle besuchen. 2014 wurde noch ein Denkmal für die Wäscherinnen aufgestellt. (Fotos: R. H. Ragnarsdóttir; historisches Bild: Wikimedia Commons)

fläche zeigt sich die geothermale Aktivität in Form von heißen Quellen (z. B. Deildartunguhver [131]), Springquellen (z. B. Geysir [13]) oder Fumarolen (z. B. Gunnuhver [24], Seltún [29] oder Hverir [92]).

Eine Springquelle oder ein Geysir, so benannt nach dem Großen Geysir auf Island, ist eine heiße Quelle, die unregelmäßig oder periodisch Wasserfontänen mit Druck ausstößt. Die erstmalige Erklärung zur Entstehung eines Geysirs und zum Ablauf der Eruption erfolgte 1846 durch den deutschen Chemiker Robert Bunsen am Beispiel des Großen Geysirs in Island (G-3). Bei einem Geysir wird Wasser unter hohem Druck durch einen Kanal aus einem unterirdischen Reservoir in mehr oder weniger regelmäßigen Abständen eruptiert. Bei nachlassendem Druck fällt die Wassersäule in sich zusammen. Das Reservoir füllt sich erneut mit Grundwasser und kann sich dort erneut erhitzen und die Springquelle bricht erneut aus. Der Geysir transportiert aber neben Wasser und Wasserdampf auch Gesteine und Minerale an die Erdoberfläche. Dabei kommt es auch zur Abscheidung von Kieselsinter (Geyserit); es treten aber ebenfalls mineralische Verbindungen mit Schwe-

Abb. G-3 Der Große Geysir hatte seit 1916 nur noch wenige unregelmäßige Ausbrüche. (Foto: M. Geyer)

fel, Gips und Eisen sowie Chlorit und Tonminerale, wie Montmorillonit, auf. Die wirtschaftliche Nutzbarkeit dieser Abscheidungen wird gegenwärtig an der Universität in Reykjavík untersucht. Die Zeitabschnitte zwischen den einzelnen Ausbrüchen können sehr unterschiedlich sein. Ebenso kann ein Geysir versiegen, neu entstehen (z. B. durch ein Erdbeben) oder nach langer Ruhepause wieder ausbrechen. So geschah es nach dem Erdbeben 1947 in Hveragerði, als der zuvor mit Hausmüll verfüllte Ruslahver (deutsch: Müllquelle) unvermittelt ausbrach und alles unter großem Getöse wieder ausstieß. Auch beim starken Erdbeben 2008 entstanden in Hveragerði [36] neue heiße Quellen, während andere versiegten.

Fumarolen sind Gas- und Dampf-Austritte, die aus Spalten und Löchern in aktiven oder kurz zuvor noch aktiven Vulkangebieten ausströmen. Ihre Austrittstemperatur ist dabei wesentlich höher als die Umgebungstemperatur. Bei Fumarolen wurden Temperaturen von 250 °C bis fast 1000 °C gemessen (G-4). Temperaturunabhängig besteht das beim Ausbruch entweichende Gas hauptsächlich aus überhitztem Wasserdampf. In Hochtemperatur-Fumarolen werden zusätzlich große Anteile an Flusssäure und Salzsäure gemessen. Niedrigtemperatur-Fumarolen (unter 600° C) enthalten größere Mengen an Schwefelgas. Nahe der Austrittsstellen kommt es zu vielfältigen Mineralausfällungen von zuvor unter höheren Druck- und Temperaturbedingungen im Gas gelösten Stoffen. Besonders häufig sind krustenartige Hämatit-Bildungen.

Abb. G-4 Fumarole in Hverir (Foto: M. Geyer)

Als Solfataren werden Schwefelwasserstoffhaltige, "kalte" Fumarolen mit Temperaturen zwischen 100 °C bis 250 °C bezeichnet. In der Nähe von

Solfataren kann es zur Ablagerung von reinem Schwefel kommen (G-5).

Abb. G-5 Schwefel aus einer Solfatare am Vítikrater im Krafla-Gebiet (Foto: M. Geyer)

IDDP (Iceland Deep Drilling Project)

Unter dieser Bezeichnung wurde zuletzt von August 2016 bis Januar 2017 die 4659 m tiefe Bohrung IDDP-2 nahe des Hochtemperaturgebiets Gunnuhver [24] an der Südwestspitze der Halbinsel abgeteuft (G-6). Bei diesem sehr kostenintensiven Projekt waren neben Island verschiedene andere Länder finanziell beteiligt, darunter auch Deutschland. Das Ziel war, eine Tiefbohrung bis in eine Magmakammer abzuteufen, um dann abzuklären, ob das große geothermische Potenzial bei den dort herrschenden hohen Temperaturen wirtschaftlich nutzbar ist. Bei der Endteufe von 4659 m wurden Temperaturen von 427 °C und ein Druck von 340 bar gemessen. Was sich dabei genau für neue Möglichkeiten der geothermischen Nutzung ergeben, wird von den Projektpartnern derzeit erforscht (Friðleifsson & Elders 2017).

Nutzung der Geothermie für Fernheizungen

Das Fernwärmenetz von Reykjavík wird von einem städtischen Unternehmen betrieben, welches die Hauptstadt und einige Nachbarorte mit Warmwasser versorgt. Die Anfänge dieser Nutzung gehen auf ein Treffen isländischer Ingenieure im Jahr 1927 zurück. Darauf-

Abb. G-6 Bohrturm der IDDP-2 Bohrung im Sommer 2017 aus der Vogelperspektive. Hinter dem Bohrplatz das bestehende Geothermiekraftwerk Suðurnes und der Leuchtturm Reykjanesviti sowie am Horizont die Insel Eldey. (Foto: N. Gies)

hin wurden im Laugardalur, einem geothermischen Niedrigtemperaturbereich am damaligen östlichen Stadtrand von Reykjavík, einige Bohrungen abgeteuft. Die Gesamtschüttung der zu Brunnen ausgebauten Bohrungen betrug 14 l/s. Die Austrittstemperatur des Wassers lag bei 87°C und damit deutlich höher als bei den natürlichen Quellen im Laugardalur. 1930 wurde mit dem Bau einer Wasserleitung begonnen. Nach dem erstmaligen Anschluss eines Schulhauses wurde das Leitungssystem rasch ausgebaut, denn sehr rasch erwies sich diese Heizmethode als deutlich günstiger im Vergleich zu einer Kohleheizung. 1933 wurden bereits knapp 3% aller Häuser in Reykjavík geothermisch beheizt und 1966 war die Hälfte der Haushalte an das Fernwärmesystem angeschlossen. Eine nahezu vollständige, flächenhafte Versorgung der Hauptstadtregion besteht seit 1972. Dies entspricht etwa 55% der gesamten Bevölkerung Islands (Gunnlaugsson et al. 2000).

Mit der Zunahme der städtischen Bevölkerung nahm auch der zusätzliche Bedarf an Warmwasser zu, sodass weitere Bohrungen erforderlich waren. Heute bezieht Reykjavík das Wasser zum Betrieb seines Heizungssystems aus über 70 Bohrungen, von denen einige im Gebiet von Mosfellsbær, aber die meisten in Reykjavík selbst und im Hochtemperaturgebiet Hengill südöstlich der Stadt liegen. Die Tiefe der Bohrungen variiert zwischen 500 und 2000 m, wobei das tiefste Bohrloch 3085 m tief ist. Die meisten Bohrungen sind schon mehr als drei Jahrzehnte in Betrieb.

Beim Waschen oder Duschen fällt sofort der Schwefelgeruch des warmen Wassers auf, der auf eine geringe Menge an gelöstem Schwefelwasserstoff zurückgeht. Im Durchschnitt enthält ein Liter heißes Wasser im Raum Reykjavík 200 – 300 mg gelöste Mineralstoffe. Knapp die Hälfte davon ist Kieselsäure. Das geothermale Wasser ist frei von biologischer Belastung und vollkommen sauber.

Abb. G-7 Geothermie-Rohrleitungen an der Straße 435 in der Mosfellsheiði bei Reykjavík (Foto: M. Geyer)

Abb. G-8 Die Warmwasserleitungen von Perlan sind der Garant der Warmwasserversorgung von Reykjavík. (Foto: M. Geyer)

Das sichtbarste Zeichen dieser Energieversorgung sind die Rohrleitungen, z. B. entlang der Straße 435 östlich von Reykjavík (G-7) sowie die großen Speichertanks auf dem Hügel Öskjuhlíð, besser unter der Bezeichnung Perlan [1] bekannt (G-8). Dort ist auch eine Ausstellung zur Nutzung der Geothermie eingerichtet worden (**Tour I**).

Das Wasser erreicht die Speichertanks von Perlan [1] mit Temperatu-

Abb. G-9 Beheizte Gehwege im Winter: Verlegung von Wärmeschläuchen in Reykjavík (Foto: M. Geyer)

ren zwischen 80 und 90 °C. Nach dem Durchlauf beim Endverbraucher hat das Wasser noch Temperaturen von bis zu 40 °C. Dieses Wasser wird seit einigen Jahren verstärkt zum Beheizen von Straßen und Gehsteigen verwendet (G-9).

Nutzung der Geothermie zur Stromerzeugung

Der erhöhte Strombedarf infolge der Ansiedlung von Aluminiumhütten, aber auch wegen der exorbitant gestiegenen Touristenzahlen in den Sommermonaten, hat dazu geführt, dass nach weiteren Wegen gesucht wird, alle Möglichkeiten der Geothermie zur Stromgewinnung noch besser zu nutzen. Der Wärmeverlust zwischen dem Kraftwerk Nesjavellir und dem Endverbraucher im Großraum Reykjavík beträgt bereits heute nur 2 °C. Dies lässt sich vor allem dadurch erklären, dass die Rohrleitungen sehr gut isoliert sind (im Winter bleibt der Schnee auf den Rohren liegen!). Gegenwärtig gewinnt Island gut ein Viertel seines Stroms mithilfe der Geothermie.

Nutzung der Geothermie für Schwimmbäder

Island hat wahrscheinlich die höchste Pro-Kopf-Quote an Schwimmbädern weltweit. Insgesamt zählt das Land 170 Thermalquellen. In den aktiven Vulkangebieten rund um Reykjavík und auf der Reykjanes-

Abb. G-10 Das Schwimmbad Laugardalslaug verfügt über mehrere Warmwasserbecken und ein geothermal aufgeheiztes Meerwasserbecken. (Fotos: M. Geyer)

Halbinsel finden meist natürliche Thermalwässer Verwendung. In den anderen Gebieten handelt es sich um geothermisch aufgeheiztes Grundwasser. Im größten und beliebtesten Schwimmbad von Reykjavík (Laugardalslaug) gibt es Warmwasserbecken mit bis zu 44 °C und ein geothermal aufgeheiztes Seewasserbecken (G-10).

Rohstoffe

Im Rahmen der schon erwähnten Reise von Eggert Ólafsson und Bjarni Pálsson erstellten die beiden Forschungsreisenden unter anderem auch eine Bestandsaufnahme über die Vorkommen von heißen Quellen, Mineralquellen und Schwefel in Island. 1775 veranlassten die beiden eine Bohrung in Laugarnes bei Reykjavík, um ein vermutetes Schwefelvorkommen zu erschließen. Ein Jahr später untersuchten sie die Schwefelvorkommen bei Krýsuvík (Seltún [29]). Im 19. Jahrhundert wurde auch noch Schwefel für die Herstellung von Schwarzpulver im Bereich der Fumarolen abgebaut.

Auch der Abbau des für die Herstellung von Dynamit und Filteranlagen wichtigen Kieselgurs am Kieselgursee Blue Lake [90] wurde 2007 eingestellt.

Der isländische Doppelspat, vor allem von den Minen in Helgustaðir [75] in Ostisland, war lange Zeit in der optischen Industrie unersetzbar. Doch auch hier machte sich die Entfernung von den Märkten zunehmend negativ bemerkbar, sodass seit 1925 kein Doppelspat mehr abgebaut wird (G-11). Die Mine wurde als Bergbaudenkmal erhalten und ist seit 1975 ein geschütztes Naturdenkmal. Bitte beachten Sie, dass das Sammeln dort verboten ist.

Abb. G-11 In Helgustaðir in Ostisland wurde bis 1925 Doppelspat (Calcit) abgebaut. Die historische Abbaustelle kann besucht werden, doch ist das Sammeln dort verboten. (Foto: M. Geyer)

Braunkohle in geringmächtigen Lagen wurde wiederum erstmalig von Eggert Ólafsson und Bjarni Pálsson im Jahr 1775 in Surtarbrandsgil [120] in den Westfjorden beschrieben. An verschiedenen Stellen, vor allem in den geologisch älteren Westfjorden, wurde die Braunkohle sogar zeitweise abgebaut, so auch im Raum Húsavíkurkleif [104], der bekanntesten Fundstelle in diesem Gebiet. Auch hier findet heute kein Abbau mehr statt – allerdings können Sie an diesen Stellen mit etwas Glück Pflanzenfossilien finden.

Wasserkraft

1904 wurde in Hafnarfjörður das erste Wasserkraftwerk zur Stromerzeugung errichtet. Heute kann Island seinen Strombedarf ausschließlich aus Wasserkraft decken. Die Eingriffe in die Umwelt durch Großprojekte wie den Kárahnjúkar Staudamm (**Tour VII**) haben aber gezeigt, dass weitere Wasserkraftwerke dieser Dimension wahrscheinlich nicht mehr realisiert werden können. Außerdem liegen die großen Staudämme in einiger Entfernung zum Endverbraucher. Aber die Geothermie stellt in Island auch hier eine bereits erfolgreich eingesetzte Alternative dar.

Geologie

Die nachfolgende geologische Einführung ist bewusst knappgehalten. Dieses Buch kann und will keine Konkurrenz zu den Lehrbüchern darstellen, die gerade in den letzten Jahren erschienen sind. Der geologisch stärker interessierte Leserkreis findet in diesen Büchern sicher eine detaillierte Antwort auf alle Fragestellungen.

Geologische Entwicklungsgeschichte von Island

Warum liegt mitten im Nordatlantik eine so große Insel? Schon lange ist bekannt, dass Island fast ausschließlich aus magmatischen Gesteinen aufgebaut und das Ergebnis von Vulkanausbrüchen ist. Seit das Konzept der Plattentektonik erkannt wurde, ist auch klar geworden, dass Island auf dem Mittelatlantischen Rücken und damit an der Nahtstelle zwischen der Nordamerikanischen und der Europäischen Platte liegt und gewaltige Basalteruptionen die Entstehung der Insel überhaupt erst möglich machten. Allerdings waren viele Wissenschaftler der Ansicht, dass die Förderung der Basalte am Mittelatlantischen Rücken allein nicht ausreichen kann, um die Entstehung einer derart großen Insel zu erklären.

Die heute allgemein anerkannte Hypothese ist, dass ein derzeit unter Island befindlicher Mantelplume (Hotspot) zusätzlich seit vielen Millionen Jahren heißes Mantelmaterial aus dem Erdinneren nach oben transportiert und dort zur partiellen Aufschmelzung der Erdkruste führt. Dies trägt ebenfalls zu einer erhöhten vulkanischen Aktivität bei. Die Kombination dieser beiden Phänomene erklärt die gewaltigen Fördermengen, die zur Entstehung von Island geführt haben. Als Mantelplume wird ein Bereich höheren Wärmeflusses in der Erdkruste bezeichnet, der durch eine nach oben gerichtete Ausstülpung des Erdmantels erklärt wird: Heißes Mantelmaterial wird unter Island in einer Konvektionszelle nach oben gefördert, führt dort aufgrund der Temperaturerhöhung zur Aufschmelzung der Erdkruste und zu vulkanischer Aktivität (0-1). Der Hotspot unter Island ist geostatio-

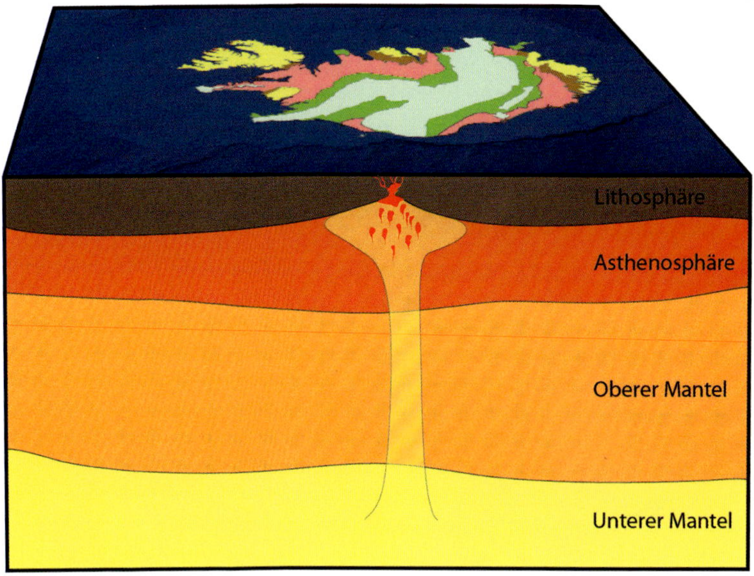

Abb 0-1 Schematische Darstellung des Mantelplumes unter Island. Heißes Mantelmaterial wird unter Island in einer Konvektionszelle an die Erdoberfläche befördert. (Grafik N. Gies)

när (ortsfest), die Lithosphärenplatten bewegen sich, angetrieben durch die Plattentektonik auf der Oberfläche unseres Planeten. Im Laufe der Jahrmillionen wurde die Amerikanische Platte dabei über den isländischen Mantelplume verschoben. Der Vulkanismus des Mantelplumes aus früheren Erdzeitaltern kann von Island in Richtung Westen bis an die Westküste Grönlands verfolgt werden (0-2). Eine daraus abgeleitete paläogeographische Karte zeigt, wie sich Island allmählich gebildet hat (0-3).

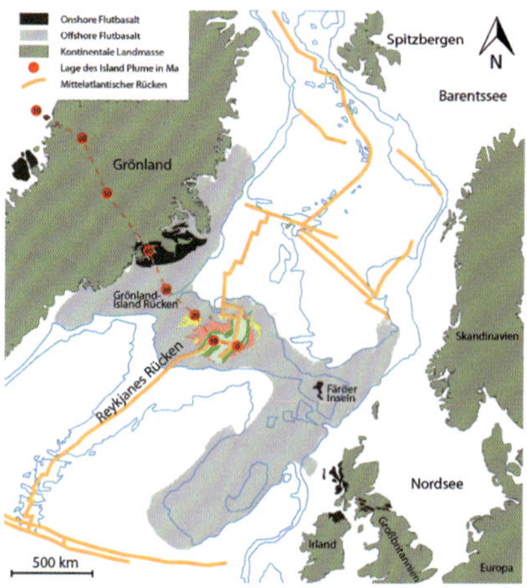

Abb. 0-2 Verlagerung des Hotspots zwischen Grönland und Island in den letzten 70 Millionen Jahren. (Grafik N. Gies, in Anlehnung an Gasser et al. 2019)

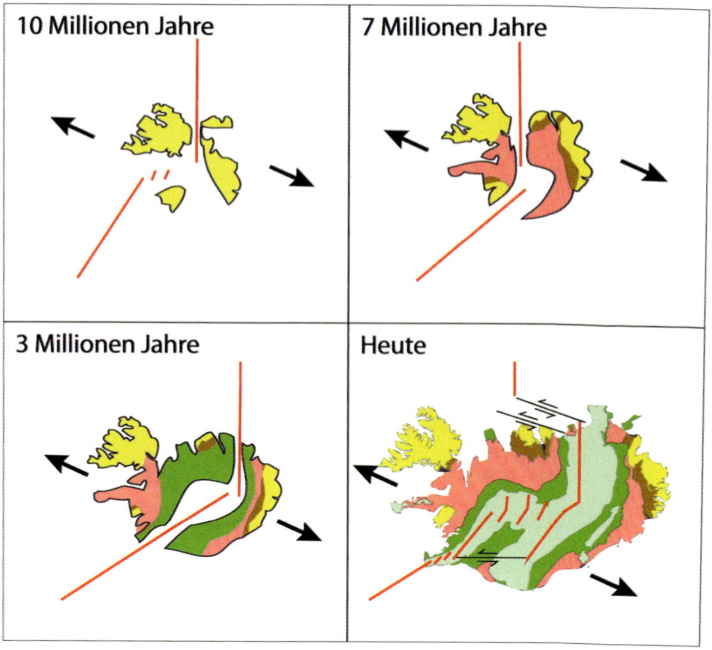

Abb 0-3 Geologische Entstehungsgeschichte von Island (Grafik: N. Gies, in Anlehnung an Gasser et al. 2019)

Der Blick auf die vereinfachte geologische Karte zeigt den nahezu spiegelbildlichen Aufbau von Island (0-4). Ausgehend von der zentralen Riftzone, die Island von Südwesten nach Norden quert, werden die Gesteinsserien nach Westen und Osten immer älter. Die nachstehende Aufzählung fasst die wichtigsten Etappen der geologischen Entstehungsgeschichte von Island seit seinem Aufstieg aus dem Nordatlantik vor ca. 25 Millionen Jahren zusammen:

- Unteres Miozän (> 15 Millionen Jahre): Island taucht vor etwa 25 Millionen Jahren allmählich auf dem Nordatlantik auf. Die ältesten Gesteine Islands wurden mit 16,0 Millionen Jahren datiert (Westfjorde)
- Oberes Miozän (8,5 – 15 Millionen Jahre): warme Klimaperiode mit Bildung von Braunkohlelagen (Westfjorde)
- Oberes Miozän – Unteres Pliozän (3,3 – 8,5 Millionen Jahre): Öffnung der Beringstraße: pazifische Fauna ist in Island nachgewiesen (Halbinsel Tjörnes in Nordisland)

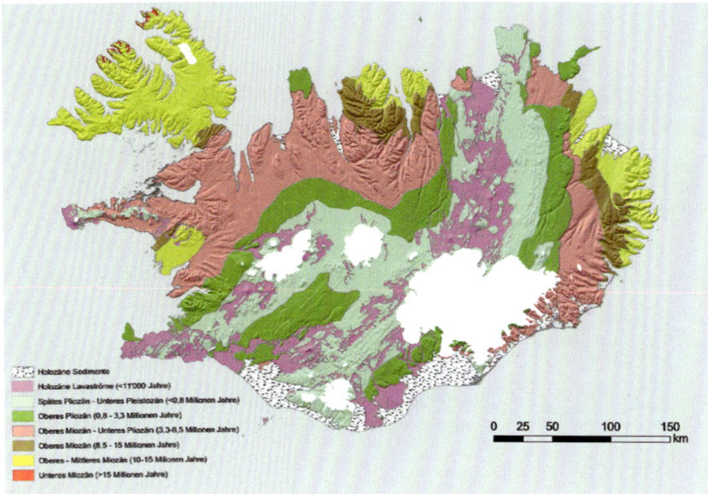

Abb. 0-4 Vereinfachte geologische Karte von Island mit Alter der Gesteinseinheiten (Grafik N. Gies, Datengrundlage: Náttúrufræðistofnun Íslands)

- Oberes Pliozän (3,3 – 0,8 Millionen Jahre): Klimaverschlechterung und Aufbau einer Eiskappe
- Pleistozän (3,3 Millionen Jahre – 11'000 Jahre): Letzter Maximalstand vor ca. 100'000 Jahren
- Holozän (< 11'000 Jahre): Die Gletscher schmelzen allmählich auf ihre heutigen Positionen zurück.

Geologische Entwicklung von Island im Holozän

Die geografische Verteilung der aktiven und inaktiven Vulkanzonen in Island ist maßgeblich durch den Verlauf des mittelozeanischen Rückens vorgegeben (0-3). Dabei beschränken sich die jüngsten Eruptionen auf die aktiven Riftzonen, welche von dem tektonischen Spaltensystem des Reykjanes-Rückens auch oberflächlich nachgezeichnet wird (0-5).

Dieses Spaltensystem taucht im Norden von Island im Bereich des Öxarfjörður an die Erdoberfläche und lässt sich von dort in das Krafla-Gebiet verfolgen (**Tour IX:** Krafla-Víti [94]). Von dort aus verläuft sie dann weiter südlich durch das zentrale Hochland. Dort teilt er sich im

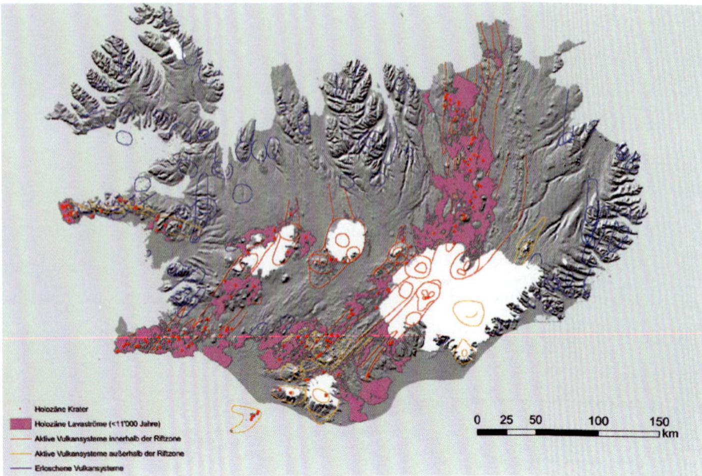

Abb. 0-5 Verteilung der aktiven und inaktiven Vulkanzonen in Island (Grafik: N. Gies, Datengrundlage: Náttúrufræðistofnun Íslands)

Bereich Katla – Kerlingarfjöll [135] in zwei Arme auf, die üblicherweise als Westliche und Östliche Isländische Vulkanzone bezeichnet werden.

Die Westliche Isländische Vulkanzone verläuft über das Gebiet von Þingvellir [11] (**Tour II**) und taucht an der Südwestspitze der Halbinsel Reykjanes bei Reykjanesviti [23] wieder im Nordatlantik ab. Dass der mittelatlantische Rücken sich über den Meeresspiegel erhebt, ist weltweit einzigartig und nur auf Island zu bestaunen (**Tour III**: Miðlína [22], Reykjanesviti [23]). Die Östliche Isländische Vulkanzone erreicht über die Vulkane Hekla, Bárðarbunga und Eyjafjallajökull [42] die Südküste (**Tour IV**) und quert die Westmänner-Inseln (**Tour V**: Eldfell [51] und Surtsey), um südlich davon ebenfalls wieder im Nordatlantik zu verschwinden. Seit dem Mittelalter gab es folgende bedeutenden Vulkanausbrüche (kleine Auswahl):

- 1724–1729 Víti / Krafla ("Mývatn-Feuer") (**Tour IX**)
- 1783–1784 Laki-Spalte
- 1874 Askja / Víti
- 1947 Hekla
- 1963 Surtsey (**Tour V**)
- 1973 Eldfell (**Tour V**)
- 1975–1984 Krafla ("Krafla-Feuer") (**Tour IX**)

- 1996 Grímsvötn (mit Gletscherlauf auf dem Skeiðarársandur) (**Tour VI**)
- 2010 Eyjafjallajökull (**Tour IV**)
- 2011 Grímsvötn

Die inaktiven Vulkanzonen folgen ebenfalls dem spiegelbildlichen Aufbaumuster Islands und befinden sich westlich und östlich der aktiven Vulkanzonen im Zentrum der Insel.

Neben der vulkanischen Tätigkeit ist die jüngste Geschichte Islands durch glaziale und fluviale Erosion geprägt. Die größten Sanderflächen befinden sich im Südosten (**Tour VI**). Europas größter Gletscher ist der Vatnajökull (deutsch: Wassergletscher) mit einer Fläche von 8100 km². Die Eisdicke beträgt stellenweise bis zu 900 m. Besonders leicht sind zwei Gletscherzungen entlang der Ringstraße zu erreichen: Zum einen der Sólheimajökull [45], ein Auslassgletscher des Mýrdalsjökull westlich von Vík (**Tour IV**), sowie der Svínafellsjökull [62], ein Auslassgletscher des Vatnajökull, bei Skaftafell auf halber Strecke zwischen Vík und Höfn (**Tour VI**). Im weiteren Verlauf führt die Ringstraße an den durch Film- und Konzertaufnahmen bekannten Gletscherlagunen Fjallsárlón [63] und Jökulsárlón [64] vorbei (**Tour VI**). Weitere vom Vatnajökull isolierte kleinere Eiskappen sind der Langjökull (deutsch: langer Gletscher: 953 km²) und der Hofsjökull (deutsch: Tempelgletscher: 925 km²). Alle drei Gletscher verlieren gegenwärtig an Volumen. Etwas anders sieht es beim Drangajökull [109] in den Westfjorden aus, der seit einigen Jahren wieder in das Vorland vordringt (**Tour XI**).

Gesteine und Mineralien von Island

Die Klassifikation der Gesteine unserer Erde wird in den Geowissenschaften als Petrographie bezeichnet. Viele Gesteine, die für den Laien gleich aussehen, sind selbst für Experten makroskopisch kaum zu unterscheiden. Bei genauerem Hinsehen, zum Beispiel mit einer Lupe, der Dünnschliffmikroskopie oder chemischen Analysen, können Geologen Minerale identifizieren und Gesteine weiter unterteilen sowie charakteristischen Prozessen unserer Erde zuordnen. Allerdings ist dieses Thema sehr komplex. Eine kleine Auswahl der wichtigsten Gesteine und Minerale Islands ist in (0-6) zusammengestellt.

ICELAND
1
2
5
GEYSIR
6
9
10
13
14
17
18
21
22

Da auf Island hauptsächlich magmatische Gesteine auftreten und unter diesen wiederum die Vulkanite den größten Anteil haben, beschränkt sich die Vorstellung der Untergliederungsmöglichkeiten der Gesteine hier auf die Vulkanite. Es gibt zwar bessere Methoden, aber die hier vorgestellte Klassifikation nach dem Streckeisen Diagramm (auch QAPF Diagramm) der Vulkanite ist gut verständlich. Mithilfe des vereinfachten, von dem Schweizer Petro-

Abb. 0-6 Typische Gesteine und Minerale von Island (von links oben nach rechts unten):

1 Basaltsand und Basaltgerölle Dyrhólaey (Foto: M. Geyer), 2 Basaltgerölle Reynisdrangar (Foto: M. Geyer), 3 Verschiedene Gerölle Schweinegletscher (Foto: M. Geyer), 4 Rezenter Muschelschill Garður (Foto: M. Geyer), 5 & 6 Neogene Sandsteine mit Schalenschill Tungulending (Fotos: M. Geyer), 7 Kohle Húsavíkurkleif (Foto: F. Rauscher), 8 Schwefel Krafla (Foto: G. Hoffmann), 9 Schwefel Krafla (Foto: M. Geyer), 10 & 11 Ideomorphe Calcite aus der Calcitmine Helgustaðir (Foto: M. Geyer), 12 Zeolithe Skaftafell (Foto: N. Gies), 13 Obsidian Kerlingafjöll (Foto: M. Geyer), 14 Obsidian Hrafntinnusker (Foto: N. Gies), 15 Bombe Westmänner-Inseln (Foto: M. Geyer), 16 Stricklavabombe Westmänner (Foto: M. Geyer), 17 Spindelbombe Westmänner-Inseln (Foto: M. Geyer), 18 Stricklava Þingvellir (Foto: M. Geyer), 19 Basaltsäulen Svartifoss (Foto: M. Geyer), 20–22 Förderprodukte Krafla (Fotos: G. Hoffmann), 23 Ignimbrit Gautavík (Foto: M. Vetter), 24 Rote Lagen Mjóifjördur (Foto: F. Rauscher) graphen Albert Ludwig Streckeisen entwickelten QAPF-Diagramms (0-7) gelingt eine Einteilung des Gesteins aufgrund des volumenmäßigen Mineralbestandes. Dabei wird der Gehalt an Quarz, Alkalifeldspat, Plagioklas und Foiden in ein Doppeldreieck eingetragen.

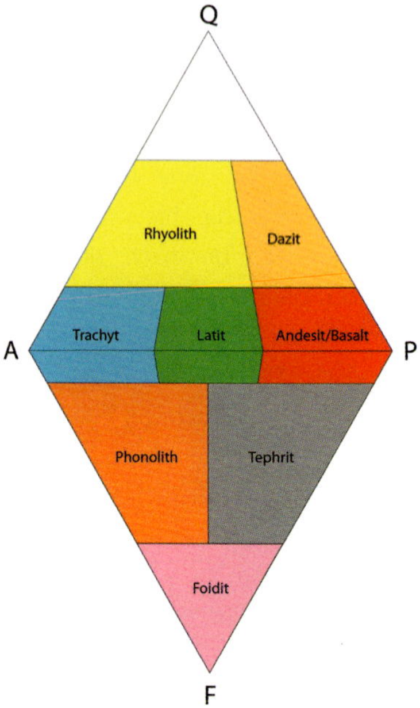

Abb 0-7 Vereinfachtes QAPF Diagramm zur Bestimmung von Vulkaniten (Grafik: N. Gies)

Vulkanite sind aber häufig zu feinkristallin, um den Mineralbestand makroskopisch oder mikroskopisch abzuschätzen. Daher nutzen Geowissenschaftler bevorzugt das sogenannte TAS-Diagramm (Total Alkali versus Silica). Hierzu wird der Gesamtgehalt an Alkalien (Natrium Na_2O und Kalium K_2O) gegen den Silikatgehalt aufgetragen. Diese Klassifikation ist zwar deutlich komplizierter und aufwändiger, da eine chemische Gesamtgesteinsanalyse benötigt wird – jedoch liefert sie in Kombination mit Spurenelementanalysen viele Informationen über den Ursprung, Aufschmelzgrad und die Entwicklung des Magmas. Dies würde jedoch den Rahmen dieses Buches sprengen und ist an anderer Stelle in zahlreichen Lehrbüchern nachzulesen. Daher ist Interessierten das Lehrbuch „Principles of Igneous and Metamorphic Petrology“ (Winter 2009) empfohlen.

Auf Island gibt es aber auch Vertreter anderer Gesteinsgruppen: Die Sedimentgesteine machen nur einen geringen Anteil aus und entsprechen kurzen wärmeren Zeitabschnitten vor allem im Miozän. Meist handelt es sich hier um Sandsteine, oft fossilführend, oder feinblättrige Mergellagen, die auch kohlige Einschaltungen enthalten können. Die ältesten Sedimentgesteine Islands entstanden im Miozän, sind überwiegend marin und nur untergeordnet kontinentalfluviatilen Ursprungs. Im Pleistozän und im Holozän kommen eher glazifluviale Sedimente vor, die auch als Diamiktite bezeichnet werden. Darunter versteht ein Sedimentologe Gesteine mit unterschiedlichen Korn- und Klastengrößen.

Metamorphe Gesteine sind hingegen die Ausnahme und nur gelegentlich als Strandgerölle in bestimmten Küstenbereichen Nordislands anzutreffen. Es konnte nachgewiesen werden, dass diese Gerölle ursprünglich aus Grönland stammen und mit Eisbergen herantransportiert wurden. Dort sind tatsächlich die entsprechenden Gesteine auch nachgewiesen.

Vulkanische Erscheinungsformen in Island

Die wichtigsten vulkanischen Erscheinungsformen Islands sind in (0-8) dargestellt und zusammen mit weiteren relevanten Begriffen in der nachfolgenden Tabelle stichpunktartig erklärt.

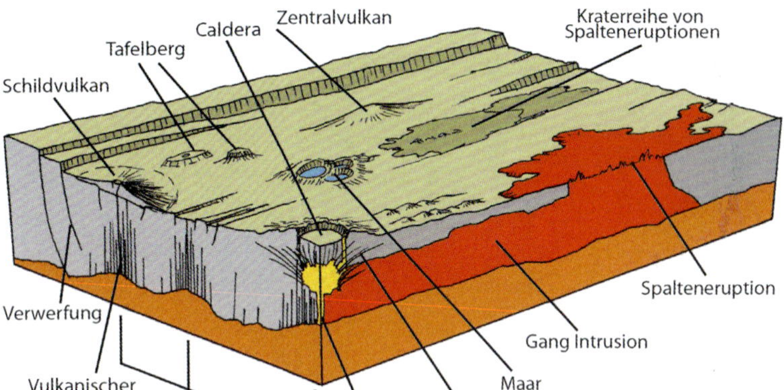

Abb. 0-8 Vulkanische Erscheinungsformen in Island (Grafik: N. Gies, in Anlehnung an Gasser et al. 2019)

Bezeichnung	Erklärung	Beispiel
Aa Lava	basaltische Brocken- oder Blocklava mit schlackenartiger, rissiger Oberfläche	Illahraun (Bláa Lónið)
Aschenkrater	durch explosive Ausbrüche entstandener Krater, aufgebeut aus vulkanischen Auswurfmassen	Hverfjall (Mývatn)
Basalt	SiO_2-armes (basisches) vulkanisches Gestein, hauptsächlich bestehend aus Pyroxen und Plagioklas	Hengifoss, Reynisfjara
Bims	aufgeschäumtes glasiges Auswurfprodukt eines Vulkans	Askja
Caldera	Einsturzkrater eines Vulkans, der durch den Einsturz des Daches der Magmakammer bei gewaltigen explosiven Eruptionen entsteht	Viðey (Reykjavík)
Förderschlot	kaminartige Wegsamkeit, durch welche Magma an die Erdoberfläche gelangt	Dimmuborgir (Mývatn)
Gabbro	SiO_2-armes (basisches) plutonisches Gestein, hauptsächlich aus Pyroxen und Plagioklas bestehend	Eystrahorn, Vestrahorn
Hyaloklastit	brekziertes vulkanisches Gestein, das in meist phreatomagmatischen Eruptionen unter Eis oder Wasser entsteht; häufig mit basaltischem Glas (Sideromelan), welches bei Kontakt mit Wasser zu Palagonit umgewandelt wird	Keilir (Reykjanes)
Ignimbrit	Ablagerung pyroklastischer Ströme mit Einsprenglingen und häufig glasiger Matrix	Blábjörg (Gautavík)
Lapilli	vulkanische Schmelztropfen mit einer Größe zwischen 2–64 mm, die eruptiert werden, in der Luft abkühlen und vor dem Auftreffen auf den Boden erstarren	Kerlingarfjöll
Lavaringwall	kleiner Schildvulkan	Eldborg (Snæfellsnes)

Bezeichnung	Erklärung	Beispiel
Lavatunnel	röhrenförmige Tunnelsysteme mit Durchmessern von bis zu mehreren Metern, erstarrte Lava bildet Tunnelwände und isoliert so die nachfließende Lava; beim Ausfluss der Lava bleiben Lavatunnel als Hohlräume zurück	Raufarhólshellir (Reykjanes) Leiðarendi (Reykjanes)
Maar	entsteht als häufig wassererfüllte Hohlform (Maarsee) durch phreatomagmatische Explosionen beim Zusammentreffen von Magma und Grundwasser; das Wasser verdampft schlagartig und das Material im und um den Förderschlot wird weit in die Umgebung geschleudert und bildet daher keinen deutlicher Krater	Grænavatn (Reykjanes)
Obsidian	durch besonders schnelle Abkühlung von Gesteinsschmelzen an der Oberfläche von Lavaströmen entstandenes, scharfkantiges Gesteinsglas	Kerlingarfjöll, Landmannalaugar
Pähoehoe-Lava	seilartig-zopfartige Struktur mit gelegentlich glatten oder metallischen Oberflächen; auch als Strick- oder Seillava bezeichnet	Þingvellir (Almannagjá)
Pillow-Lava (Kissenlava)	kissenförmige Gebilde, die meist durch Ausfluss von nicht entgasender Lava unter Wasser, aber auch unter Eis entstehen	Laugarvatnshellar (Þingvellir)
Pseudokrater	durch phreatomagmatische Explosionen entstehende Krater, wenn Lava über flache Seen, Moore, Sumpfgebiete oder Flussbetten fließt, dabei eruptiert keine Lava	Skútustaðagígar (Mývatn)
Pyroklastika	Auswurfmassen eines Vulkans, die durch Eruptionen durch die Luft transportiert werden	Eldfell (Heimaey)
Ringgang	ringförmige, mit magmatischem Gestein gefüllte Störung, die beim Einsturz einer Caldera entsteht	Hvalfjörður
Rhyolith	SiO_2-reiches (saures) vulkanisches Gestein	Sandfell (Fáskrúðsfjörður)

Bezeichnung	Erklärung	Beispiel
Schildvulkan	durch kontinuierlich lang anhaltende effusive Eruptionen meist heißer und SiO_2-armer dünnflüssiger Lava entstehender Vulkan; aufgrund der hohen Viskosität der Lava beträgt die Hangneigung weniger als 8°	Skjaldbreiður (Þingvellir)
Schlackenkegel	erstarrte Lavafetzen vom Ausbruch eines Zentralvulkans bilden beim Auftreffen auf die Erde einen Ring aus Schlackenbrocken um den Vulkan	Eldfell (Heimaey)
Spaltenschwarm	parallel verlaufende Verwerfungen, die als Schwächezonen Wegsamkeiten für Magma darstellen	Krafla, Þingvellir
Spalteneruption	effusiver Lavaaustritt entlang einer länglichen Spalte, wodurch oft ein Bergrücken mit weitflächigen Lavafeldern und Kraterreihen entsteht	Laki (Grímsvötn), Holuhraun
Stratovulkan (Schichtvulkan)	durch kontinuierlich mit vielen Eruptionszyklen abwechselnd Lava und pyroklastisches Material fördernder kegelförmiger Vulkan mit geschichtetem Aufbau	Snæfellsjökull (Snæfellsnes)
Tafelberge	subglazial entstandener Vulkan mit zentralem Förderkanal, welcher nach dem Abschmelzen des umgebenden Gletschers steile Flanken aufweist	Herðubreið (Ódáðahraun)
Tuff	pyroklastisches Gestein mit weniger als 25% Lapilli und mehr als 75% Pyroklastika	Hverfjall (Mývatn), Eldfell (Heimaey)
Vulkanische Bombe	vulkanischer Auswurfkörper größer als 64 mm	Eldfell (Heimaey)
Vulkanischer Gang	Aufstiegsweg für Magma, meist vertikal verlaufend und vorgegebenen Bruchstrukturen folgend	Hvítserkur (Vatnsnes)
Zentralvulkan	durch kurz andauernde Eruptionen entstehende kegelförmige Strukturen, bei denen Lava hoch in in die Luft geschleudert wird und erkaltet; erstarrte Lavafetzen bilden beim Auftreffen auf die Erde einen Schlackenkegel	Hengill, Hekla

Erdbeben und Georisiken

Aufgrund der besonderen geologischen Situation von Island kommt es dort fast täglich zu Erdstößen. Meistens sind es Schwachbeben, die nur von den Messstellen aufgezeichnet werden und auf verschiedenen Plattformen im Internet abrufbar sind (z. B. https://www.vedur.is). Im Sommer und Herbst 2019 gab es im Gebiet um Kópasker [81] am Öxarfjörður mehrere Schwarmbeben, die allerdings keine Schäden anrichteten; das dortige Erdbebenmuseum ist einen Besuch wert (**Tour VIII**). Weitere Gebiete mit auch für isländische Verhältnisse erhöhter Erdbebentätigkeit sind die Reykjanes Halbinsel (**Tour III** und **IV**) – seit Januar 2020 bei Grindavík zahlreiche Erdbeben – und das Gebiet um Mývatn [89] und Krafla-Víti [94] (**Tour IX**). Das letzte größere Schadensbeben ereignete sich am 29. Mai 2008 in Hveragerði [36] (**Tour IV**).

Auch in Island machen sich höhere Mittelwerte der Jahrestemperaturen bemerkbar. Der bisweilen ergiebige Regen führt immer wieder zu größeren Massenverlagerungen und Sturzereignissen. So ereignete sich im Juli 2018 im Hítardalur auf der Halbinsel Snæfellsnes der bislang größte Hangrutsch in der Geschichte Islands. Die bewegte Gesteinsmasse wird aus 10–20 Millionen m³ geschätzt. Dies entspricht zwar "nur" knapp der Hälfte des beim Bergsturz von Arth-Goldau in der Schweiz 1806 bewegten Materials, doch müssen auch die in der Regel deutlich geringeren Reliefunterschiede in Island berücksichtigt werden. Im August 2019 kam es am vielbesuchten Strand Reynisfjara [48] an der Südküste westlich von Vík í Mýrdal (Vogelfelsen) [49] (**Tour IV**) zu einem Bergsturz, bei dem sich ca. 25'000 m³ Gestein lösten (0-9). Derzeit ist der Ostteil des Strandes noch gesperrt (Stand: April 2020).

Abb. 0-9 Ein gewaltiger Bergrutsch verschüttete im August 2019 einen Teil des vielbesuchten Strandes Reynisfjara. (Fotos: E. Bandosz)

Allgemeine Hinweise zu den Touren

Bitte beachten Sie bei Ihrer Planung, dass das Tankstellennetz in Island außerhalb der Hauptstadtregion nicht mitteleuropäischen Maßstäben entspricht. Außerdem kann der Kraftstoffbereich je nach Jahreszeit (Heizung!) und Windverhältnissen auch deutlich höher ausfallen.

In Island gibt es eine Geschwindigkeitsbegrenzung. Diese wird seit kurzem auch per Radar überwacht. In den Nationalparks gilt eine Höchstgeschwindigkeit von 50 km/h. Passen Sie Ihre Fahrweise den Straßen- und Witterungsverhältnissen an. Windböen können auch bei schönem Wetter verhängnisvoll enden (1). Ebenso verhält es sich mit Sandstürmen. Es ist eine teure Erfahrung, wenn Sie mit dem Mietwagen in ein gesperrtes Gebiet fahren (2).

Abb. 1 Ende einer Urlaubsfahrt: Hier hat jemand die Gefahr von Windböen in Island unterschätzt. (Foto: M. Geyer)

Abb. 2 Die Gefahr von Sandstürmen in Island ist real – vor allem im Bereich der großen Sanderflächen im Süden sowie im Hochland. (Quelle: https://tarnmoor.com/2013/09/18/a-short-season/)

Auch die Übernachtungsmöglichkeiten sind außerhalb der Hauptstadtregion begrenzt. Eine Übernachtung im Fahrzeug wird innerhalb von Siedlungen auf ausgewiesenen Parkplätzen und außerhalb von Ortschaften toleriert, sofern das Fahrzeug keine Verkehrsbehinderung darstellt.

Zelten ist außerhalb von Zeltplätzen grundsätzlich nicht erlaubt. In den Nationalparks riskieren Sie eine Geldstrafe. In Küstenbereichen ist das Zelten ebenso verboten. Wer sein Zelt auf Privatgrund aufstellen will, der sollte unbedingt vorher beim nächstgelegenen Haus nachfragen. In der Regel wird Ihrer Bitte stattgegeben.

Bitte entsorgen Sie Ihren Müll ausschließlich in Müllbehältern und beachten Sie die lokalen Vorschriften zur Mülltrennung.

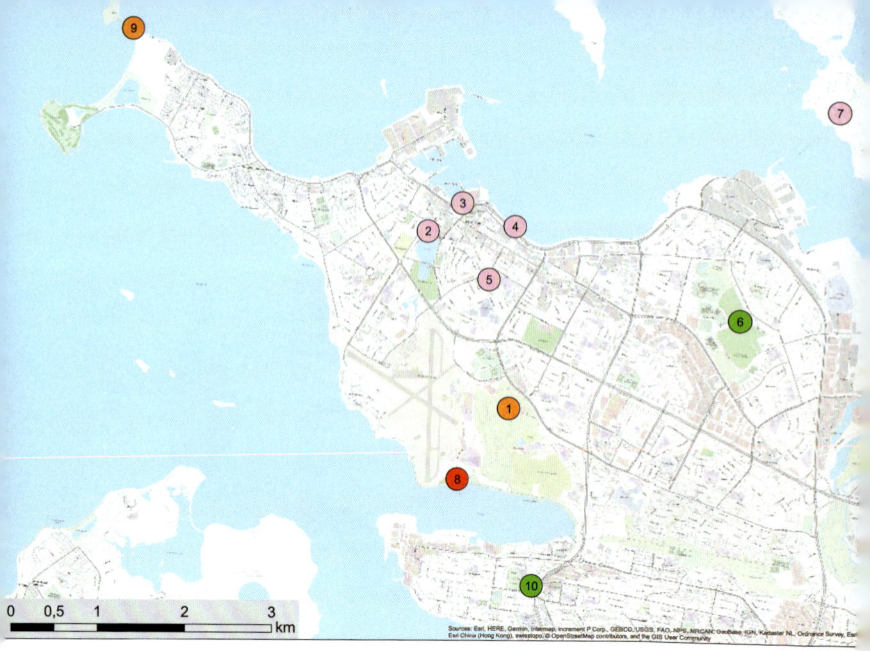

Tour I – Reykjavík

Der Besucher Islands landet in der Regel auf dem wichtigsten internationalen Flughafen Keflavík, der etwa 45 km westlich der Hauptstadt auf der Halbinsel Reykjanes liegt. Auf dem Flughafen von Reykjavík landen nur wenige internationale Flüge. Hingegen gibt es von hier aus die besten Verbindungen zum Weiterflug in andere Landesteile, auf die Färöer-Inseln oder nach Grönland.

Die isländische Hauptstadt Reykjavík (deutsch: Rauchende Bucht) ist das politische und wirtschaftliche Zentrum der seit 1949 unabhängigen Inselrepublik im Nordatlantik. Die Stadt selbst hat nur 122'000 Einwohner (Stichjahr für diese und folgende Einwohnerzahlen: 2017) und beansprucht für sich den Titel der kleinsten Hauptstadt Europas und der nördlichsten weltweit. Zusammen mit den umliegenden Ge-

Abb. 1-1 Bilderbogen von Reykjavík, der nördlichsten Hauptstadt der Welt (Fotos: M. Geyer)

Barónstorg
EINKABÍLASTÆÐI
GEIRSGATA 9
Á KOSTNAÐ EIGANDA
KORNIÐ
Bayernbollur
PÓSTURINN

meinden Mosfellsbær (9900 Einwohner), Kópavogur (35‘200 Einwohner), Garðabær (15‘000 Einwohner) und Hafnarfjörður (28‘000 Einwohner) bildet Reykjavík ein Ballungsgebiet, in dem fast 2/3 der Gesamtbevölkerung Islands (360‘000 Einwohner) lebt. Wer mehr als nur eine touristische Kurzreise vorhat, sollte die Zeit und die Auswahl nutzen, um in Reykjavík notwendige Einkäufe zu erledigen.

Ein kleiner Bilderbogen zeigt einige Facetten der isländischen Hauptstadt (1-1).

Im Gegensatz zu den anderen Routenbeschreibungen sind für Reykjavík auch die Öffnungszeiten der jeweiligen Sehenswürdigkeiten aufgeführt. Da sich diese jedoch möglicherweise ändern können, ist es ratsam, sich bei der Reisevorbereitung im Internet über die aktuellen Zeiten zu informieren.

Wer länger als einen Tag in Reykjavík ist, kann sich für seinen Aufenthalt in der Stadt einen teuren Mietwagen sparen. Mit der Reykjavík Card sind die öffentlichen Verkehrsmittel unbegrenzt nutzbar und auch ohne diese Ermäßigungskarte ist Reykjavík durchaus zu Fuß zu erkunden. Alternativ gibt es inzwischen auch zahlreiche Möglichkeiten zur Fahrradmiete (Helmpflicht < 15 Jahre).

Für Islands Hauptstadt Reykjavík und die unmittelbare Umgebung gibt es keine konkrete Streckenempfehlung. Die Beschreibung beschränkt sich hier auf einzelne Punkte, die nach Interesse und zur Verfügung stehender Zeit aufgesucht werden können.

Der Aussichtspunkt Perlan [1] (1-2) liegt am südlichen Rand des Zentrums von Reykjavík auf der Anhöhe Öskjuhlíð (Öffnungszeiten:

Abb. 1-2 Perlan – Warmwasserspeicher, Museum, Restaurant und Aussichtspunkt mit sehr schönem Blick auf die Hallgrímskirche (rechts). (Fotos: M. Geyer)

täglich 9–18h). Vom Parkplatz aus sind es nur wenige Schritte in das futuristisch anmutende Gebäude, in dem eine Ausstellung zu den Naturwundern Islands und zur Rolle des Wassers in der Natur von Island sowie ein Planetarium und eine Panoramaterrasse untergebracht sind (jeweils gesonderte Eintrittspreise). Ein Panoramarestaurant mit Bar ergänzt das Angebot. Tagsüber verkehrt ein kostenloser Shuttlebus zum Konzerthaus Harpa [3] am Hafen. Zu Fuß sind es ca. 20 Minuten hinunter zum geothermisch beheizten Strand Nauthólsvík [8]. Das vom isländischen Architekten Ingimundur Sveinsson entworfene Gebäude wurde 1991 eingeweiht. Fünf der sechs großen Tanks dienen der Warmwasserversorgung der Stadt. Durch die erhöhte Lage kann das aus Bohrlöchern in der Umgebung von Reykjavík stammende, geothermisch erwärmte Wasser ohne weitere Pumpleistung zum Endverbraucher gelangen. Auf dem Dach des sechsten Tanks befinden sich die erwähnten gastronomischen Angebote. Wer den Weg zur Panoramaterrasse scheut, hat trotzdem eine gute Aussicht auf die Stadtsilhouette von Reykjavík mit der Hallgrímskirche [5].

Das Rathaus [2] liegt im Zentrum von Reykjavík (Öffnungszeiten: täglich 8–20h; Eintritt frei). Der moderne Zweckbau wurde 1992 am Nordostufer des künstlichen Stadtsees Tjörnin fertiggestellt (1-3). Im Erdgeschoss gibt es eine zentrale Informationsstelle der Stadt Reykjavík und eine gut sortierte Niederlassung des Isländischen Fremdenverkehrsamtes. Die Hauptattraktion ist aber das 76 m² große Geländerelief von Island im Tiefparterre, das nach vierjähriger „Bauzeit" zum 200-jährigen Stadtjubiläum von Reykjavík 2006 eingeweiht wurde.

Abb. 1-3 Das moderne Rathaus von Reykjavík und der Ausblick über den Stadtsee Tjörnin mit der Kirche und der Hallgrímskirche im Hintergrund. (Fotos: M. Geyer)

Abb. 1-4 Die Lichteffekte an der Glasfassade der Harpa sind vor allem bei sonnigem Wetter sehr eindrucksvoll. (Foto: M. Vetter)

Es zeigt auf eindrucksvolle Weise, wie wenig sich die moderne Zivilisation mit ihren Errungenschaften auch im 21. Jahrhundert von der Küste entfernt hat und gibt eine bessere Vorstellung von der Einsamkeit der teilweise gletscherbedeckten Weiten des Hochlandes.

Das Konzerthaus Harpa [3] (deutsch: Harfe) liegt neben dem Hafen am Beginn der Uferstraße Sæbraut (Öffnungszeiten: Mo–Fr 10–18h, Sa 10–16h, So geschlossen; Eintritt frei). Besonders bei sonnigem Wetter ist das Lichtspiel an den Hunderten von Fenstern ein überwältigender Anblick (1-4). Die besonderen Farbeffekte gehen auf die Beschichtung der Verglasung mit unterschiedlichen Metalloxiden zurück, die bei entsprechender Beleuchtung ein wahres Feuerwerk an Farben entstehen lassen – natürlich auch im Inneren des Gebäudes (1-5). Wer die Gelegenheit hat, den alten Hafen bei Mitternachtssonne aufzusuchen, der sollte diese Gelegenheit ebenfalls nicht versäumen (1-6). Mit dem Bau des Konzerthauses wurde vor dem Staatsbankrott 2008 begonnen. Die Entscheidung der isländischen Regierung und des Gemeinderates von Reykjavík, den Bau dennoch fortzuführen und zu vollenden, stellt sich im Nachhinein als eine kluge Entscheidung dar, da das Gebäude wegen seiner architektonischen Extrava-

Abb. 1-5 Die Fensterbeschichtungen führen auch im Inneren zu fantastischen Farbspielen. (Fotos: M. Geyer)

ganz ohne Zweifel zur Attraktivität von Reykjavík und damit Islands beigetragen hat. Das feierliche Eröffnungskonzert fand am 4. Mai 2011 statt. Mittlerweile hat sich das Gebäude als Ausrichtungsplatz für Konzerte und Tagungen fest etabliert. In den oberen Stockwerken

Abb. 1-6 Mitternachtssonne am Hafen: links das Konzerthaus Harpa und rechts neben dem letzten Baukran die Hallgrímskirche. (Foto: M. Geyer)

befindet sich ein (teures) Restaurant, wobei der Ausblick auch für einiges entschädigt. Ein kostenloser Shuttlebus verkehrt tagsüber zum Aussichtspunkt Perlan [1]. Vom ganz in der Nähe gelegenen Alten Hafen gibt es einen Pendelverkehr zur Insel Viðey [7]. Fahrräder können kostenlos mitgenommen werden. Die Tickets für diese Überfahrt gibt es auch am Empfang der Harpa [3].

Abb. 1-7 Das Wikingerdenkmal Sólfar liegt direkt an der Uferstraße Sæbraut – ein beliebter Treffpunkt zum Sonnenuntergang. Bei klarer Aussicht hat man von hier aus eine schöne Aussicht auf den Hausberg Esja und den Snæfellsjökull. (Fotos: M. Geyer)

Das frei zugängliche Wikingerdenkmal Sólfar [4] (Sun Voyager oder Sonnenschiff) liegt nur wenige 100 m östlich der Harpa [3] direkt an der Uferstraße Sæbraut und ist ganztägig frei zugänglich (1-7). Diese vom Isländer Jón Gunnar Árnason entworfene Skulptur eines stilisierten Schiffes ist vor allem bei Reisegruppen für Erinnerungsaufnahmen und bei isländischen Hochzeitspaaren beliebt. Bei entsprechender Sicht bietet sich ein Blick auf den Bergrücken Esja [127] auf der anderen Seite der Bucht von Reykjavík oder sogar auf den ganz im Norden gelegenen Gipfel des Snæfellsjökull [124]. Vor allem zur Sonnenuntergangszeit ist das Sólfar [4] stark frequentiert.

Die Hallgrímskirche [5] ist sicher das bekannteste Wahrzeichen von Reykjavík (1-8). Die Planungen zum Bau der größten Kirche Islands begannen bereits vor dem

Zweiten Weltkrieg, doch wurde mit dem Bau auf dem Hügel Skólavörðuholt erst 1945 begonnen. Fertiggestellt wurde die Kirche mit dem 73 m hohen Turm allerdings erst zum 200-jährigen Stadtjubiläum von Reykjavík im Jahr 1986. Die Kirche erinnert vor allem von außen an die in Island so verbreiteten Basaltsäulen und die weiße Außenfarbe an die isländischen Gletscher. Der Architekt Guðjón Samúelsson soll sich beim Bau der Kirche vom Wasserfall Svartifoss [61] bei Skaftafell orientiert haben. Das Innere der dreischiffigen Kirche ist wegen der großzügigen Fenster hell (1-9). Der Sockel des Taufsteins besteht aus isländischem Basalt und das Taufbecken aus tschechischem Bleikristall. In der Hallgrímskirche [5] werden regelmäßig Orgelkonzerte angeboten. Direkt vor der Kirche und in ihrer Mittelachse steht ein Denkmal von Leif Erikson, dem mutmaßlich ersten europäischen Entdecker Nordamerikas. Besonders an einem klaren Tag lohnt sich der Besuch der Aussichtsplattform, die mit einem (gebührenpflichtigen) Aufzug leicht erreicht werden kann (1-10). Allerdings ist es ratsam, bei schönem Wetter gleich bei der Öffnung

Abb. 1-8 Die 1986 fertiggestellte Hallgrímskirche ist das wichtigste Wahrzeichen der isländischen Hauptstadt. (Fotos: M. Geyer)

Abb. 1-9 Das Innere der Hallgrímskirche ist dank fehlender Farbverglasung sehr hell. Im Vordergrund das Taufbecken aus tschechischem Bleikristall. (Foto: M. Geyer)

Abb. 1-10 Blick von der Hallgrímskirche nach Norden über die Bucht von Reykjavík. Im Hintergrund schimmern die Häuser von Akranes und am rechten Bildrand ist der Berg Esja zu sehen (links). Der Blick nach Südwesten zeigt den Stadtflughafen und das Universitätsviertel sowie im Hintergrund die Bergketten der Reykjanes-Halbinsel, rechts der Bildmitte ist der Keilir gut erkennbar (rechts). (Fotos: M. Geyer)

zu kommen, um Wartezeiten zu vermeiden. Von oben bietet sich ein herrlicher Rundumblick auf Reykjavík, zur Reykjanes-Halbinsel, auf den Bergrücken Esja [127] und bei besonders klarer Sicht auch auf den Snæfellsjökull [124].

Der **Botanische Garten [6]** (Grasagarður Reykjavíkur) liegt im Laugardalur östlich des Stadtzentrums (Öffnungszeiten: 1. Mai – 30. September: 10–22h und 1. Oktober – 30. April: 10–15h; Eintritt frei). Von der Harpa [3] über die Uferstraße Sæbraut oder ab der Hallgrímskirche [5] sind es zu Fuß etwa 30 Minuten. Im Eingangsbereich gibt es ein Café. Über 3´000 Pflanzen der nördlichen Klimazonen erwarten die Besucher (1-11). Im Sommer werden Themenführungen und jeden Freitag

Abb. 1-11 Teilansicht des Botanischen Gartens in Reykjavík (Grasagarður Reykjavíkur). Auch das Gefleckte Knabenkraut (Dactylorhiza maculata) ist auf Island zu finden (rechts). (Fotos: M. Geyer)

auch englische Kurzführungen angeboten. In der Nähe des Botanischen Gartens [6] befindet sich außerdem das größte Thermalbad von Reykjavík (Laugardalslaug).

Die nur etwa 1,6 km² große Insel Viðey [7] ist ein Naherholungsgebiet (1-12) in der Bucht von Reykjavík (Kollafjörður). Wem der Weg zu weit ist und wer kein Fahrrad benutzen möchte, der kommt mit der Stadtbuslinie 16 ganz in die Nähe des Fährterminals Skarfagarður

Abb. 1-12 Viðey ist die größte Insel in der Bucht von Reykjavík. Früher landwirtschaftlich genutzt, dient die Insel heute als Naherholungsgebiet. Im Hintergrund der Anstieg zur Esja. (Foto: F. Rauscher)

(Haltestelle Klettagarðar / Skarfagarður). Hier legen auch die Kreuzfahrtschiffe an, weil der Stadthafen in Reykjavík zu klein ist. Etwas versteckt, aber in unmittelbarer Nachbarschaft, legt auch das kleine Schiff für die nur wenige Minuten dauernde Überfahrt nach Viðey [7] an (Fahrräder können umsonst mitgenommen werden). Die heute unbewohnte Insel war ab dem 10. Jahrhundert besiedelt. Von 1225 bis 1539 bestand ein Kloster, das auch gleichzeitig ein Wallfahrtsort war. Die Insel Viðey [7] wurde bis in das 20. Jahrhundert landwirtschaftlich genutzt und war als Fischereihafen von gewisser Bedeutung. Ab dem 2. Weltkrieg waren die Häuser verlassen und zerfielen, bis die Stadt

Reykjavík ab den 1980er Jahren Renovierungen durchführen ließ und Viðey [7] als Naherholungsgebiet ausbaute. Im ehemaligen Bauerngehöft Viðeyarstofa, einst das erste Steinhaus in Island, befindet sich eine kleine Gaststätte. Vor allem die kleine Landbrücke Eiðið zwischen dem westlichen (Vesturey) und östlichen Inselteil (Heimaey) bietet gute Beobachtungsmöglichkeiten für Vögel, darunter auch zahlreiche Eiderenten. Basalt ist vor allem an der Küste der kleinen Insel gut aufgeschlossen (Virkishöfði und Eiðisbjarg). Bekannt ist aber auch der Imagine Peace Tower, ein von Yoko Ono zur Erinnerung an John Lennon 2007 in Auftrag gegebenes Lichtkunstwerk.

Der geothermisch beheizte Strand Nauthólsvík [8] zeigt in eindrucksvoller Weise, dass die Isländer trotz widriger Witterung der Natur auch ein Strandbad abgetrotzt haben. Von der Hallgrímskirche [5] sind es etwa 40 Minuten zu Fuß – mit dem Fahrrad geht es entsprechend schneller und auch mit dem Stadtbus 5 (Haltestelle Nauthóll bei den Hochschulgebäuden + 5 Minuten Fußweg). Von Perlan [1] führt ein Weg durch den Wald in wenigen Minuten hinunter ans Meer. In Nauthólsvík [8] wurde ein heller Sandstrand aufgeschüttet und eine kleine Bucht weitgehend vom offenen Meer abgeriegelt. Das Wasser einer heißen Quelle wird in diese Bucht geleitet, sodass hier im Sommer Wassertemperaturen von 16–18°C erreicht werden können. Zusätzlich wurden Warmwasserspiralen unter dem Sand verlegt – dieselbe Technik wird auch für viele Straßen und Gehwege in der Innenstadt angewandt, um diese eisfrei zu halten (vgl. **Einleitung**). Eine weitere Attraktion ist ein langes Warmwasserbecken, welches windgeschützt in der Nähe der Umkleidekabinen (mit Kiosk) errichtet wurde (1-13). Die Öffnungszeiten variieren stark; im Winterhalbjahr ist das Bad tageweise geschlossen. Während der isländischen Sommerferien im Juli und August ist das Strandbad frei zugänglich. Abgehärtete und Mutige gehen aber auch ganzjährig im Nordatlantik schwimmen (Sjósund) und wärmen sich anschließend im Warmwasserbecken wieder auf. Aus der Vogelperspektive ist die gefasste warme Quelle in der Badebucht gut sichtbar **(1-14)**.

Auf dem Uferweg östlich Nauthólsvík [8] schließt sich der Küstenabschnitt Fossvogsbakkar an. Dieser Bereich ist ein geologisches Schutzgebiet (Infotafel). Nacheiszeitliche Ablagerungen aus bis zu 5 m

Abb. 1-13 Strandleben in Reykjavík. Oben: Die durch eine Heißwasserquelle gespeiste kleine Bucht Nauthólsvík, der geothermisch beheizte Sand und das langgestreckte Warmwasserbecken, von dem aus man den Flugverkehr des Stadtflughafens aus nächster Nähe verfolgen kann. Unten: Wem es im Warmwasserbecken zu warm wird, der kann auch im Nordatlantik schwimmen. Allerdings sind die Wassertemperaturen von ca. 12°C (im Sommer!) gewöhnungsbedürftig. (Fotos: M. Geyer)

Abb. 1-14 Die Bucht Nauthólsvík aus der Vogelperspektive (Foto: M. Geyer)

Abb. 1-15 Im geologischen Schutzgebiet im Bereich Fossvogsbakkar überlagern nacheiszeitliche Ton- und Sandsteine mit Fossilien (vor allem marine Schnecken- und Muschelschalen) den Basalt. (Fotos: M. Geyer)

mächtigen, fossilführenden Sand- und Tonsteinen überlagern hier den Basaltuntergrund (1-15). Auffällig ist auch die Küstenerosion; bitte halten Sie von der Geländekante einen angepassten Sicherheitsabstand. Es gibt einige Bereiche, in denen Sie ohne Probleme hinunter an den Strand kommen.

Der Aussichtspunkt Grótta [9] liegt ganz an der Westspitze der Gemeinde Seltjarnarnes auf der gleichnamigen Halbinsel westlich von Reykjavík (1-16). Vom Parkplatz am Ende der Straße Norðurströnd

Abb. 1-16 Das Naturschutzgebiet Grótta an der Westspitze der Halbinsel Seltjarnarnes ist nur bei Ebbe und zu Fuß erreichbar. (Foto: M. Geyer)

führt ein Fußweg über die schmale Landbrücke zum Leuchtturm. Für die Wegstrecke wird etwa 1 h benötigt. Bitte informieren Sie sich vor einem Besuch über die Gezeiten, denn der Weg kann bei Flut teilweise überflutet werden. Grótta [9] wurde erst im Januar 1788 durch eine Springflut von der Seltjarnarnes Halbinsel abgetrennt. Der Leuchtturm wurde 1897 errichtet. Während der Brutzeit der Küstenseeschwalben zwischen Mai und Juli darf der Fußweg nicht verlassen werden (Vogelschutzgebiet). Ab dem Parkplatz gibt es keine Beleuchtung mehr, daher ist Grótta [9] im Winterhalbjahr der Treffpunkt für alle, die in der Hauptstadtregion Nordlichter sehen wollen. Die kleine Heißwasserquelle Kvika liegt knapp 300 m östlich des Parkplatzes unmittelbar beim Uferweg. Ein beliebter Platz für ein Fußbad mit Panoramablick auf die untergehende Sonne (1-17)!

Ein kleines Naturkundemuseum befindet sich in Kópavogur [10] (Öffnungszeiten Mo–Do 9–18h und Fr–Sa 11–17h, Eintritt frei). Der Schwerpunkt der Ausstellungen (Geologie und Zoologie) liegt auf Island. Dabei ist eine Vitrine den Kohlelagen von Húsavíkurkleif [104] gewidmet (vgl. **Tour XI**). Bei Voranmeldung werden auch individuell abgestimmte Gratisführungen angeboten. In unregelmäßigen Abständen werden Sonderausstellungen durchgeführt. Das wichtigste Forschungsprojekt des Museums ist die Erstellung einer Datenbank über den Zustand der Süßwasserseen in Island. Es wird in Zusammenarbeit mit der Universität Reykjavík durchgeführt. Das Naturkundemuseum Kópavogur [10] ist im Kulturhaus von Kópavogur untergebracht (1-18). Im gleichen Gebäude befindet sich auch eine Bibliothek.

Natürlich bietet die Stadt neben den zuvor beschriebenen naturkundlich-geologischen Besonderheiten auch andere Sehenswürdigkeiten – die Museumslandschaft wird seit Jahren beständig erweitert und touristische Angebote wie Wal- und Vogelbeobachtungstouren werden ab dem Alten Hafen angeboten (Gutscheine für kleine Ermäßigungen liegen in nahezu allen Unterkünften aus). Besonders lohnend ist das Reykjavík City Museum, von dessen Außenstellen neben der Insel Viðey [7] vor allem das Árbær Freilichtmuseum am Stadtrand von Reykjavík empfehlenswert ist. Auch kulturell bietet Reykjavík viel. Ein Konzert in der Harpa [3] ist sicher nicht nur archi-

Abb. 1-17 An der Westspitze der Halbinsel Seltjarnarnes gibt es die schönsten Sonnenuntergänge im Raum Reykjavík und die größte Wahrscheinlichkeit im Winterhalbjahr Polarlichter zu sehen, weil es kein künstliches Licht gibt. Doch auch bei Sonnenaufgang gibt es herrliche Lichtverhältnisse. (Foto: P. Bencke)

Abb. 1-18 Das Naturkundemuseum in Kópavogur verfügt über eine kleine Dauerausstellung zur Geologie und Zoologie von Island. (Foto: M. Geyer)

tektonisch ein Genuss. Nutzen sollte der Besucher ebenfalls die Möglichkeit zum Besuch von einem der zahlreichen Thermalbäder in Reykjavík. Dabei sollten Sie sich allerdings im Vorfeld mit einigen Besonderheiten der isländischen Badekultur vertraut machen (vgl. **Einleitung**).

Reykjavik ist außerdem Ausgangspunkt für zahlreiche geführte Touren in die nähere oder fernere Umgebung: Wer an tektonischen Plattengrenzen schnorcheln will, mit einem Lastkran in einen erloschenen Vulkanschlot hinuntergelassen werden möchte, eine Gletscherwanderung in oder auf einem Gletscher machen will – jeder findet ein passendes Angebot. Alle Veranstalter holen ihre Kunden auch in den Unterkünften ab und bringen Sie am Ende wieder zurück. Wer Island von oben erleben will, kann auf dem Stadtflughafen in Reykjavík auch Rundflüge buchen (vgl. **Tour III**).

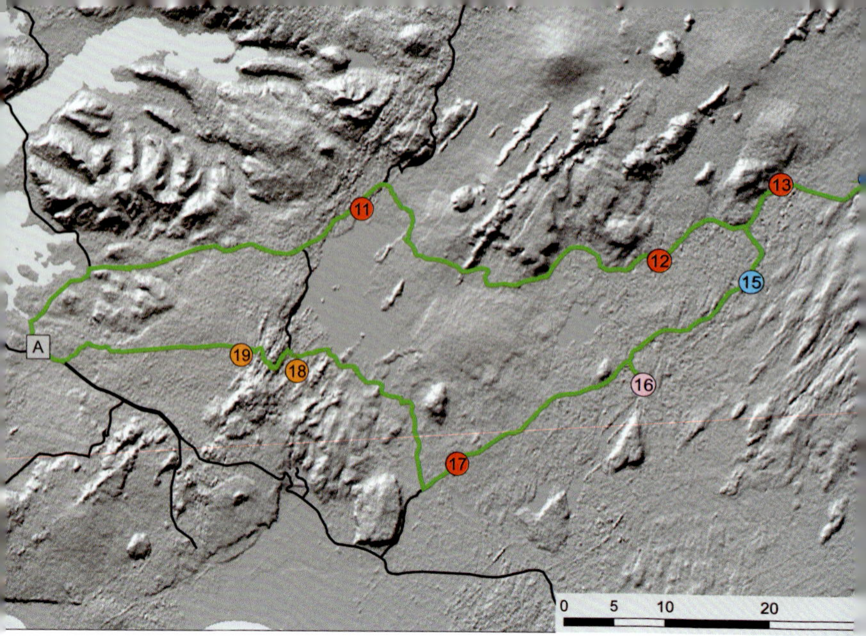

Tour II – Golden Circle

Die Tour hat eine Länge von 240 km und ist ohne Zweifel der Klassiker aller Islandreisenden. Die Strecke ist vollständig asphaltiert und bis auf die letzten 50 km gibt es ausreichend Tank- und Verpflegungsmöglichkeiten. Die reine Fahrtzeit für diese Rundfahrt beträgt knapp 4 h (Bitte beachten Sie die Geschwindigkeitsbegrenzung im Nationalpark Þingvellir). Verwaltungsmäßig gehört das Gebiet noch bis hinter einige Kilometer östlich Mosfellsbær zur Hauptstadtregion Höfuðborgarsvæðið. Danach bleibt die Tour in der Region Suðurland bis wenige Kilometer vor Ankunft auf der Ringstraße wieder die Hauptstadtregion erreicht wird.

Die Tour startet und endet an der **Olís Tankstelle Reykjavík [A]** an der Ringstraße (Norðlingabraut) am westlichen Stadtrand von Reykjavík. Von Keflavík aus geht es am schnellsten über die Straße 413 zum Startpunkt. Von der Tankstelle aus führt die Ringstraße ein kurzes Stück nach Norden bis zur Einmündung in die mehrspurige Vesturlandsvegur. Der Tourenverlauf orientiert sich weiter an der Ringstraße, an Grafarholt und Mosfellsbær vorbei bis an den Kreisverkehr mit der Abzweigung der Straße 36 nach Þingvellir [11] (Þingvallavegur).

Die Straße führt durch Weideland mit einzelnen Gehöften, doch ist es bereits spürbar einsamer. Nach der Abzweigung der Straße 48 in Richtung Hvalfjörður (deutsch: Walfjord) quert die Straße den Nordrand der Hochebene Mosfellsheiði, welche aus Erosionsresten eines eiszeitlichen Schildvulkans besteht. Schließlich kommt der bis zu 114 m tiefe See Þingvallavatn ins Blickfeld. Er gilt mit 83 km² als der größte natürliche See Islands, wobei der Ausfluss im Süden seit 1959 wegen eines Kraftwerks aufgestaut ist, sodass der Wasserspiegel gewissen Schwankungen unterworfen ist. Das als fischreich geltende Gewässer liegt in einem geologischen Grabenbruchsystem und ist Teil des auf Island oberirdisch verlaufenden Mittelozeanischen Rückens (vgl. **Einleitung** sowie Kontinentbrücke Miðlína [22] bei **Tour III** und Lavafeld Reykjahlíð [96] bei **Tour IX**). Vom Parkplatz mit Infotafeln direkt an der Straße bietet sich der beste Überblick (2-1).

Abb. 2-1 Parkplatz an der Straße 36 mit Ausblick auf den Þingvallavatn (Foto: M. Geyer)

Nach wenigen Kilometern wird der (gebührenpflichtige) Hauptparkplatz Þingvellir [11] erreicht. Das Gebiet ist seit 1930 Nationalpark

Abb. 2-2 Aussichtspunkt auf das Nordende des Þingvallavatn (Foto: M. Geyer)

und seit 2004 auf der Welterbeliste der UNESCO. Leider ist Þingvellir [11] in den Sommermonaten ziemlich überlaufen. Dennoch ist es ein lohnender Halt: Im Infozentrum werden Kurzfilme sowie interaktive Modelle gezeigt und vor dem Infozentrum ist ein Geländemodell ausgestellt. Für den Rundweg bis zum See (2-2) mit ausreichend Zeit für Fotostopps sollten Sie auf jeden Fall 2 h einplanen. Alternativ kann am nahegelegenen Parkplatz des Wasserfalls Öxarárfoss das Auto abgestellt werden und von dort aus in etwa 20–30 Minuten zu Fuß zum Rundweg gewandert werden. Þingvellir [11] ist nicht nur geologisch durch seine Lage auf dem Mittelatlantischen Rücken eine Besonderheit: Zahlreiche Spalten und Risse, vor allem in der Almannagjá (deutsch: Allmännerschlucht), machen an dieser Stelle das Auseinanderdriften der Amerikanischen und Eurasischen Platte entlang des Südwest-Nordost verlaufenden Grabens besonders deutlich (2-3 und 2-4). Þingvellir [11] ist von aktiven Vulkangebieten umgeben. Der letzte Ausbruch war vor knapp 2000 Jahren. Außerdem ist der

Abb. 2-3 Blick vom Aussichtspunkt in die Almannagjá (Allmännerschlucht) in Þingvellir (Foto: M. Geyer)

Abb. 2-4 Die Basaltwände der Almannagjá (Allmännerschlucht) in Þingvellir (Foto: M. Geyer)

Abb. 2-5 Stricklava ist an verschiedenen Stellen auf dem Rundweg in Þingvellir anzutreffen. (Foto: M. Geyer)

gesamte Bereich auch ein Erdbebengebiet: Im Verlauf des letzten großen Erdbebenschwarms von 1789 wurde der Hauptgraben Almannagjá um über 1 m breiter (IUGS 2008). Der Beginn des Rundwegs in die Almannagjá musste nach der Entdeckung von tiefen Spalten vor einigen Jahren durch eine Holzbrücke ersetzt werden. Im Verlauf des Rundweges ist immer wieder sehr schöne Stricklava anzutreffen (2-5). Mehrmals führt der Weg auch an wassererfüllten Gräben vorbei (2-6 und 2-7). In Þingvellir [11] (deutsch: Versammlungsebene) am Logberg (deutsch: Gesetzesberg) ist auch die verbürgte Geburtsstätte des isländischen Staatswesens. Hier wurde

Abb. 2-6 Tiefe und zum Teil wassergefüllte Gräben bezeugen die tektonische Aktivität des Gebiets um Þingvellir. (Foto: M. Geyer)

Abb. 2-7 Bitte bleiben Sie auf dem ausgeschilderten Weg, denn unvermittelt öffnen sich teils metertiefe Gräben. (Foto: M. Geyer)

bereits um 930 ein Alþingi (jährliche Versammlung) abgehalten, auf dem Recht gesprochen und Gesetze erlassen wurden. Das Alþingi hatte bis zur Auflösung durch das dänische Mutterland im Jahr 1798 eine parlamentarische Funktion. Am 17. Juni 1944 wurde hier die Unabhängigkeit Islands ausgerufen (2-8). Anlässlich des Alþingi im Jahr 1000 wurde hier die Annahme des Christentums beschlossen. Ein Bote hatte vom Ausbruch eines Lavastroms bei Reykjavík berichtet, der in der Folge den Namen Kristnitökuhraun (deutsch: Lavastrom als das Christentum angenommen wurde) bekam (**Tour IV**).

Die Tour bleibt auf der Straße 36, führt an der Abzweigung der Kaldidalur-Piste F550 (**Tour XIII**) und einem Infozentrum vorbei sowie im weiteren Verlauf um das Nordufer des Þingvallavatn. Hier bieten sich immer wieder Haltemöglichkeiten bei tektonischen Spalten. An

Abb. 2-8 In Þingvellir wurde am Logberg (hölzerne Plattform am linken Bildrand) am 17. Juni 1944 die Unabhängigkeit Islands ausgerufen. (Foto: M. Geyer)

der Abzweigung der Straße 365 geht es weiter in Richtung Laugarvatn. Ab dem Kreisverkehr am Ortseingang verläuft die Route auf der Straße 37 (Laugarvatnsvegur). In Laugarvatn am gleichnamigen See gibt es eine Schule und eine Pädagogische Hochschule sowie zahlreiche warme Quellen, die zur Beheizung von Gewächshäusern und dem örtlichen Schwimmbad verwendet werden.

Die Straße 37 führt durch eine mit niedrigen Büschen bestandene Landschaft, im Süden ist bei klarer Sicht der Vulkan Hekla sichtbar.

Abb. 2-9 Die Geothermieanlage beim Gehöft Efri Reykir (Foto: M. Geyer)

Abb. 2-10 An den Rohren setzt sich Silikatsinter ab, der als Geyserit bezeichnet wird. (Foto: M. Geyer)

Nach knapp 10 km kommt die Abzweigung der Straße 333 nach Efri Reykir [12]. Schon von der Hauptstraße aus ist die Dampfsäule der kleinen Geothermieanlage beim gleichnamigen Bauernhof zu sehen (2-9). Hier bietet sich die gute Gelegenheit, die Nutzung von Erdwärme „hautnah" und – bei entsprechendem Wind – mit schwefeligem Geruch und Mineralabscheidungen an den Rohren zu betrachten (2-10).

Wieder zurück auf der Straße 37, sind es nur wenige Minuten Fahrzeit bis Geysir [13]. 1985 war das allerdings noch anders: Die gesamte Strecke ab Mosfellsbær war eine Schotterpiste. Der Stichweg nach links zum Gehöft Múli war damals ebenso wenig ausgeschildert wie die Abzweigung nach Selfoss (Straße 35) wenige 100 m danach (2-11). Wenig später erreicht die Straße 35 Geysir [13].

Abb. 2-11 Zustand der Straße 37 bei Múli kurz vor der Einmündung nach Selfoss im Jahr 1985. (Foto: M. Geyer)

Abb. 2-12 In Geysir-Parks gibt es jede Menge Dampfaustritte. Bitte bleiben Sie auf den Wegen! (Foto: M. Geyer)

Vom Parkplatz aus ist es nur ein kurzer Weg zur zweiten Hauptattraktion auf der Golden Circle Tour. Beim Geysir-Center (Restaurants und Souvenirladen) müssen Sie nur die Straße queren, um in den frei zugänglichen Geysir-Park zu gelangen (2-12).

Abb. 2-13 Überall gibt es türkisblaue Becken und kleine Schlammtöpfe. (Foto: M. Geyer)

Dieser umfasst eine ganze Reihe von kalten und warmen Springquellen und kleinen Schlammtöpfen (2-13). Der namensgebende Geysir [13] ist derzeit allerdings nicht aktiv. Ein „Wiederbelebungsversuch" mit Seifenpulver und Bohrungen vor einigen Jahren brachte nicht den gewünschten Erfolg. Somit ist der Strokkur die Hauptattraktion (2-14).

Abb. 2-14 Wegen seines regelmäßigen Ausbruchintervalls ist der Strokkur die Hauptattraktion im Geysir-Park. (Foto: L. Blanchard)

Abb. 2-15 Klassischer Blick auf den Gullfoss am Spätnachmittag mit Regenbogen (Foto: M. Geyer)

Die Wasser- und Dampfsäule dieser alle 8 bis 10 min aktiven Springquelle erreicht eine Höhe von bis zu 30 m. Achten Sie beim Fotografieren auch auf die Windrichtung; der Mineralbelag aus der Gischt schadet den Objektiven.

Die Straße 35 (Biskupstungnabraut) führt durch offenes Gelände mit zahlreichen Ferienhäusern und quert die Flüsse Almenningsá und Tungufljót. Nach 10 km ist der obere Parkplatz beim Wasserfall Gullfoss [14] erreicht (Infozentrum, Restaurant und Souvenirladen). Wahlweise kann auch der kurz zuvor ausgeschilderte untere Parkplatz angefahren werden. Der Rundweg kann dank einer Treppe über beide Parkplätze begangen werden. Der Gullfoss [14] (deutsch: Goldener Wasserfall) ist für die meisten Islandreisenden der erste große Wasserfall. Trotz großer Besucherzahlen ist der Gullfoss [14] vor allem nachmittags einen Besuch absolut wert – auch wenn die Gischt gerade keinen Regenbogen zaubert (2-15). Heute ist der Wasserfall eine der Hauptattraktionen auf der “Golden Circle” Tour – 1985 gab es nicht einmal einen Parkplatz, geschweige denn einen gesicherten

Abb. 2-16 1985 war am Gullfoss noch keine Besucherlenkung erforderlich. (Foto: M. Geyer)

Fußweg (2-16). Der wegen einer tektonischen Verwerfung nahezu rechtwinklig angeordnete Doppelwasserfall (zuerst 12 m und dann 21 m Fallhöhe) des Gletscherflusses Hvítá ist aus jeder Position eindrucksvoll – egal ob Sie von der oberen Besucherplattform hinunterschauen (2-17) oder am teilweise glitschigen Weg direkt am oberen

Abb. 2-17 Blick von der oberen Aussichtsplattform auf den Gullfoss. (Foto: M. Geyer)

Abb. 2-18 Hier stürzt die Hvítá 12 m die obere Gefällstufe hinunter. (Foto: M. Wlota)

Wasserfall stehen (2-18 und 2-19). Während normalerweise die Wasserführung nur etwas mehr als 100 m³/s beträgt (Rheinfall: 400 – 600 m³/s), können durch Gletscherläufe bis zu 2000 m³/s über die Wasserfälle herabstürzen (IUGS 2008). Dies erklärt auch die bis zu 70 m tiefe Schlucht unterhalb des Gullfoss [14], die sich durchschnittlich um etwa 20 cm pro Jahr zusätzlich eintieft. Wer es ruhiger mag und etwas Zeit mitbringt, nähert sich über die Straßen 30 und 349 sowie einem

Abb. 2-19 Vorsicht Rutschgefahr! Blick auf die obere Gefällstufe des Gullfoss. (Foto: M. Geyer)

anschließenden etwa 40-minütigen Fußmarsch von der Ostseite dem Gullfoss [14]. Pläne zum Bau eines Elektrizitätswerks durch eine englische Firma konnten durch die Landwirtin Sigríður Tómasdóttir in den 1920er Jahren verhindert werden. Ein zweites, ähnliches Vorhaben im Jahr 1977 kam ebenfalls nicht zustande. Seit 1979 steht der Gullfoss [14] unter Naturschutz.

Zum nächsten Haltepunkt am Wasserfall Faxafoss [15] (auch: Vatnsleysufoss) geht es zunächst ein kurzes Stück zurück auf der Straße 35 (Biskupstungnabraut). Entweder auf dieser Straße bleiben, oder über die Straße 30 bis an die Brücke über den Fluss Tungufljót und weiter bis zum Faxafoss [15] (Zufahrt nach dem Campingplatz). Der Wasserfall hat eine Fallhöhe von nur 7 m, ist aber durch die Breite des Tungufljót (an dieser Stelle fast 100 m) dennoch sehr eindrucksvoll (2-20). Da der Tungufljót zu den bekanntesten Lachsflüssen Islands gehört, wurde am Nordufer des Wasserfalls eine Lachstreppe als Aufstiegshilfe errichtet.

Abb. 2-20 Der Faxafoss ist zwar nur ein kleiner Wasserfall, beeindruckt aber durch seine Breite von fast 100 m. (Foto: A. Braun)

Nach diesem kurzen Abstecher führt der weitere Routenverlauf auf der Straße 35 über 15 km durch Weideland mit Einzelgehöften. Einige Kilometer vor Reykholt zweigt die Straße 359 nach Flúðir ab. Dort ist das älteste Schwimmbad Islands inmitten eines kleinen, geothermisch aktiven Gebiets (Gamla Laugin). An der halbseitig mit Bäumen gesäumten Straße 35 geht es weiter nach Reykholt. Nach dem Ort gibt es sogar zeitweise Bäume auf beiden Seiten der Straße – in Island eher selten!

Unmittelbar vor der Brücke über den Fluss Brúará zweigt die Straße 31 (Skálholtsvegur) nach **Skálholt [16]** ab. Der Ort nimmt in der isländischen Kultur- und Kirchengeschichte eine bedeutende Rolle ein. Hier residierten bis 1550 katholische und nach der Reformation bis 1803 evangelische Bischöfe. Als ein Erdbeben 1784 auch die damalige Kathedrale vollkommen zerstörte, wurde der Bischofssitz wenige Jahre später nach Reykjavík verlegt. In **Skálholt [16]** wurde im 13. Jahrhundert außerdem die erste Lateinschule in Island gegründet. Interessant ist auch die sogenannte Skálholt-Karte aus dem Jahr 1570. Diese enthält eine kartographische Umsetzung der Routenangaben der Wikingerfahrten nach Grönland und Nordamerika. Die jetzige Kathedrale von **Skálholt [16]** wurde zwischen 1956–1963 erbaut. Durch ihre exponierte Lage ist die Kirche schon von weitem sichtbar (2-21).

Zur Weiterfahrt geht es über die Straße 35 zurück an die Kreuzung nahe der Brücke über die Brúará. Die Straße führt am Svínavatn vorbei,

Abb. 2-21 Die Kathedrale von Skálholt, im Hintergrund der schneebedeckte Vulkan Hekla (Foto: L. Brank)

passiert einige Einzelgehöfte und hat – je nach Wetterlage – einen mehr oder weniger guten Ausblick auf den Steilabfall des Ingólfsfjall (492 m) bei Selfoss an der Südküste.

Der Krater Kerið [17] liegt direkt an der Straße, ist zwar topographisch unauffällig, besticht jedoch durch die intensiv rote Farbe seiner Auswurfprodukte als Folge der Oxidation von Eisen. Er entstand als Schlackenvulkan vor etwa 6500 Jahren. Ein ausgeschilderter Weg führt einmal rund um den Kerið [17]. Bizarr geformte und scharfkantige Lavafetzen sind überall entlang des Rundweges anzutreffen. An einer Stelle führt ein Stichweg auch zum Kratersee hinunter. Bitte verlassen Sie die ausgeschilderten Wege nicht und halten Sie vom steilen und aus Lockermaterial bestehenden Kraterrand Abstand. Der bis zu 55 m tiefe Krater wird von einem 270 x 170 m großen Wall umschlossen. Im Inneren des Kraters hat sich ein bis zu 14 m tiefer Grundwassersee gebildet.

Der Kerið [17] ist Teil der Nordost-Südwest orientierten Tjarnarhólar-Kraterreihe (2-22) und gehört zur Westlichen Vulkanzone Islands (Sinton et al. 2005).

Abb. 2-22 Der Kerið-Krater besticht durch sein Farbspiel. Im Hintergrund der tafelbergartige Ingólfsfjall mit seinem Steilabfall nahe der Südküste bei Selfoss. (Foto: N. Gies)

Abb. 2-23 Straßenkreuzung 360/435 mit Ausblick auf das Lavafeld Hagavíkurhraun (Foto: M. Geyer)

Einige Kilometer später verlässt die Tour die Straße 35, biegt nach Norden auf die Straße 36 ab (Þingvallavegur) und führt am Ostufer des Álftavatn vorbei. Nach der Abzweigung geht es auf die Straße 360 (Grafningsvegur) in Richtung Nesjavellir weiter. Eine schmale Brücke quert beim Elektrizitätswerk den Ausfluss des Úlfljótsvatn, ein durch ein Kraftwerk abgeschnürter Südarm des Þingvallavatn. Die Route verläuft nun einige Kilometer dicht am Südufer des Úlfljótsvatn, bevor die Strecke nach der Kirche (Úlfljótsvatnskirkja) kurz das Südufer des Þingvallavatn berührt. Danach sind die aufsteigenden Dampfsäulen des Geothermiekraftwerks Nesjavellir zu erkennen. Das Kraftwerk kann nicht besichtigt werden. Über einige Kurven geht es weiter zur Abzweigung der Straße 435 (Nesjavallaleið) mit Ausblick auf das etwa 5700 Jahre alte Lavafeld Hagavíkurhraun (Sæmundsson 1967) (2-23).

An der Straße 435 kommt nach weiteren Kurven auf der linken Seite ein Parkplatz mit einem Aussichtspunkt auf das Geothermiekraftwerk Nesjavellir [18] (2-24). Es handelt sich nach dem Kraftwerk Hellisheiði [34] um das zweitgrößte Geothermiekraftwerk von Island. Kurz darauf ist noch einmal ein Aussichtspunkt an der Passhöhe Nesjavallaleið [19]. Bei den beiden weißen Zylindern stehen Informationstafeln zur Geothermie. Darüber hinaus bietet sich von dieser

Abb. 2-24 Aussichtspunkt an der Straße 435 auf das Kraftwerk Nesjavellir (Foto: M. Geyer)

erhöhten Position ein Rundblick; wer einen der umliegenden Hügel besteigt, kann sogar auf den Þingvallavatn sehen. Gut in der Landschaft erkennbar sind auch die Kontakte verschieden alter Lavaströme.

Mit einem starken Gefälle geht es hinunter auf die Hochebene Mosfellsheiði. Danach führt die Straße 435 ein ganzes Stück lang geradeaus durch die Hochebene Mosfellsheiði und verläuft parallel mit einer Rohrleitung (2-25), die heißes Wasser vom Kraftwerk Nesjavellir nach Reykjavík in den Hochspeicher Perlan [1] bringt (**Tour I**). Die Straße 431 führt zurück zur Ringstraße. Der letzte Teil der Route führt noch an den Rauðhólar-Pseudokratern vorbei (**Tour IV**) und erreicht schließlich den Endpunkt **Olís Tankstelle Reykjavík [A]** am Ortseingang von Reykjavík.

Abb. 2-25 Rückblick von der Mosfellsheiði auf die Passhöhe der Straße 435, die parallel zu einer Heißwasserleitung verläuft. (Foto: M. Geyer)

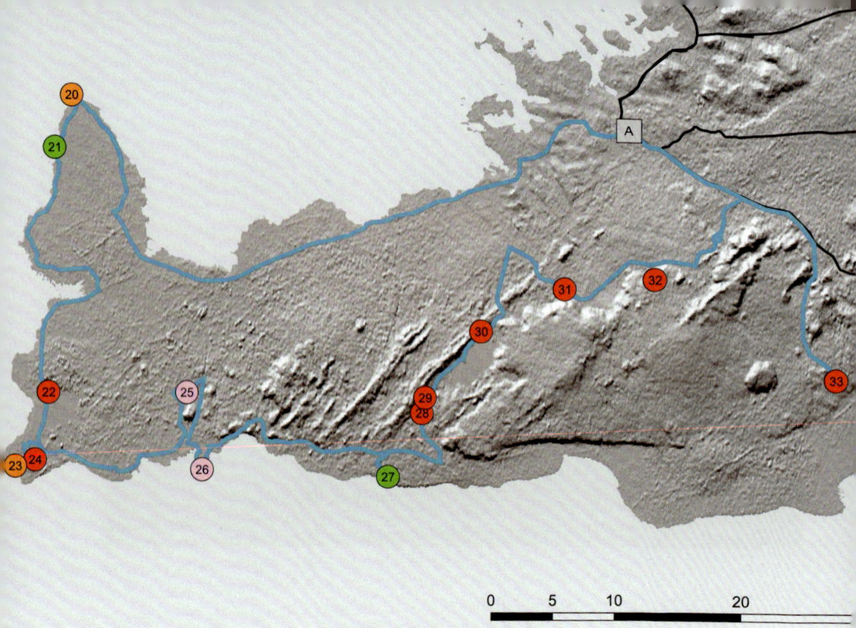

Tour III – Reykjanes

Die Halbinsel Reykjanes ist eine beliebte 240 km lange Tagestour mit Start und Ziel in Reykjavík. Die reine Fahrtzeit beträgt zwar nur etwa 4 h, doch sollte wegen der Fülle an interessanten Zielen besser ein ganzer Tag angesetzt werden. Bis auf kleine Abschnitte ist der Routenverlauf vollständig asphaltiert. Tank- und Verpflegungsmöglichkeiten sind ebenfalls ausreichend vorhanden. Wer den Ausflug auf die Halbinsel Reykjanes verlängern möchte, der findet in Keflavík, Garður [20] oder Grindavík unterschiedlichste Übernachtungsmöglichkeiten. Wie bereits **Tour II** (Golden Circle) startet und endet die Rundfahrt an **Olís Tankstelle Reykjavík** [A] an der Ringstraße (Norðlingabraut) am westlichen Stadtrand von Reykjavík. Verwaltungsmäßig startet die Route in der Hauptstadtregion Höfuðborgarsvæðið. Ab dem westlichen Ortsrand von Hafnarfjörður führt die Strecke durch die Region Suðurnes (früher: Reykjanes). Ab dem großen Steinbruch nordöstlich des Sees Kleifarvatn [30] wechselt die Route wieder in die Hauptstadtregion Höfuðborgarsvæðið. Der Westteil der Halbinsel Reykjanes ist seit

2015 Teil des UNESCO Geopark Reykjanes. Zu beachten ist, dass der Straßenabschnitt von Leiðarendi [31] bis zur Kreuzung in Richtung Ringstraße und Bláfjöll aus Wasserschutzgründen bis zum geplanten Ausbau der Strecke gesperrt ist und nicht befahrbar werden kann (Stand Juli 2020). Hier muss notfalls umgeplant werden.

Vom Startpunkt **Olís Tankstelle Reykjavík** [A] geht es am schnellsten am Südrand von Reykjavík über die Straße 413 (Breiðholtsbraut) auf die Straße 41 (Reykjanesbraut) nach Hafnarfjörður. An der Küste ist sehr bald ein großes Aluminiumwerk zu sehen. Im weiteren Verlauf ist einige Kilometer südlich der Straße 41 der Bergkegel Keilir (376 m) sehr deutlich erkennbar. Eine dorthin führende Piste endet in einiger Entfernung des Berges, dessen steile Flanke nach etwa 1-stündiger Wanderung durch Lavafelder erreicht werden kann. Die Straße 41 führt an Vogar, Njarðvík und Keflavík (deutsch: Treibholzbucht) vorbei. Diese drei Orte bilden seit einigen Jahren die neue Gemeinde Reykjanesbær.

Keflavík war von 1941 bis in das Jahr 2006 ein wichtiger amerikanischer Spähposten für U-Boote und ein bedeutender Luftwaffenstützpunkt, auf dessen Gelände auch der heutige Internationale Flughafen errichtet wurde. Anfangs hatten selbst Isländer nur nach einer Ausweiskontrolle Zugang zu ihrem (damals einzigen) Internationalen Flughafen. Seit Frühjahr 2018 sind erneut amerikanische Militärstreitkräfte in Keflavík stationiert. Die Verfassung des NATO Gründungsmitglieds Island sieht ausdrücklich vor, dass der Inselstaat keine eigenen Streitkräfte haben soll.

Unmittelbar beim Flughafen Keflavík zweigt die Straße 45 (Garðskagavegur) nach Garður [20] ab. Nach der Querung von Weideland wird der erste Punkt erreicht. Im kleinen Ort Garður [20] wurde 1897 einer der ersten Leuchttürme Islands errichtet. Ein zweiter Leuchtturm wurde 1944 an der Nordspitze der Halbinsel in Betrieb genommen (3-1). Heute dienen beide Leuchttürme als Museen für Fischerei und Lokalgeschichte. Durch den Flughafen Keflavík und weitere Arbeitgeber in der Region ist Garður [20] in den letzten Jahren gewachsen und hat viel Geld in die Infrastruktur, wie Schulen, Sportzentren, ein Gemeindezentrum und ein Schwimmbad, investiert. Wie die meisten Orte in Island ist auch Garður [20] an das Geothermienetzwerk angeschlossen und wird vom Kraftwerk Svartsengi versorgt. Außer mehre-

Abb. 3-1 Alter Leuchtturm Garðskagaviti an der Nordspitze der Reykjanes Halbinsel (Foto N. Gies)

ren Geschäften gibt es eine Bank, eine Post, eine Tankstelle und für Touristen einen Zeltplatz sowie eine Pension. Am weißen, mit Muschelschill überzogenen Strand von Garður [20] können neben dem schönen Ausblick unterschiedlichste Tierarten beobachtet werden (3-2). Im Frühsommer brüten hier viele Vögel, wie zum Beispiel Kanadagänse, Küstenseeschwalben und viele Möwenarten (Infotafel am Parkplatz). Mit etwas Glück lassen sich auch Seehunde, Delphine oder Wale blicken.

Abb. 3-2 Muschelschill am Strand von Garður (Foto: N. Gies)

Weiter geht es auf der Straße 4250/4126 (Útgarðsvegur) und dann auf der Straße 45 in Richtung Süden bis in den kleinen Ort Sandgerði. Zum Schutz der Bodenbrüter ist diese Straße nicht ganzjährig befahrbar. Alternativ kann der Ort auch direkt über die Straße 45 angefahren werden. In der Garðvegur 1 direkt am Ortseingang von Sandgerði befindet sich eines der acht Naturhistorischen Museen Islands. Das Museum **Náttúrustofa Suðvesturlands Sandgerði [21]** wurde im Jahre 2000 eröffnet und dient seitdem als Forschungsstation mit angeschlossenem Museum. Über die Straße 45 vorbei an der 1886 bis 1887 errichteten Hvalsneskirkja (3-3) und weiter über Straße 44 (Hafnavegur) verläuft die Tour bis Hafnir. Von dort aus weiter auf der Straße 425 (Nesvegur) bis links zum Parkplatz der Kontinentbrücke **Miðlína [22]** (3-4).

Abb. 3-3 Hvalsneskirkja auf der Reykjanes Halbinsel zwischen Sandgerði und Hafnir (Foto: N. Gies)

Abb. 3-4 Luftaufnahme der Kontinentbrücke Miðlína (Foto: N. Gies)

Abb. 3-5 Blick auf die Bruchstrukturen auf der südwestlichen Reykjanes Halbinsel (Foto: N. Gies)

Dieser Stopp verdeutlicht die gewaltigen Kräfte der durch das Rifting des Mittelozeanischen Rückens ausgelösten Dehnungstektonik (vgl. **Einleitung**). Auf einer Breite von mehreren Kilometern driften die eurasische und die nordamerikanische Platte mit einer Geschwindigkeit von etwa 2,5 cm/Jahr auseinander. Zahlreiche, bis zu mehrere Meter breite Spalten und Klüfte lassen sich hier kilometerlang in Südwest/Nordost-Richtung verfolgen. Selbst aus der Luft sind die Ausmaße dieser großräumigen geologischen Strukturen schwer zu erahnen (3-5). Vom Parkplatz aus führt ein Fußweg zur 2002 eröffneten Kontinentbrücke Miðlína [22], die die Verbundenheit zwischen Europa und Amerika darstellen soll. Da der Mittelozeanische Rücken zwischen den beiden Kontinentalplatten auf der Reykjanes-Halbinsel durch ein großmaßstäbliches Spalten-, Störungs- und Kluftsystem sichtbar wird, ist es geologisch leider nicht möglich, sich exakt auf die Grenze zwischen Europa und Amerika zu stellen. Vielmehr handelt es sich bei Miðlína [22] um einen der vielen parallel verlaufenden Grabenbrüche, die sich zu beiden Seiten des Mittelozeanischen Rückens gebildet haben. Diese „unscharfe Grenze" wird auch an den gemessenen Erdbeben sichtbar (Einarsson 2008).

Sicher ist jedoch, dass während des Befahrens der gesamten Tour der Grenzübertritt von Amerika nach Europa und wieder zurück erfolgt.Nach etwa 4 km auf der Straße 425 biegt die Route nach links ab auf die Straße 443 (Reykjanesvitavegur). Von hier aus sind es weitere 4 km bis zum nächsten Stopp am Aussichtspunkt Valahnúkamöl [23]. Dieser Stopp ist geologisch sehr interessant, auch wenn die Besonderheit nur aus der Vogelperspektive erkennbar ist. Hier tritt der Mittelozeanische Rücken, der sonst nur unterhalb des Meeresspiegels anzutreffen ist, vom Meeresboden an Land. Der ausgeschilderte Weg führt an mehreren Geothermiekraftwerken vorbei (3-6) und ist bis zum Parkplatz an der Steilküste beim Aussichtspunkt Valahnúkamöl [23] nur teilweise asphaltiert. Von hier aus startet der Rundweg mit Blick auf die mit Guano überzogenen Vogelfelsen. Die Klippen in der Nähe des Aussichtspunkts Valahnúkamöl [23] dienen vielen Seevögeln als Brutplatz und wurden im Laufe der Jahrhunderte durch ständige Erosion durch die raue Brandung und starke Stürme geformt. Teilweise bilden abgebrochene Teile der Basaltsäulen große Blockschutthalden unterhalb der Abbruchkante (3-7). Die auffällige Bronzeskulptur des Künstlers Todd McGrain stellt einen Riesenalk dar, der auf die nahe gelegene Insel Eldey blickt. Die letzten Exemplare dieses flugunfähigen Seevogels wurden dort 1844 getötet. Vom Parkplatz aus führt außerdem ein Weg auf den Bæjarfell zum 31 m hohen Leuchtturm Reykjanesviti (3-8). Dieser wurde errichtet, nachdem der alte Leuchtturm bei einem Erdbeben stark beschädigt wurde und gesprengt werden musste.

Zum Parkplatz beim Solfatarenfeld im Hochthermalgebiet Gunnuhver [24] geht es bis zur ersten

Abb. 3-6 Nutzung der Erdwärme in der Nähe des Geothermiefelds Gunnhuver (Foto: N. Gies)

Abb. 3-7 Küstenerosion an der Südwestspitze der Reykjanes Halbinsel (Foto: N. Gies)

Abb. 3-8 Leuchtturm Reykjanesviti an der Südwestspitze der Reykjanes Halbinsel (Foto: M. Geyer)

Abb. 3-9 Luftaufnahme des Geothermiefelds Gunnuhver (Foto: N. Gies)

Kreuzung zurück auf derselben Strecke und geradeaus weiter in Richtung Norden bis zum Ende der Stichstraße. Einer isländischen Sage zufolge soll hier der Geist von Guðrún Önundardóttir mit Spitznamen Gunna, welcher auf der Reykjanes Halbinsel sein Unwesen trieb, vom Priester Erik durch eine List eingesperrt worden sein. Geologisch ist das Geothermalgebiet Gunnuhver [24] durch seine Lage auf der Störungszone des Mittelatlantischen Rückens zu erklären (3-9). Die Temperaturen unterhalb der Erdoberfläche können hier bis zu 300 °C betragen (3-10). Damit zählt Gunnuhver [24] zu einem der Ultra-Hochtemperaturgebiete Islands. Wie bereits zwischen den Jahren 1905 und 1967, nahm die Aktivität ab dem Jahre 2006 im Geothermalgebiet Gunnuhver [24] wieder zu. Es ereigneten sich kleinere phreatomagmatische Explosionen, bei denen heißer Schlamm und

Abb. 3-10 Oberflächennahe Temperaturmessungen im Geothermiefeld Gunnuhver (Foto: M. Geyer)

Abb. 3-10 Warnschilder im Geothermiefeld Gunnuhver (Foto: M. Geyer)

Wasser über 3 m hoch in die Luft geschleudert wurden und mehrere Schlammquellen neu in Erscheinung traten. Daraufhin mussten eine der Zufahrtsstraßen und das Gebiet aus Sicherheitsgründen zeitweise gesperrt werden. Seit 2010 ist das Geothermalgebiet Gunnuhver [24] wieder für Besucher zugänglich. Jedoch sollte, wer den Geist von Guðrún besucht, keinesfalls die Plattformen und Bohlenwege verlassen und sich im Klaren sein, dass es jederzeit zu einem erneuten Ausbruch kommen kann, welcher heißes Wasser und Schlamm auf die Besucherplattformen befördern kann (3-11).

Zum nächsten Stopp führt die Route wieder zurück bis zur Straße 425 (Nesvegur). Ganz in der Nähe der Kreuzung war auch zwischen August 2016 bis Januar 2017 die Bohrstelle für das mit internationaler Beteiligung durchgeführte Tiefbohrprojekt IDDP (Iceland Deep Drilling Project). Hier wurde die Permeabilität von heißem Gestein in großer Tiefe erfolgreich nachgewiesen (vgl. **Einleitung** sowie Friðleifsson & Albertsson 2000, Friðleifsson & Elders 2017 und Friðleifsson (Hrsg.) 2018).

Die Tour verbleibt auf der Straße 425 und folgt dieser in Richtung Osten bis kurz vor Grindavík bis zur Abzweigung der Straße 426 (Bláalónsvegur) in Richtung Thermalbad Bláa Lónið [25] (deutsch: Blaue Lagune). Diese ist sicherlich eine der meistbesuchten Touristenattraktionen Islands. Wer einen Besuch plant, sollte daher lange im Voraus buchen, da der Eintritt nur mit einer Reservierung möglich ist. Ein viel genutztes Angebot ist ein Besuch des Thermalbads **Bláa Lónið [25]** am An- oder Abreisetag inklusive Transfer Reykjavík – Blaue Lagune – Flughafen Keflavík. Geologisch befindet sich das Thermalbad **Bláa Lónið [25]** im Vulkansystem Svartsengi, im Aa-Lavastrom Illahraun (deutsch: Lava des Schreckens), welcher zwischen den Jahren 1210–1240 entstand (Gudmundsson 2018). Dieser war aufgrund der starken Zerklüftung lange Zeit für Menschen nicht zugänglich. 1969 wurden bei Erkundungsbohrungen Temperaturen von mehr als 200°C in 1000 m Tiefe gemessen. Daraufhin begann 1971 der Bau des Geothermiekraftwerks Svartsengi, welches 1976 eröffnet wurde (3-12). Es war das erste Kraftwerk, welches gleichzeitig elektrische Energie und Fernwärme erzeugte. Heute zählt es mit 75 MW Stromproduktion und 150 MW thermischer Energie zu den größten Islands.

Abb. 3-12 Kieselgurbecken nahe Bláa Lónið nördlich Grindavík mit Blick auf das Geothermiekraftwerk Svartsengi (Foto: M. Geyer)

Aufgrund der starken Zerklüftung des Untergrundes wurde damals angenommen, dass das überschüssige Wasser im Boden versickert. Diese vermuteten Wasserwegsamkeiten wurden jedoch, wahrscheinlich durch die im Wasser gelösten Mineralstoffe, verstopft und es bildete sich ein See. Die im Wasser gelösten Mineralstoffe und Algen verleihen dem Thermalbad **Bláa Lónið [25]** nicht nur seine charakteristische blaue Farbe, sondern sind auch für die heilende Wirkung bei Hautkrankheiten bekannt. 1987 eröffnet die erste Badeanstalt, nachdem eine positive Auswirkung auf die Eindämmung von Erkrankungen wie Schuppenflechte entdeckt wurde. Seit einer großflächigen Umgestaltung ab dem Jahre 1999 ist das alte Bad als „alte Blaue Lagune" bekannt und die große Wellnessanlage trägt den Namen Thermalbad Bláa Lónið [25]. Das Wasser besteht zu etwa 70% aus unterirdisch infiltriertem Meerwasser und zu 30% aus versickertem Süßwasser (Thorsson & Larson 2007). Im Thermalbad Bláa Lónið [25] beträgt die Wassertemperatur ganzjährig konstant ca. 39 °C und erneuert sich aufgrund des kontinuierlich nachströmenden Wassers etwa alle 40–48 h auf natürlichem Wege.

Die Tour führt nun über die Straße 43 (Grindavíkurvegur) zurück bis in den Fischerort Grindavík (deutsch: Gitterbucht). Ebenso wie die Westmänner-Inseln (**Tour V**) und die Ostküste (**Tour VII**) wurde auch Grindavík 1627 von algerischen Piraten angegriffen und zahlreiche Bewohner als Sklaven verschleppt.

Vom durch die umgebenden Lavaströme gut geschützten Hafen führt eine Schotterpiste zum Schiffsfriedhof Hópsnes [26] auf der gleichnamigen Halbinsel. Diese entstand vor etwa 2800 Jahren durch einen ins Meer fließenden Lavastrom des nördlich von Grindavík gelegenen Kraters Sundhnúkur. Bei der Umrundung dieser kleinen Halbinsel können zahlreiche Schiffswracks begutachtet werden, welche bei heftigen Stürmen von den Wellen mehrere Meter über die Steilklippen ins Landesinnere geschleudert wurden (3-13). Hier wird wieder einmal deutlich, wie gewaltig die Kraft der Natur ist. Eine kleine Wanderung im Schiffsfriedhof Hópsnes [26] zu verschiedenen Schiffswracks ist empfehlenswert. Hinweistafeln bieten weitere Informationen zu den

Abb. 3-13 Schiffsfriedhof Hópsnes (Foto: M. Geyer)

Abb. 3-14 Blick nach Westen vom Krýsuvíkurberg (Foto: M. Geyer)

verschiedenen Wracks. Am höchsten Punkt der Halbinsel steht der 1928 errichtete gelb-orangefarbene Leuchtturm Hópsnesviti.

Wenige Kilometer östlich von Grindavík erreicht die Piste wieder die Straße 427 (Suðurstrandarvegur). Nach einigen Kilometern Fahrt nach Nordosten und der Querung einer kleinen Passhöhe verläuft die Tour relativ küstennah durch das Lavafeld Ögmundarhraun. Dieses entstand als Ergebnis der Krýsuvík Feuer (1151–1180). Weiter geht es, an der Abzweigung der Piste 428 vorbei, bis zum Hinweisschild auf den Vogelfelsen **Krýsuvíkurberg [27]** nach rechts auf eine unbefestigte Schotterstraße. Ein geländegängiges Auto mit Allradantrieb ist hier notwendig, da auch eine kleine Flussdurchquerung bewältigt werden muss und die Piste auch sonst recht anspruchsvoll ist. Nach etwa 3 km kommt ein kleiner Parkplatz, von dem aus ein Fußweg auf die Steilklippe zum Vogelfelsen **Krýsuvíkurberg [27]** führt. Es bietet sich ein grandioser Ausblick auf die zwischen 50 bis 70 m hohen Klippen des **Krýsuvíkurberg [27]** (3-14). Zwischen den einzelnen Basaltlagen treten hier sehr markante, durch Eisenoxide rot gefärbte, wahrscheinlich als Hyaloklastite anzusprechende Zwischenlagen auf (3-15). Diese können Pflanzenfossilien enthalten, die auf ein zur Ablagerungszeit wärmeres Klima hinweisen (vgl. **Tour VII**). Ein Teilabschnitt der Steilküste wird auch als Rauðaskriða (deutsch: roter Landrutsch) bezeichnet. Die Basaltsäulen lagerten sich über einen langen Zeit-

Abb. 3-15 Blick nach Osten auf die roten Zwischenlagen am Krýsuvíkurberg (Foto: N. Gies)

raum übereinander ab und können altersmäßig bis zu 1000 Jahre auseinanderliegen. Jede Säulenreihe repräsentiert ein Ausbruchsereignis. An der Ostseite des Vogelfelsens Krýsuvíkurberg [27] können bis zu 10 verschiedene Ausbrüche unterschieden werden. Bitte bleiben Sie in einer sicheren Entfernung vom Steilabbruch. Küstenparallele Risse und Geländemulden deuten bereits an, dass die Steilküste durch Unterspülung sehr stark erosionsgefährdet ist. Wer ausreichend Zeit hat, kann seine Panoramawanderung noch bis zum Leuchtturm Krýsuvíkurberg fortsetzen. Wer ein Fernglas mitführt, kann im gesamten Küstenabschnitt des seit 1975 geschützten Krýsuvíkurberg [27] zahlreiche Seevögel beobachten (Dreizehenmöwen, Trottellummen, Tordalke und gelegentlich auch Papageitaucher) (3-16).

Zur Weiterfahrt geht es wieder zurück auf der Straße 427 und auf dieser etwa 5 km nach Osten bis zur linksseitig gelegenen Abzweigung der Straße 42

Abb. 3-16 Vogelkolonie am Krýsuvíkurberg (Foto: M. Geyer)

(Krýsuvíkurvegur) in Richtung Krýsuvík. Nach 9 km kommen auf der rechten Seite die Überreste eines Bauernhofs sowie eines Silos in Sicht. Daneben befindet sich ein kleiner Parkplatz zum Maarsee **Grænavatn [28]** (3-17). Der kleine ungewöhnlich grüne Kratersee kann in einer Wanderung von ca. 20 Minuten umrundet werden. Der hohe Schwefelgehalt im bis zu 45 m tiefen Explosionskrater ist für die intensive Färbung verantwortlich. Wie auch der kleine, westlich der Straße gelegene Maarsee Gestsstaðavatn entstand der Maarsee **Grænavatn [28]** vermutlich vor 6000 bis 10‘000 Jahren durch eine phreatomagmatische Explosion beim Zusammentreffen heißer Lava und Grundwasser. Ein genaues Entstehungsalter ist allerdings nicht bekannt. Die Auswürfe des Maarsees **Grænavatn [28]** enthalten einen hohen Anteil an Gabbro-Xenolithen (Gudmundsson 2018). Diese meist gräulichen, grobkristallinen Gabbros erstarrten als Intrusivgesteine im Erdinnern und wurden bei der Explosion des Maarsees **Grænavatn [28]** an die Oberfläche befördert.

Nur 1,5 km weiter befindet sich auf der linken Straßenseite der Parkplatz beim Geothermiefeld **Seltún [29]** (3-18). Mit geöffnetem Fenster ist bei entsprechenden Windverhältnissen schon von weitem ein deutlich schwefeliger Geruch wahrnehmbar. Vom Parkplatz aus führt ein mit Holzplanken befestigter Rundweg durch das Geothermie-

Abb. 3-17 Maarkrater Grænavatn auf der Reykjanes Halbinsel. Rechts im Hintergrund das Geothermiefeld Seltún. (Foto: N. Gies)

gebiet Seltún [29] mit seinen zahlreichen Dampfaustritten sowie bunten (orange, rot, gelb, braun, weiß) Schlammtöpfen und Tümpeln. Im Jahre 1999 explodierte ein altes Bohrloch und formte einen kleinen Krater. Die Auswurfmassen wurden bis zu 100 m weit geschleudert. Nach einem Erdbeben im Jahr 2000 ließ die Aktivität etwas nach, jedoch kam es 2010 zu einer weiteren Explosion eines alten Bohrloches. Auch heute beträgt die Temperatur knapp unter der Erdoberfläche noch über 200 °C. Bitte verlassen Sie die ausgeschilderten und markierten Wege nicht. Sie begeben sich ansonsten nicht nur in unnötige Gefahr, sondern zerstören auch die Schönheit und Unberührtheit dieses spektakulären geologischen Phänomens.

Anschließend führt die Tour in Richtung Norden weiter auf der Straße 42, vorbei am See Kleifarvatn [30]. Er ist das Resultat mehrerer Störungszonen, deren Spannungen in komplizierten Bruchstrukturen sichtbar werden. Entlang der Straße bieten sich diverse Haltemöglichkeiten, um die zahlreichen, entlang der Straße aufgeschlossenen Aschenlagen zu betrachten (3-19). Diese werden von vulkanischen Gängen durchzogen, welche den Bruchstrukturen folgen. Die aus härterem Gestein aufgebauten Gänge verwittern langsamer als die weichen Aschenlagen und bilden daher auffällige Landmarken aus. Der See Kleifarvatn [30] ist der größte See auf der Reykjanes Halbinsel und

Abb. 3-18 Schlammtopf im Geothermiefeld Seltún (Foto: N. Gies)

Abb. 3-19 Aschelagen am Kleifarvatn (Foto: N. Gies)

mit einer Tiefe von 97 m auf Platz 8 der tiefsten Seen in Island. Erstaunlich ist, dass der See **Kleifarvatn [30]** keinen natürlichen oberirdischen Zufluss besitzt. Er wird allein durch Grund- und Regenwasser gespeist. Durch das Erdbeben im Jahr 2000 bildeten sich am Grunde des Sees einige Spalten, durch die nach und nach etwa ein Fünftel des Seewassers versickerte. Nachdem sich die Spalten vollständig mit Wasser gefüllt hatten, begann der See sich wieder zu füllen und erreichte bald erneut seinen ursprünglichen Pegel. Rund um den See **Kleifarvatn [30]** gibt es zahlreiche Wander- und Radwege; außerdem ist der See bei lokalen Hobbyanglern und Biologen für seinen Fisch- und Vogelreichtum bekannt.

Wenig später erreicht die Straße 42 einen Bergsattel, von dem aus bei klarer Sicht die Bucht von Reykjavík (deutsch: Rauchende Bucht) und gelegentlich sogar der **Snæfellsjökull [124]** zu sehen sind. Linker Hand führt die Tour an einem großen Steinbruch an der Westflanke des Háuhnúkar (263 m) vorbei und erreicht schließlich die Abzweigung nach rechts auf die Straße 417 (Bláfjallavegur) in Richtung Bláfjöll (3-20).

Nach einer 6 km langen Fahrt durch eine raue Lavafeld-Landschaft befindet sich am linken Straßenrand ein unscheinbarer Parkplatz. Von hier aus führt ein kleiner Pfad zum Eingang in die Lavahöhle **Leiðarendi [31]** (deutsch: Ende der Straße) (3-21). Diese 900 m lange

Abb. 3-20 Blick auf die Bucht von Reykjavík (Foto: N. Gies)

Lavahöhle bietet die Möglichkeit zu einer unterirdischen Wanderung im Inneren eines Lavastroms. Eine Höhlenbegehung im Alleingang ist nicht empfehlenswert, da geeignete Ausrüstung, wie Helm, stoßfeste Kleidung und Taschenlampen, mitgeführt werden muss und im Höhlenlabyrinth von **Leiðarendi [31]** leicht die Orientierung verloren werden kann. Wer jedoch nicht auf das Höhlenabenteuer verzichten möchte, sollte eine der von Reykjavík aus angebotenen geführten Touren buchen. Selbst im Eingangsbereich der Höhle, welche noch relativ gefahrlos betreten werden kann, lassen sich Schmelztropfen aus erstarrter Lava sowie ein beeindruckendes Farbspiel an den Wänden begutachten (3-22).

Abb. 3-21 Eingangsbereich der Lavahöhle Leiðarendi (Foto: N. Gies)

Abb. 3-22 Schmelztropfen an der Decke der Lavahöhle Leiðarendi (Foto: M. Geyer)

Die letzten beiden Tourenpunkte erfordern eine frühzeitige Buchung und sind etwas kostspieliger. Wer diese beiden Punkte nicht anfahren möchte, folgt direkt der Straße 417 weiter bis zur Abzweigung in Richtung Reykjavík.

An dieser Abzweigung befindet sich der Flugplatz Sandskeið.

Als Segelflieger habe ich natürlich schon vor meiner Ankunft in Island von dem Segelflugclub Svifflugfélag Íslands gehört und mir vorgenommen, meinen isländischen Fliegerkollegen einen Besuch abzustatten. Der 1936 gegründete Club ist auf

Segelfluggelände Sandskeið Svifflugfélag Íslands 1936 (Foto: N. Gies)

dem 20 km östlich von Reykjavík gelegenen Flugfeld Sandskeið beheimatet und von der Ringstraße aus nicht zu übersehen. Bei meiner Ankunft wurde ich herzlichst aufgenommen und durfte mein Zelt neben dem Vereinshaus aufbauen. Zwei Tage wartete ich auf gutes Flugwetter, bis der Himmel endlich aufklarte und der Wind auf den Nordhang des 369 m hohen Vífilfellsöxl blies. Nach einem Überprüfungsflug mit einem erfahrenen Fluglehrer in einem Doppelsitzer und einigen weiteren nützlichen Tipps zu den lokalen Wind- und Wetterverhältnissen durfte ich das einsitzige Segelflugzeug vom Typ Rolladen Schneider LS4 mit dem Kennzeichen TF-SAS an den Start schieben. Nach einem kurzen Windenstart mit geringer Ausklinkhöhe ging es direkt an den Hang des Vífilfellsöxl.

Flugzeug vom Typ Rolladen Schneider LS4 mit dem Kennzeichen TF-SAS (Foto: N. Gies)

Schnell wurde ich vom starken Nordwind nach oben getragen. Nach einigen Achten am Hang war ich bereits auf gleicher Höhe mit dem Grat und einige erstaunte Wanderer winkten mir aufgeregt zu. Wenige Minuten später schaute ich auf den Gipfel des 655 m hohen Vífilsfell hinab und konnte das gesamte Bláfjöll Gebirge in Richtung Süden entlangblicken. Mit zunehmender Höhe änderte sich der Blickwinkel und die Sicht in die Ferne wurde immer besser. Die Lavafelder, welche unter mir überall verteilt waren, wirkten wie kleine Fächer und es war von hier oben kaum vorstellbar, was sie für ein großes Hindernis für Fußgänger und Autos darstellen. Reykjavík ist im Westen schnell zu erkennen und auch das Kraftwerk Hellisheiði im Osten ist durch die aufsteigenden Rauchschwaden leicht zu or-

Gipfel des Vífilsfell (Foto: N. Gies)

ten. Die Ringstraße zieht sich als silberner Faden von Reykjavík bis Hveragerði. Nach kurzem Funkkontakt mit der Flugkontrolle in Keflavík erhielt ich eine Freigabe für den Luftraum über mir und durfte weiter in der beginnenden Thermik aufsteigen. Der Blick Richtung Südosten reicht bei guter Sicht über das Lambafellshraun bis zum Meer. Im Osten erblickte ich am Horizont zwischen den Wolken den Eyjafjallajökull. Nach drei Stunden Flugzeit und einer weichen Landung auf dem Flugfeld Sandskeið stieg ich schließlich aus der LS4 aus und war mir sicher, dass ich diesen Flug nie vergessen werde.

Bild des Piloten im Hangflug am Vífilfellsöxl (Foto: N. Gies)

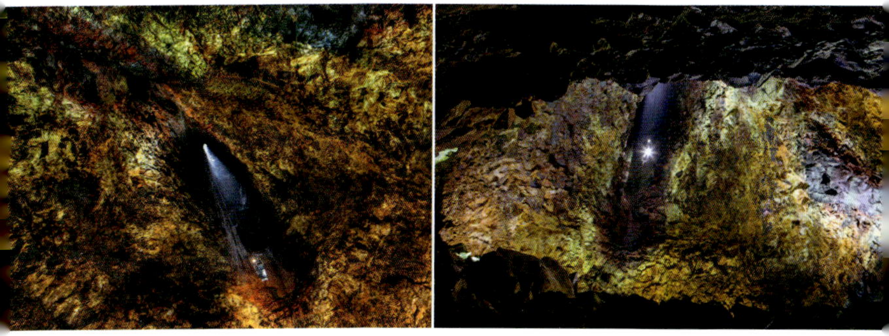

Abb. 3-23 Die Befahrung des erloschenen Vulkanschlots Þríhnúkagígur ist die einzigartige Gelegenheit, in das Innere eines Vulkans vorzudringen. (Fotos: www.insidethevolcano.com)

Für die Variante mit dem ersten Zusatzpunkt geht es von der Straße 417 auf die Stichstraße 407 (Bláfjallaleið) zum Skigebiet ab.

Die Befahrung des erloschenen Vulkanschlots Þríhnúkagígur [32] (deutsch: Drei Gipfel Krater) bietet für 44.000 ISK (Stand April 2020) die einzigartige Gelegenheit, in das Innere eines Vulkans vorzudringen (3-23). Ein Besuch muss im Voraus gebucht werden und kann je nach Wunsch mit Transfer von und bis Reykjavík oder ab dem Treffpunkt am Parkplatz am Ende der Straße 407 Richtung Bláfjöll durchgeführt werden. Vor der eigentlichen Besichtigung sollten Sie sich auf eine etwa 45-minütige Wanderung mit leichter Steigung durch Lavafelder einstellen. Der vor 4000 Jahren das letzte Mal ausgebrochene Vulkan Þríhnúkagígur [32] zeigt keine Anzeichen mehr von vulkanischer Aktivität. Ein weiterer Ausbruch in der nächsten Zeit gilt daher als höchst unwahrscheinlich. Der Þríhnúkagígur [32] (540 m) ist der nordöstlichste von drei Kratern und überragt seine Nachbarn um etwa 35 m. Mit einer Gondel werden die Besucher ins Innere des Vulkans herabgelassen. Oft wird fälschlicherweise behauptet, es handele sich hier um die Magmakammer des Vulkans. Richtig ist vielmehr, dass es sich um einen magmatischen Förderkanal handelt, welcher beim Ausbruch des Hauptkraters entstanden ist. Dennoch gilt der Vulkanschlot Þríhnúkagígur [32] als weltweit einziger begehbarer aktiver Vulkan.

Bei der Option mit dem zweiten Zusatzpunkt biegt die Tour bei Erreichen der Ringstraße nach rechts in Richtung Osten ab und zweigt nach 16,5 km auf die Straße 39 (Þrengslavegur) ab.

Seit der Wiedereröffnung 2016 muss für die Lavahöhle Raufarhólshellir [33] nun ebenfalls eine geführte Tour gebucht werden. Das Lavatunnelsystem Raufarhólshellir [33] ist 1360 m lang, maximal 30 m breit und 10 m hoch und ist eine beeindruckende geologische Attraktion (3-24). Raufarhólshellir [33] entstand vor etwa 5200 Jahren beim Ausbruch des Leitahraun am östlichen Rand des Bláfjöll Gebirges. Durch die hohen Besucherzahlen seit den 1950er Jahren wurden viele der Lava-Stalaktiten, welche überall in der Höhle anzutreffen waren, zerstört. Daher sind heute nur noch wenige längere Schmelztropfen vorhanden.

Abschließend geht es wieder zurück auf die Ringstraße in Richtung Reykjavík bis **Olís Tankstelle Reykjavík** [A]. Dort besteht Anschluss zu **Tour II**, **Tour IV** und **Tour XI**.

Abb. 3-24 Lavahöhle Raufarhólshellir (Fotos: www.thelavatunnel.is)

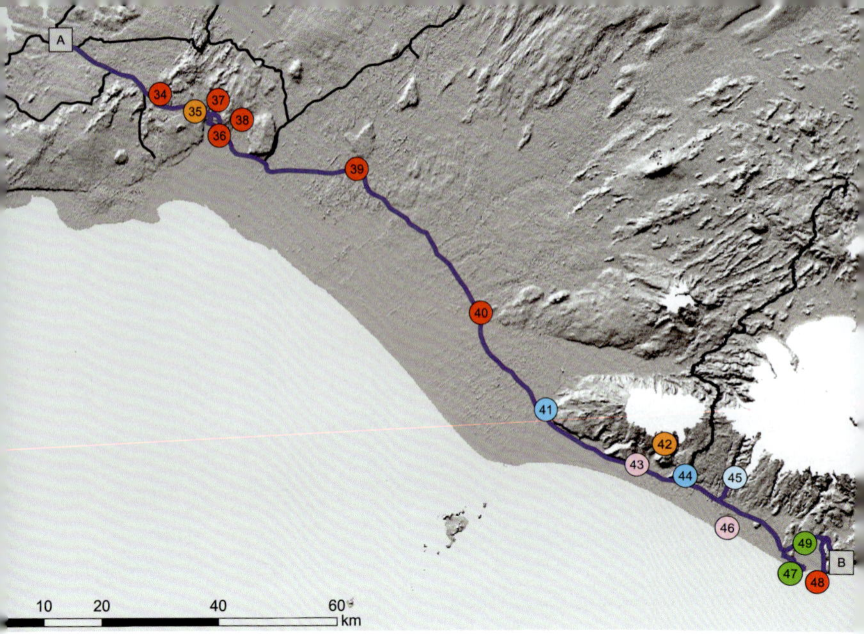

Tour IV – Südküste (westlicher Abschnitt)

Die knapp 175 km lange Tour zwischen der **Olís Tankstelle Reykjavík [A]** und **Vík [B]** ist identisch mit dem Verlauf der Ringstraße (Hringvegur) oder Nationalstraße (Þjóðvegur). In **Vík [B]** besteht Anschluss zu **Tour VI**. Die Strecke ist durchgängig asphaltiert und es gibt ausreichend Tank- und Verpflegungsmöglichkeiten. Der erste Teil ist teilweise vierspurig ausgebaut; beachten Sie bitte auch hier die Geschwindigkeitsbegrenzung. Die reine Fahrtzeit für diese Strecke beträgt ca. 2 ½ h. Verwaltungsmäßig gehört das Gebiet die ersten Kilometer bis knapp hinter die Abzweigung der Straße 417 beim Flugplatz zur Hauptstadtregion Höfuðborgarsvæðið. Danach bleibt die Tour in der Region Suðurland.

Die Tour startet an der **Olís Tankstelle Reykjavík [A]** in der Norðlingabraut, unmittelbar beim Kreisverkehr mit der Straße 413, über die eine Direktanbindung nach Keflavík besteht.

Die Ringstraße verlässt Reykjavík und gleich am Ortsende sind südlich der Straße bei Rauðhólar einige Pseudokrater mit roten Schlackenlagen aufgeschlossen, die früher für den Straßenbau abgebaut wurden (**Tour IX**: Mývatn [89]). Danach führt die Route durch das 5200 Jahre alte Lavafeld Svínahraun (deutsch: Schweinelava), dessen Eintönigkeit in den Sommermonaten durch die blau blühenden Lupinen am Straßenrand aufgelockert wird, die vor einigen Jahren in ganz Island zur besseren Bodenbildung ausgesät wurden. Dieser Lavastrom wird – vor allem südlich der Straße immer wieder sichtbar – vom im Jahr 1000 ausgeflossenen Lavastrom Svínahraunsbruni (deutsch: der die Schweinelava verbrannte) oder Kristnitökuhraun (deutsch: Lavastrom als das Christentum angenommen wurde) überfahren. Ein Bote überbrachte im Jahr 1000 der Alþingi- (deutsch: Althing) Versammlung in Þingvellir [11] die Nachricht von diesem Ausbruch, als dort über die Annahme des Christentums beraten wurde (**Tour II**). Südlich der Straße tauchen die Berge um das Bláfjallahorn (702 m) auf; hier befindet sich das Skigebiet für die Einwohner der Hauptstadtregion. Nach der Abzweigung der Straße 417 führt die Ringstraße an einem Flugplatz vorbei (vgl. **Tour III**) und nach der Abzweigung der Straße 39 sind bereits die Dampfsäulen des Geothermiekraftwerks Hellisheiði [34] (4-1) sichtbar, welches auf einer asphaltierten Stichstraße zu erreichen ist. Je

Abb. 4-1 Das Geothermiekraftwerk Hellisheiði liegt unmittelbar an der Ringstraße 1. Eine Besichtigung ist lohnenswert. (Foto: G. Hoffmann)

näher das Kraftwerk kommt, desto mehr Rohre und Strommasten rücken ins Blickfeld. Mit etwas über 300 MW Stromerzeugung und 133 MW geothermischer Energie ist Hellisheiði [34] das größte und modernste Kraftwerk seiner Art weltweit. Dabei wird hier nur ein gutes Drittel der theoretisch möglichen Kapazität genutzt – doch in Island ist nicht mehr Bedarf vorhanden! Hellisheiði [34] liegt ebenso wie das ca. 15 km nordöstlich gelegene, aber nicht öffentlich zugängliche Kraftwerk Nesjavellir [18] in der aktiven Hengill Vulkanzone; der letzte Ausbruch war vor knapp 2000 Jahren. Oberflächennah zeigt sich dieser aktive Vulkanismus in zahlreichen Fumarolen, Schlammvulkanen und Geysiren, wie z. B. im nahen Reykjadalur [37] (deutsch: rauchendes Tal). Doch auch auf der Weiterfahrt sind gleich nördlich der Straße einige heiße Quellen zu sehen. Vom höchsten Punkt der Hochfläche Hellisheiði führt die Straße in großzügigen Serpentinen von der Hochfläche hinunter in die Gartenstadt Hveragerði [36]. Noch vor der ersten großen Kurve ist auf der rechten Seite der Parkplatz Kambar [35] (Vorsicht: Seit dem Straßenausbau ist die Zufahrt sehr kurz!). Von hier aus bietet sich ein erster Überblick über die südliche Küstenebene. Bei sehr guter Sicht sind die Westmänner-Inseln am Horizont zu erkennen (**Tour V**). Gut erkennbar ist die Kleinstadt Hveragerði [36] mit ihren zahlreichen Gewächshäusern, in denen Blumen, Obst und Gemüse gezüchtet werden. Etwas weiter in der Küstenebene liegen dann Selfoss, der größte Ort an der gesamten Südküste, und der Fluss Ölfusá, der südlich der Stadt ins Meer mündet (4-2). Der Blick nach Norden fällt auf das Reykjadalur [37].

Gleich bei Erreichen der Küstenebene zweigt die Straße nach Hveragerði [36] am Kreisverkehr ab. Der erste Halt im Ort befindet sich im Einkaufszentrum Hveragerði [36]. Hier kann ein Erdbebensimulator gegen eine geringe Gebühr „ausprobiert“ werden. Gleichzeitig gibt es auch eine Foto-Ausstellung zum starken Erdbeben vom 29. Mai 2008 (4-3), das mit einer Stärke von 5,8 Mw (Moment Magnituden) in ganz Island zu spüren war und große Zerstörungen anrichtete – 30 Häuser wurden komplett zerstört. Unweit von Hveragerði entstand durch dieses Beben auch ein neues geothermisch aktives Gebiet. Wie in Island üblich, wurde auch bei diesem Erdbeben sofort die höchste Stufe des Katastrophenalarms ausgelöst. Zum Glück gab es nur einige leicht verletzte Personen. Beeindruckend sind auch

Abb. 4-2 Parkplatz an der Ringstraße 1 vor der Abfahrt nach Hveragerði. Am linken Bildrand einige Gewächshäuser von Hveragerði und im Hintergrund die Mündung der Ölfusá. (Foto M. Geyer)

Abb. 4-3 Im Einkaufszentrum von Hveragerði erinnert eine Ausstellung an das Erdbeben vom 29. Mai 2008. Eindrucksvoll sind die Bilder von den klaffenden Erdspalten und die Erlebnisberichte einiger Einwohner. (Foto: M. Geyer)

Abb. 4-4 Passend zur Ausstellung im Einkaufszentrum von Hveragerði ist eine der Hauptspalten des Reykjanes-Rückens wirkungsvoll in Szene gesetzt. (Foto: M. Geyer)

die Tafeln mit den Erlebnisberichten der Einwohner. Das 2003 errichtete Einkaufszentrum wurde nach der Entdeckung zahlreicher Spalten im Untergrund (4-4) komplett umgeplant.

Von der Ortsmitte des hübsch mit Blumen geschmückten Städtchens führt eine asphaltierte Straße am Fluss Varma entlang hinauf, an der Sporthalle vorbei zu einem Parkplatz mit Café. Hier ist der Ausgangspunkt für Wanderungen in das Reykjadalur [37]. Bitte bleiben Sie auf den markierten Wegen und nehmen Sie keine „Abkürzungen". Die spärliche Vegetationsdecke braucht Jahre, um sich wieder zu erholen. Je nach Kondition gibt es die ersten heißen Quellen und Schlammtöpfe etwa 250 m hinter dem Parkplatz (4-5). Dazu muss der Bach Varma auf einem Steg gequert werden. Der neben dem Wanderweg (Reykjavegur) dahinplätschernde Bach raucht an manchen Stellen – kein Wunder, denn die Wassertemperatur ist an vielen Stellen angenehm warm. Das nächste geothermisch aktive Gebiet ist in einer knappen Stunde über den Fußweg erreichbar. Zunächst steigt der Weg an (4-6), dann wird nach einem kurzen Abstieg der Fluss Reykjadalsá auf einer Brücke gequert. Schilder warnen wegen heißer Quellen vor dem Verlassen des Weges (4-7).

Abb. 4-5 Schlammtöpfe am Beginn des Reykjadalur (Foto: M. Vetter)

Abb. 4-6 Höchster Punkt auf dem Weg ins Reykjadalur (Foto: M. Geyer)

Abb. 4-7 Bleiben Sie auf den Wegen: In den Wiesen gibt es ungesicherte heiße Quellen und Schlammtöpfe. (Foto: M. Geyer)

Nach einem leichten Anstieg kommt ein Bereich mit heißen Quellen und Schlammtöpfen (4-8). Je nach Windrichtung hängt auch der Schwefelgeruch in der Luft. Unmittelbar nach diesem Gebiet ist der

Abb. 4-8 Türkisfarbene Quelltöpfe säumen den Weg. (Foto: M. Geyer)

Blick auf den touristisch ausgebauten Teil des Bachlaufes mit Bohlenwegen, Treppen und Stegen frei (4-9). In der Hochsaison ist es ratsam, gleich morgens zu kommen, weil ab Mittag Reisegruppen am Reykjadalsá einfallen. Wer es gerne etwas ruhiger hat, der geht einfach

Abb. 4-9 Blick auf die touristische Infrastruktur an der Reykjadalsá. Leider war im Frühjahr 2018 wegen zu starker Verschmutzung durch Touristen eine vorübergehende Schließung erforderlich. (Foto: M. Geyer)

Abb. 4-10 An diesem (kalten) Wasserfall ist Umkehrpunkt der hier beschriebenen Wanderung. (Foto: M. Geyer)

weiter in den hinteren Teil des Tals. Dort endet der Weg im Talgrund an einem Wasserfall (4-10) mit einem weiteren, geothermisch sehr aktiven Gebiet (4-11 und 4-12). Es ist möglich, auf dem Reykjavegur weiter nach Norden bis Þingvellir [11] zu wandern. Der Weg ist am West-

Abb. 4-11 Die geothermisch aktive Zone im hinteren Teil des Reykjadalur mit heißem Quellaustritt (Foto: M. Geyer)

Abb. 4-12 Fettkraut auf einer warmen Wiese am Bach Reykjadalsá (Foto: M. Geyer)

hang gut sichtbar. Wer ein kurzes Stück nach oben geht, genießt einen sehr schönen Ausblick auf das Reykjadalur [37] (4-13).

Der Rückweg nach Hveragerði erfolgt über dieselbe Strecke. Wem die Wanderung in das Reykjadalur zu anstrengend ist, der kann in der Ortsmitte von Hveragerði der Ausschilderung zum Geothermiepark Hverasvæðið [38] folgen. In einem eingezäunten Gelände (Eintritt!) sind dort auf komfortablen Fußwegen und in kurzer Entfernung

Abb. 4-13 Ausblick nach Südosten auf das Reykjadalur (Foto: M. Geyer)

einige (natürliche) heiße Quellen, Schlammtöpfe und ein (künstlicher) Geysir zu sehen (4-14).

Vom Kreisverkehr am Ortseingang von Hveragerði geht es wieder auf die Ringstraße in Richtung Selfoss. Am Ortseingang wird mit der Ölfusá der erste wichtige Fluss der Südküste gequert. Als sehenswert

Abb. 4-14 Ansicht des Geothermieparks in Hveragerði (Foto: M. Geyer)

gilt in Selfoss das Bobby Fischer Center in Erinnerung an den Schachweltmeister Bobby Fischer, der seine letzten Lebensjahre in Island verbrachte. Die Ringstraße führt durch Selfoss hindurch und danach weitgehend gerade durch Weideland nach Osten. Nach einigen Kilometern führt die Ringstraße bei Abzweigung Straße 30 am Parkplatz **Suðurlandsvegur [39]** vorbei. Hier stehen sehr informative Informationstafeln über Erdbeben an der Südküste. Ab dieser Einmündung führt die Ringstraße weiter durch Weideland nach Südosten. Bei klarer Sicht zeichnet sich die Silhouette der Hekla (1491 m) am östlichen Horizont ab. Ein erneuter Ausbruch dieses aktiven Vulkans wird seit Jahren befürchtet. Der Vulkan liegt nahe beim Südende der Östlichen Vulkanzone Islands am Übergang zu einer Transformstörung. Die von der Hekla geförderte Asche hat im Vergleich zu anderen Vulkanen Islands einen hohen Fluorgehalt, was die Nutzung dieser Flächen als Weideland ausschließt.

Nach der Querung des Flusses Ytri-Rangá und des Ortes Hella sind es noch 14 km bis zum nächsten Halt am Lava-Center **Hvolsvöllur [40]** direkt an der Ringstraße (4-15) in Hvolsvöllur. Dieses 2017 neu eröffnete interaktive Vulkan- und Erdbebenmuseum verfügt über neueste Technik zur Themenvermittlung. Sowohl die Ausstellung als auch die gezeigten Filme sind absolut sehenswert. Bitte beachten Sie,

Abb. 4-15 Das neue Vulkan- und Erdbebenmuseum in Hvolsvöllur (Foto: M. Geyer)

Abb. 4-16 Der Seljalandsfoss ist der erste einer Reihe von Wasserfällen an der Südküste von Island. (Foto: M. Geyer)

dass Innenaufnahmen nicht gestattet sind (Stand: Sommer 2019). Ab Hvolsvöllur bleibt die restliche Strecke im Gebiet des Kratla Geoparks.

Von Hvolsvöllur [40] führt die Ringstraße noch einige Kilometer weiter in der Küstenebene. Die Abzweigung der Straße 254 führt zum Fährhafen Landeyjahöfn. Dort besteht Anschluss an die **Tour V**. Die Straße quert den Fluss Markarfljót, der das Schmelzwasser der Gletscher Mýrdalsjökull und Eyjafjallajökull sammelt und bei Landeyjahöfn in den Atlantik mündet. Unmittelbar nach der Brücke ist der nächste Halt beim Wasserfall Seljalandsfoss [41] an der Straße 249 (Þórsmerkurvegur) in Richtung Þórsmörk (4-16).

Dieser Wasserfall mit einer Fallhöhe von knapp 65 m ist mittlerweile in den Sommermonaten überlaufen. Allein zwischen 2017 und 2018 wurden die Parkplatzflächen verdoppelt und 2018 auch eine Parkgebühr eingeführt. Die Besonderheit beim Wasserfall Seljalandsfoss [41] besteht darin, dass es einen Weg gibt, dessen Verlauf

Abb. 4-17 Ein oft glitschiger Weg führt hinter dem Seljalandsfoss vorbei. (Foto: M. Geyer)

hinter dem Wasserfall entlangführt (4-17). Je nach Wetter und Wind ist das eine mehr oder weniger nasse und rutschige Angelegenheit.

Ein kleines Stück weiter auf der Straße 249 liegt gleich hinter dem Campingplatz der ebenso spektakuläre Wasserfall Gljúfrabúi mit einer Fallhöhe von 40 m. Allerdings müssen sie einen kleinen Wasserlauf und eine kleine Schlucht queren, um den Wasserfall in voller Größe zu sehen.

Wieder zurück auf der Ringstraße, verläuft die Tour für einige Kilometer in geringer Entfernung zur Südküste, ohne dass jedoch der Blick auf das Meer möglich ist. Hingegen sind die Westmänner-Inseln bei klarer Sicht sehr deutlich erkennbar (4-18). Nördlich der Straße rückt der Vulkan Eyjafjallajökull [42] (1651 m) ins Blickfeld, dessen Ausbruch 2010 für weltweite Schlagzeilen sorgte (Karlsdóttir, Hrsg., 2012). Schließlich führt die Ringstraße an dem Ende 2016 geschlossenen Besucherzentrum Eyjafjallajökull vorbei, bevor gleich danach auf der anderen Straßenseite ein Parkplatz an der Zufahrt zum

Abb. 4-18 Östlich des Seljalandsfoss sind bei klarer Sicht die Westmänner-Inseln besonders gut zu sehen. (Foto: M. Geyer)

Gehöft Þorvaldseyri ist (Aussichtspunkt Eyjafjallajökull [42]). Der von hier sichtbare gleichnamige Bauernhof kam nach dem Ausbruch 2010 in die Schlagzeilen (4-19). Die Familie nutzte das Vulkaninteresse vieler Touristen und richtete für einige Jahre ein Besucherzentrum ein: Dies zeigt, wie man „aus Asche Kohle machen" kann. Heute ist von der Asche des Ausbruchs, die

Abb. 4-19 Der Bauernhof Þorvaldseyri vor der Kulisse des Eyjafjallajökull (Foto: M. Geyer)

Abb. 4-20 Im Jahr 2012 waren beidseits der Ringstraße noch kahle Hügel aus Asche des Eyjafjallajökull-Ausbruchs von 2010 zu sehen. Mittlerweile ist alles überwachsen. (Foto: M. Geyer)

damals tagelang den Flugverkehr in großen Teilen Europas lahmlegte, nichts mehr zu sehen. 2012 war dies noch anders: Hier fielen beidseits der Straße immer wieder kahle Aschehügel auf (4-20). Die Ausbreitung der Aschepartikel in Mittel- und Nordeuropa lässt sich im Nachhinein durch eine Kombination von geringen Niederschlägen und stabilen, ungewöhnlichen Windverhältnissen über dem Nordatlantik erklären (Stevenson et al. 2012).

Kurz danach zweigt die Straße 242 (Raufarfellsvegur) nach Seljavellir ab. Ab dieser Gehöftgruppe hört der Asphalt auf und eine Schotterpiste führt am Fluss Laugará entlang bis zu einem Parkplatz mit einigen Ferienhäusern. Von hier aus gibt es einen Wanderweg von ca. 25 Minuten und einen kleinen Bach zu durchqueren (meist liegen Bretter als Notbrücke da). Dann ist das Ziel erreicht: Das alte Schwimmbad Seljavallalaug [43] hat trotz seines Zustandes Kultstatus (4-21). Es wurde bereits 1923 erbaut und

Abb. 4-21 Das 1923 erbaute verlassene Schwimmbad Seljavallalaug ist trotz seines Zustandes ein Besuchermagnet. (Foto: M. Geyer)

Abb. 4-22 Die Warmwasserzufuhr erfolgt über eine Rohrleitung. (Foto: M. Geyer)

längst durch ein modernes Schwimmbad ersetzt (am ersten Parkplatz bei Seljavellir). Das 30–36°C warme Wasser wird mittels einer Rohrleitung vom Hang herab in das Becken geleitet (4-22). Die Umkleideräume sind offen, aber in einem desolaten Zustand. Durch reichlich Algenwachstum ist der Boden einigermaßen glitschig. Nahe der Umkleidekabine ist das Wasser ca. 1,20 m tief, danach kommt eine Rampe in deutlich tieferes Wasser.

Wieder zurück auf der Ringstraße geht es 8 km weiter in Richtung Vík zum nächsten Halt in Skógar. In dem kleinen Ort gibt es zwei Hotels, Gästehäuser und eine Jugendherberge sowie einen Laden für die Grundversorgung. Das Orts- und Freilichtmuseum zeigt ursprüngliche Torf- und Bauernhäuser, eine Kirche und ein Schulgebäude sowie eine

Abb. 4-23 Der Skógafoss hat eine Fallhöhe von 62 m. (Foto: G. Hoffmann)

Abb. 4-24 Vor allem um die Mittagszeit bietet der Skógafoss einen spektakulären Anblick mit Regenbogen. (Foto: G. Hoffmann)

Ausstellung zu Brauchtum und Volkskunde in einem separaten Gebäude. Kürzlich kam auch noch ein Transportmuseum hinzu. Hauptattraktion ist jedoch der hinter dem Zeltplatz gelegene Wasserfall Skógafoss [44] mit einer Fallhöhe von 62 m (4-23). Wenn der Lichteinfall stimmt (meist gegen Mittag), gibt es wunderschöne Regenbogen (4-24). Empfehlenswert ist unbedingt der Treppenaufgang neben dem Wasserfall, um das Ganze auch von oben zu sehen (4-25).

Abb. 4-25 Blick auf den Skógafoss von Südwesten (Foto: N. Gies)

Abb. 4-26 Blick auf die Gletscherwelt der Südküste bei Skógar (Foto: M. Geyer)

Skógar ist auch Einstiegspunkt einer beliebten Wanderung auf dem Laugarvegur von Landmannalaugar [136] über Þórsmörk (**Tour XIV**). Von dort geht es weiter über die Hochebene Fimmvörðuháls zwischen den Gletschern Eyjafjallajökull und Mýrdalsjökull hindurch und an den beiden Kratern Magni und Móði vorbei bis Skógar. Diese Strecke sollte besser nicht allein und nur bei guter Kondition gelaufen werden. Außerdem sollten Sie unbedingt vor Beginn die aktuelle Wettervorhersage beachten. In Skógar besteht ein Busanschluss nach Reykjavík oder Vík.

Auf der Ringstraße geht es weiter in Richtung Vík. Der Blick auf die Gletscherwelt des Sólheimajökull und Mýrdalsjökull ist eindrucksvoll (4-26). Unmittelbar nach der Querung des Flusses Jökulsá zweigt die asphaltierte Stichstraße 221 zum Gletscher Sólheimajökull [45] ab. Vom Parkplatz aus führt ein Schotterweg in etwa 30 Minuten ziemlich dicht an den Gletscher heran (4-27). Bitte beachten Sie die Absperrung (4-28)! Der Boden ist im Bereich des Gletschervorfeldes stark aufgeweicht. Außerdem befürchten die Behörden vor allem im Sommer das Abbrechen von Eisschollen und damit die Gefahr von Flut-

Abb. 4-27 Auf dem Weg zum Sólheimajökull (Foto: M. Geyer)

wellen in dem kleinen Endsee. Wer noch nie den Effekt der Frostsprengung gesehen hat, der wird im Vorfeld des Sólheimajökull [45] bestimmt fündig (4-29 und 4-30). Aber auch der botanisch Interessierte kommt auf seine Kosten (vgl.

Abb. 4-28 Die Absperrung hat ihren Grund: Dahinter kann der Boden lokal sehr aufgeweicht sein! (Foto: M. Geyer)

Abb. 4-29 Beispiel für Frostsprengung im Vorfeld des Sólheimajökull (Foto: M. Geyer)

Abb. 4-30 Auch in unwirtlichsten Gebieten gibt es Leben! (Foto: M. Geyer)

Abb. 4-31 Jährlicher Rückzug des Sólheimajökull zwischen 2010 und 2015 (Foto: M. Geyer)

Abb. 4-32 Bizarre Wolken am Himmel über dem Sólheimajökull (Foto: M. Geyer)

Einleitung). Allerdings ist das Abschmelzen des Gletschers auch hier gut feststellbar (4-31). Wer Interesse daran hat, kann vorab oder vor Ort eine geführte Gletscherwanderung buchen (Ausrüstung wird gestellt). Die speziellen Luftdruckverhältnisse im Umfeld von Gletschern führen auch hier oft zu bizarren Wolkenbildern (4-32). Doch am eindrucksvollsten wirkt die Landschaft immer noch von oben (4-33). Der Sólheimajökull [45] wird wegen seiner guten Erreichbarkeit von Glaziologen intensiv untersucht. Dabei wurde vor allem zwischen 1996 und

Abb. 4-33 Der Sólheimajökull und sein Umfeld aus der Vogelperspektive (Foto: N. Gies)

2010 eine starke Ausdünnung des Eisrandes festgestellt (Schomacker et al. 2012).

Danach geht es nur ein kurzes Stück weiter auf der Ringstraße bis auf der rechten Seite ein kleiner Parkplatz kommt. Von hier aus geht es ca. 45 Minuten

Abb. 4-34 Das Flugzeugwrack der C-117D auf dem Sólheimasandur (Foto: M. Geyer)

Abb. 4-35 Das Flugzeugwrack der C-117D unmittelbar nach dem Absturz am 21. November 1973 (Fotos: Þ. Kjartansson)

über den Sólheimasanður [46] zu einem Flugzeugwrack (4-34). Die Douglas C-117D musste am 21. November 1973 wegen der Vereisung eines Vergasers auf dem Sólheimasandur [46] notlanden (4-35). Seitdem wurde das Flugzeug reichlich ausgeweidet. Jahrelang als Geheimtipp gehandelt, wurde das Flugzeugwrack ab 2007 durch das Musikvideo "Heimat" des Isländers Sigur Rós sehr bekannt. Leider wurde das Flugzeugwrack auch jüngst von einem kanadischen Popstar für Skatebordaufnahmen in Musikvideos verwendet, was in der Folge zur Absperrung des Sólheimasandur [46] für Fahrzeuge führte.

Im weiteren Verlauf führt die Ringstraße an der Abzweigung der Straße 222 zum Mýrdalsjökull vorbei. Auch dort werden Gletschertouren angeboten, allerdings geht es dort etwas kommerzieller zu. Zum

Abb.4-36 Vom Leuchtturm Dyrhólaey sind es nur wenige Schritte zu einem Strandabschnitt mit Naturbrücke – bei sonnigem Wetter natürlich besonders eindrucksvoll. In der Felswand nisten unzählige Seevögel. (Foto: M. Geyer)

nächsten Haltepunkt geht es über die Abzweigung der Straße 218 zum Vogelfelsen Dyrhólaey [47]. Dies ist gleichzeitig die Südspitze von Island. Der gesamte Bereich ist ein Naturschutzgebiet. Hier gibt es die Möglichkeit zu kleineren Küstenwanderungen und zur Beobachtung von Vogelkolonien. Vom Leuchtturm (nur über eine Schotterpiste erreichbar) nur wenige Meter entfernt ist ein herrlicher Aussichtspunkt auf eine Naturbrücke mit einer großen Brutkolonie verschiedener Seevögel (meist Möwen, Seeschwalben, Trottellummen und Papageitaucher) (4-36). Beachten Sie aber bitte auch die Absperrungen (4-37)!

Abb. 4-37 Beachten Sie aber trotz aller Begeisterung auch in Dyrhólaey die Absperrungen an der Steilküste! (Foto M. Geyer)

Abb. 4-38 Vom Parkplatz aus blickt man nach Osten auf die Südküste bei Reynisfjara mit den drei Felstürmen. (Foto: M. Geyer)

Am unteren Parkplatz öffnet sich der Blick über den Strandsee, die langgestreckte, unterbrochene Nehrung (Landzunge) auf den Strand Reynisfjara [48] mit den charakteristischen drei Felstürmen (4-38).

Zur Weiterfahrt geht es erst zurück auf die Ringstraße und an der Abzweigung ein kurzes Stück in Richtung **Vík** [B] bis zur Abzweigung der Straße 215 zum Strand Reynisfjara [48] (4-39). Die hier fantastisch

Abb. 4-39 Der mittlerweile vielbesuchte Strand Reynisfjara aus der Vogelperspektive (Foto: N. Gies)

Abb. 4-40 Nehmen Sie sich Zeit und sehen Sie sich die unglaublich regelmäßigen Basaltsäulen an. (Foto: M. Geyer)

aufgeschlossenen Basaltsäulen sind aber mittlerweile so bekannt, dass der Strand im Sommer ziemlich überlaufen ist (4-40). Wegen der Unachtsamkeit der Touristen kommt es hier leider jährlich zu tödlichen Unfällen, weil Touristen beim Fotografieren von den Wogen erfasst und von der starken Strömung aufs offene Meer hinausgezogen werden. Schon in sicherer Entfernung vom Ufer sollte bei gesundem Menschenverstand klar sein, dass derartig glatt polierte Basaltgerölle nur durch sehr starke Brandung entstehen (4-41). Eine weitere Gefahr an diesem Strand droht von Bergstürzen, die sich hier immer wieder ereignen. Das bis-

Abb. 4-41 Die ganze Wucht der Brandung spricht aus diesen glatt polierten Basaltgeröllen. (Foto: M. Geyer)

Abb. 4-42 Blick von der Kirche über Vík und den schwarzen Basaltstrand (Foto: M. Geyer)

lang letzte Ereignis fand im August 2019 statt (siehe **Einleitung Geologie**).

Zum Etappenziel nach **Vík [B]** sind es nur wenige Kilometer. Von der Kirche oberhalb des Ortes bietet sich ein schöner Ausblick auf den Ort und den Strand (4-42). Der Strand von **Vík í Mýrdal (Vogelfelsen) [49]** lädt bei jeder Witterung zu Spaziergängen oder Reitausflügen ein (4-43). Daneben gibt es in den Felsen des Reynisfjall eine kleine Kolonie von Papageitauchern. Der Ort hat etwas mehr als 300 Einwohner, aber dennoch mehrere Hotels, eine Jugendherberge, einen Zeltplatz, einen Supermarkt, Autowerkstätten und eine Tankstelle sowie eine Apotheke und – natürlich – ein Schwimmbad. Wegen des stürmischen Nordatlantiks gibt es Vík allerdings keinen Hafen. In **Vík [B]** ist die **Tour IV** zu Ende.

Abb. 4-43 Der schwarze Strand von Vík. Im Hintergrund die drei Felstürme von Reynisfjara. (Foto: M. Geyer)

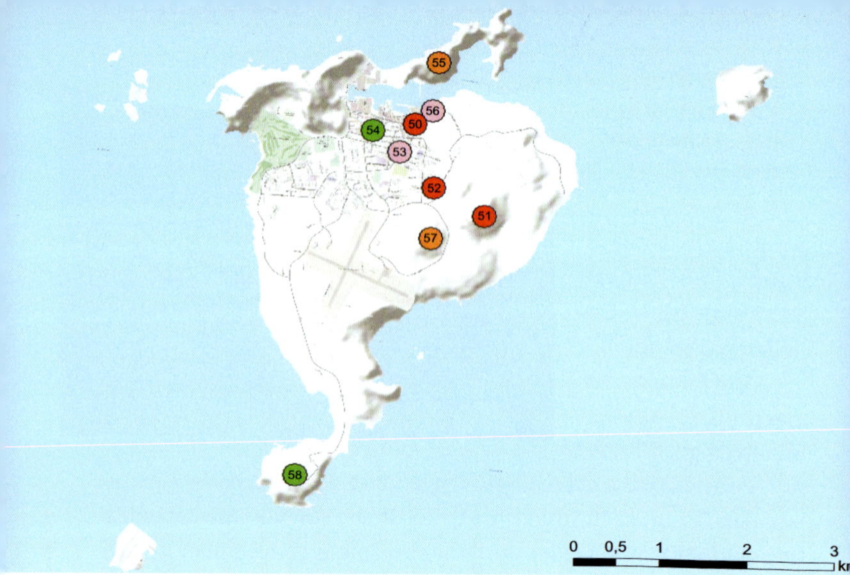

Tour V – Westmänner-Inseln

Die Westmänner-Inseln wurden in abgekürzter Form in der Zeitschrift FOSSILIEN von Geyer & Gies (2018) vorgestellt. Der nachfolgende Text stellt eine deutlich erweiterte und um zusätzliche Aspekte ergänzte Fassung des erwähnten Artikels dar.

Name	Fläche (km²)
Heimaey	13,4
Surtsey	1,38
Elliðaey	0,45
Bjarnarey	0,32
Álsey	0,25
Suðurey	0,2
Brandur	0,1
Hellisey	0,1
Súlnasker	0,03
Geldungur	0,02
Geirfuglasker	0,02
Hani	< 0,01
Hæna	< 0,01
Hrauney	< 0,01

Verwaltungsmäßig gehört die Inselgruppe zur Region Suðurland, doch von den insgesamt 14 Inseln des Archipels vor der Südküste Islands ist nur die Hauptinsel Heimaey (deutsch: Heimatinsel) ganzjährig bewohnt (5-1; **Infokasten**). Hier legen die Fähren an und hier ist auch der einzige Flughafen. In Vestmannaeyjar auf Heimaey leben etwa 4200 Menschen. Die anderen Inseln (siehe **Infokasten**) sind nur teil- und zeitweise bewohnt; es besteht auch kein regelmäßiger Schiffsverkehr. Die erst 1963 durch einen untermeerischen Vulkanausbruch entstandene Insel Surtsey ist totales

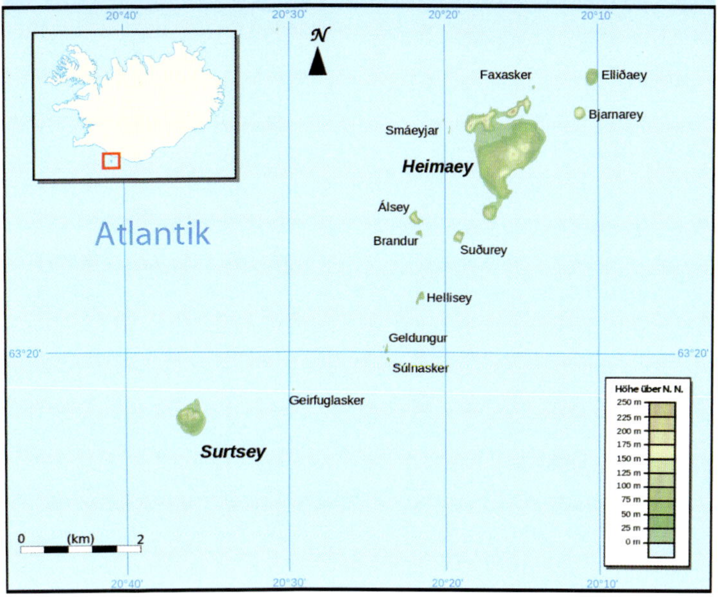

Abb. 5-1 Lage der Westmänner-Inseln im Nordatlantik vor der Südküste Islands (nach Geyer & Gies 2018)

Schutzgebiet und darf nur in Ausnahmefällen und zu Forschungszwecken betreten werden. Wegen der geologischen Bedeutung des Eilandes wird Surtsey aber dennoch weiter unten beschrieben. Ansonsten beschränkt sich die Vorstellung der Westmänner-Inseln auf die Hauptinsel Heimaey.

Durch die seit einigen Jahren bestehende neue Fährverbindung zwischen Landeyjahöfn und Heimaey hat sich die Fahrtzeit je nach Seegang und Wind auf 35–50 Minuten verkürzt (5-2). Im Winter

Abb. 5-2 Bei klarer Sicht sieht man die Westmänner-Inseln schon beim Ablegen von der Südküste (Foto: N. Gies)

muss allerdings nach wie vor der Hafen in Þorlákshöfn angefahren werden, was die Fahrzeit auf etwa 3 h verlängert. Auch auf den Westmänner-Inseln steigen die Besucherzahlen jährlich deutlich an. Ab 2020 ist die Erhöhung der täglichen Verbindungen von drei auf vier sowie der Einsatz eines größeren Fährschiffes vorgesehen. Die zahlreichen Ferienhäuser zeigen aber auch, dass Heimaey bei den Isländern selbst sehr beliebt ist. So kommen für das alljährliche, größte Open-Air-Festival Islands (Þjóðhátíð) im Herjólfsdalur auf Heimaey Anfang August bis zu 80.000 Besucher!

Vogelfreunde können sich auf die weltgrößte Kolonie von Papageitauchern freuen.

Doch bereits jetzt sind aufgrund der kürzeren Fahrtzeiten und der Anbindung an den Linienbus von Reykjavík Tagesausflüge von der Hauptstadt aus möglich. Mit dem Flugzeug geht es natürlich schneller – letzten Endes muss das jeder für sich selbst entscheiden. Die Mitnahme eines Fahrzeuges auf die Insel ist möglich; es ist unkompliziert und auch nicht teuer. Allerdings ist zu bedenken, dass auf Heimaey angesichts der Größe nur beschränkte Fahrmöglichkeiten bestehen. Außerdem stehen in Landeyjahöfn ausreichend Parkplätze zur Verfügung (2019: gratis). Wer sich fit genug fühlt, sollte für einen Besuch der Insel zwei Übernachtungen einplanen (frühzeitig buchen!). Vom Hauptort aus zur Südspitze Stórhöfði [58] dauert eine Fußwanderung etwa 3 h. Linienbusse gibt es nicht, wohl aber Taxis. Per Anhalter geht es natürlich auch meist problemlos.

Die mittlere Jahrestemperatur auf den Westmänner-Inseln ist mit 5,4 °C geringfügig höher als an der Südküste (Maximalwerte im Juli–August). Die Niederschlagswerte sind mit einem Durchschnittswert von 1400 mm ähnlich, wobei zwischen Mai und Juli im Allgemeinen weniger Niederschläge zu verzeichnen sind. Bei Sturm können die Windgeschwindigkeiten vor allem im Winter 150 km/h und mehr betragen. Die isländischen Rekordwerte für Orkanböen betragen 220 km/h und wurden an der Wetterstation Stórhöfði [58] an der Südspitze von Heimaey gemessen. Entsprechend wurden hier auch schon Wellenhöhen von mehr als 20 m registriert. Nach wie vor ist der Hafen von Vestmannaeyjar (deutsch: Westmänner-Insel) der wichtigste Fischereihafen von Island. Allerdings ist die Zeit der großen Fischfabriken vorbei – heute wird der Fang meist direkt auf Hoher See in modernen Fabrikschiffen verarbeitet.

Angesichts der heutigen Möglichkeiten sollten organisierte Ausflüge auf Heimaey im Voraus im Internet gebucht werden, neben verschiedenen „Vulkantouren" ist eine Schiffsumrundung von Heimaey mit Ausblick auf zahlreiche Papageitaucherkolonien sicher nicht nur für (seefeste) Vogelfreunde interessant. In Reykjavík gibt es in größeren Informationsstellen des Isländischen Fremdenverkehrsbüros (z. B. am Rathaus) auch weitere Informationen in gedruckter Form. Inselpläne etc. sind auch im Fährhafen Landeyjahöfn und – natürlich – auch im Verkehrsamt der Insel in Hafennähe (ausgeschildert) in Bárustígur 15 erhältlich.

Geologische Situation

Die Westmänner-Inseln sind ebenso wie Island ein Teil des Nordatlantischen Rückens. Hier bewegen sich die Nordamerikanische und die Eurasische Platte um jährlich bis zu 2 cm auseinander. Geologisch gesehen ist der Archipel mit 10'000–12'000 Jahren sehr jung und es sind etwa 80 Ausbruchstellen bekannt. Die Tiefe der Magmakammer wird auf 10–30 km geschätzt. Der heutige Archipel hat sich im Verlauf von vier Hauptausbruchsphasen vor 10'000–12'000 Jahren (Berge am Nordrand von Heimaey: Dalfjall, Klif und Há, sowie Heimaklettur [55], Miðklettur und Ystiklettur), 6000 Jahren (Stórhöfði [58] sowie die Eilande Elliðaey und Bjarnaey), 5000 Jahren (Helgafell [57]) und im 21. Jahrhundert (Surtsey, Eldfell [51]) gebildet. Die Westmänner-Inseln gehören zur Östlichen Vulkanzone von Island (vgl. **Einleitung**).

Im Jahr 1963 entstand die Insel Surtsey. Der bislang letzte Vulkan ausbruch ereignete sich 1973 auf Heimaey. Dabei entstand der Schlacken- und Aschenvulkan Eldfell [51] (deutsch: Feuerberg), wodurch sich die Fläche der Insel um etwa 1/4 vergrößerte. Im April 2010 erfolgte auf dem isländischen Festland, unweit der Südküste, der Ausbruch des Eyjafjallajökull [42], der den gesamten Luftverkehr auf der Nordhalbkugel wochenlang beeinträchtigte. Weniger dramatisch in den Auswirkungen war der Ausbruch des Bárðarbunga unter dem Vatnajökull

Gletscher im Spätsommer 2014. Allerdings kann zum jetzigen Zeitpunkt nicht gesagt werden, ob diese zwei Ausbrüche tatsächlich eine dauerhafte Verlagerung der Ausbrüche nach Norden bedeuten.

Der Ausbruch von 1973

Im Jahr 1973 waren die Westmänner-Inseln in den Schlagzeilen, als wegen des Ausbruchs des Vulkans Eldfell die Bevölkerung evakuiert werden musste. Damals lebten etwa 5300 Menschen auf der Insel. In der Nacht vom 22. auf den 23. Januar 1973 öffnete sich völlig überraschend an der Ostseite der Insel Heimaey, am Südfuß des Vulkans Helgafell [57] (227 m) in der Nähe des Gehöfts Kirkjubær, eine 1,5 km lange Eruptionsspalte. Der Helgafell [57] (deutsch: Heiliger Berg) galt eigentlich seit seinem letzten Ausbruch vor etwa 6000 Jahren als erloschen. Dem Ausbruch waren ab 21. Januar 1973 zahlreiche Schwachbeben vorausgegangen. Da dies angesichts der tektonischen Situation der Insel auf dem Mittelatlantischen Rücken nicht weiter ungewöhnlich ist, erfolgte der Ausbruch völlig überraschend.

Die betroffene Bevölkerung hatte zweifach Glück: Erstens erfolgte der Ausbruch an einer Stelle, an der weder sofort der Hauptort Vestmannaeyjar noch der Flughafen oder Hafen zerstört wurde. Zweitens war die bedeutende Fischfangflotte wegen des schlechten Wetters vollständig im Hafen und konnte für die anstehende Evakuierung genutzt werden: Innerhalb weniger Stunden konnte die Inselbevölkerung nahezu vollständig mithilfe der fast 100 Schiffe auf das Festland bei Þorlákshöfn gebracht werden (der heutige Hafen Landeyjahöfn existierte damals noch nicht). Da der Flughafen anfangs noch nutzbar war, konnten außerdem noch kranke und ältere Menschen ausgeflogen werden.

Zur Bergung von Hab und Gut blieben etwa 100 Männer zurück. Sie hatten auch die Aufgabe, Strom- und Wasserleitungen sowie andere Versorgungseinrichtungen zu sichern und, wenn möglich, betriebsbereit zu halten. Aufgrund der umsichtigen Planung und Organisation gab es nur 1 Todesopfer – ein Mann erstickte durch giftige Gase beim Betreten eines Kellers ohne Schutzmaske.

Aus der Spalte stiegen anfangs entlang ihrer gesamten Erstreckung Lavafontänen auf. Schon bald aber konzentrierte sich die vulkanische Aktivität auf eine Stelle nördlich des Helgafell [57]. Hier entwickelte sich innerhalb weniger Tage ein anfangs knapp 100 m hoher Vulkankegel – der Eldfell [51] war geboren. Ursprünglich wurde der Vulkankegel als Kirkjufell (deutsch: Kirchberg) bezeichnet, doch wurde später amtlicherseits die heutige Bezeichnung Eldfell [51] festgelegt. In den Tagen nach dem Ausbruch drehte sich die Windrichtung allmählich nach Westen. Dadurch waren weite Teile der Insel – auch der Bereich des Hauptortes – mit einer stellenweise bis zu 5 m hohen Aschenlage überdeckt (5-3). Dies brachte zahlreiche Häuser zum Einsturz; einzelne Lavabomben setzten außerdem noch Häuser in Brand. Nach etwa 10 Tagen ließen die pyroklastischen Auswürfe zwar allmählich nach, doch bestand durch die nach wie vor ausströmende Lava die Gefahr der Abriegelung der Hafeneinfahrt. Dies hätte damals dramatische Folgen für die isländische Volkswirtschaft gehabt, denn über diesen Hafen wurde damals ein Viertel des isländischen Fischfangs abgewickelt. Nachdem ein Teil der Fischfabriken bereits zerstört war, hätte der Neubau eines Hafens zusätzliche hohe Kosten verursacht. Zusätzlich hatte die Lava bereits das Kraftwerk der Insel zerstört. Die Situation erschien ausweglos, weil kleinere submarine Ausbrüche nördlich von Heimaey zusätzlich die Wasserleitung und das Stromkabel von Island unterbrochen hatten. In dieser Lage schlugen Þorbjörn Sigurgeirsson, Trausti Einarsson und Leó Kristjánsson von der Háskóli Íslands (Universität von Island) in Reykjavík vor, die ausgetretene Lava mit Meerwasser abzukühlen. Dies war zuvor schon auf Hawaii versucht worden, allerdings war der Erfolg eher bescheiden. Dennoch wurde unverzüglich begonnen, Meerwasser auf die Lava zu pumpen. Diesmal sollte der

Abb. 5-3 Infotafel in der Vestmannabraut auf Heimaey zur Höhe der Asche beim Ausbruch 1973 (Foto: M. Geyer)

Erfolg nicht ausbleiben: Ermutigt durch die ersten Erfolge, wurde sehr bald ein Netz von Wasserleitungen direkt auf bereits (oberflächlich) abgekühlte Lavabereiche installiert. Mithilfe von Spezialpumpen aus den USA konnte die Lava schließlich soweit abgekühlt werden, dass sie zum Stillstand kam. Insgesamt waren 43 Pumpen im Einsatz und etwas über 30 km Wasserleitungsrohre wurden verlegt. Knapp 80 Männer waren rund um die Uhr im Einsatz (Williams & Moore 1983). Durch die Verdunstung des Meerwassers bildeten sich anfangs dicke Salzkrusten, die allerdings im Laufe der Zeit durch den Regen wieder in das Meer gespült wurden. Gleichzeitig ließen die Eruptionen allmählich nach: von anfänglich 100 m^3/s ging die Fördertätigkeit auf 60 m^3/s im Februar auf 10 m^3/s im März und 5 m^3/s im April zurück (Williams & Moore 1983). Anfang Juli 1973 hörte die Fördertätigkeit auf. Trotz eines weiteren submarinen Ausbruchs im Mai 1973 ergaben Messungen in der Nähe des Kraters, dass sich der Kraterboden des Eldfell [51] absenkte. Daraus wurde geschlossen, dass sich die Magmakammer unter dem neu entstandenen Vulkan geleert hatte und keine weiteren Ausbrüche mehr zu befürchten sind. Das große Aufräumen konnte beginnen (5-4) und 1974 konnten die ersten Bewohner wieder zurückkehren.

Insgesamt wurden bei dem Ausbruch 1973 0,23 km^3 Lava und 0,02 km^3 Aschen ausgestoßen (Williams & Moore 1983). Etwa 400 Häuser waren entweder unter Tonnen von Asche begraben, unbewohnbar oder beschädigt. Dies entsprach einem Drittel aller Häuser auf Heimaey.

Abb. 5-4 Straße in Heimaey unmittelbar nach dem Ausbruch (1973) und nach Abschluss der Hauptreinigung (1974). (Quelle: https://de.wikipedia.org/wiki/Eldfell)

Die Fläche der Insel vergrößerte sich um fast ein Viertel (etwa 2,4 km²). Unmittelbar nach dem Ende des Ausbruchs betrug die Höhe des neu entstandenen Vulkans etwa 220 m. Heute ist der Eldfell [51] noch 200 m hoch und es wurde begonnen, an seinen Flanken Nährlösungen aufzuspritzen, um bald eine schützende Vegetationsbedeckung zu erhalten. Die Hafeneinfahrt ist zwar noch schmäler geworden, doch gleichzeitig ist der Hafen auch deutlich besser vor Wind und Wellen geschützt. Der Wiederaufbau wurde durch einen von der isländischen Regierung befristet eingeführten „Vulkanzuschlag" auf die Mehrwertsteuer und mit internationaler Hilfe finanziert (vor allem USA und Dänemark).

Im Vulkanmuseum Eldheimar [52] werden zahlreiche Bilder und Filmsequenzen des Ausbruchs gezeigt. Ebenso wird im Inselmuseum Sagnheimar [53] der Ausbruch durch Bild- und Tondokumente thematisiert.

Surtsey

Am 14. November 1963 entdeckten Fischer etwa 20 km südwestlich der Hauptinsel Heimaey die aus dem Meer aufsteigende Rauchsäule eines Vulkanausbruchs, begleitet von kräftigem Schwefelgeruch gleichzeitig aufsteigender Gase. Bereits einen Tag später bildete sich eine Insel, die später die nach dem Feuerriesen Surtur, einer isländischen Sagengestalt, bezeichnet wurde (5-5). Wenige Tage später war die bis zu 12 km hohe Eruptionssäule bereits im knapp 120 km entfernten Reykjavík zu

Abb. 5-5 Links: Blick auf Surtsey von Norden (rechts: Austurbunki, links: Vesturbunki), rechts: Blick auf die Nordspitze von Surtsey (im Hintergrund: Westmänner-Inseln und Isländische Südküste mit dem gletscherbedeckten Eyjafjallajökull). (Fotos E. Sturkell)

sehen. In den ersten Monaten wurden nur Tephrite ausgestoßen (Asche und Aschensteine). Ferner waren zahlreiche phreatomagmatische – durch Kontakt von Lava mit Meerwasser ausgelöste – Explosionen zu verzeichnen. Ab April 1964 kam es zu Lavaausflüssen. Im Laufe der nächsten dreieinhalb Jahre erreichte Surtsey eine Höhe von 188 m und umfasste am 5. Juni 1967 beim Ende der Ausbruchstätigkeit eine Fläche von rund 2,64 km². Die höchste Erhebung betrug 177 m. Die um das Jahr 1900 erstellten Seekarten weisen für das Gebiet um Surtsey eine Wassertiefe von rund 120 m aus. Mit dem Ende der Ausbruchstätigkeit begann die Erosion und Abtragung durch Meerwasser und Wind. 2003 betrug die Fläche von Surtsey 1,4 km² und im August 2006 noch 1,38 km², die höchste Erhebung erreichte 155 m (Vesturbunki). Die Erhebung Austurbunki ist geringfügig niedriger. Die Insel besteht heute hauptsächlich aus olivinreichem Basalt und aus harten Palagonittuffen, die sich unter Einwirkung des Meerwassers aus den lockeren Tephramassen bildeten. Nur der großen Ausflussmenge an Lava in den Jahren zwischen 1964 und 1967 ist es überhaupt zu verdanken, dass die Insel im rauen Nordatlantik so lange bestehen konnte. Surtsey ist nach Heimaey die zweitgrößte Insel des Archipels.

Surtsey bietet eine einzigartige Gelegenheit, die natürliche Besiedlung einer Insel zu beobachten und wissenschaftlich zu begleiten. Die Insel ist totales Schutzgebiet und darf ausschließlich nach Voranmeldung von Wissenschaftlern für kurzzeitige Aufenthalte betreten werden. Dabei werden Vorsorgemaßnahmen gegen das mögliche Einbringen von Sporen und Samen getroffen. Bereits im Sommer 1965 konnte Meersenf (Cakile arctica) nachgewiesen werden. Als erste Tiere wurden der Eissturmvogel (Fulmarus glacialis) und die Gryllteiste (Cepphus grylle) beobachtet. Im Jahr 1986 wurde das erste Gelege von Heringsmöwen (Larus fuscus) entdeckt. Seit 2008 sind immer wieder brütende Raben anzutreffen.

1979 wurde im Rahmen des ICDP Programms (International Continental Scientific Drilling Programm) eine Tiefbohrung auf Surtsey durchgeführt (Jakobsson & Moore 1986), um eine genauere Vorstellung vom Aufbau der weltweit jüngsten Vulkaninsel zu bekommen. Die Endteufe der Bohrung war 181 m (davon 123 m unter dem Meeresspiegel). 12 Jahre nach dem Ende der Fördertätigkeit betrug die höchste gemessene Temperatur im Bohrloch 150 °C. Die jährliche Abkühlungsrate wurde mit 0,9 °C prognostiziert.

2017 fanden drei Forschungsbohrungen als Kooperationsprojekt der Mitglieder des ICDP im Rahmen des Projekts SUSTAIN (The Surtsey Underwater Volcanic System for Thermophiles, Alteration Processes and Innovative Concretes) statt. Dabei ging es vor allem darum, die Verwitterungsprozesse und Wechselbeziehungen zwischen dem Meerwasser des Nordatlantiks und den Basalt- und Tephra-Ablagerungen genauer zu erfassen und Mineralneubildungen zu untersuchen (5-6). Als besonders interessant erweist sich derzeit das Mineral Tobermorit, welches als Ionenaustauscher wirken kann. Die Forschungsergebnisse der Bohrungen sind noch nicht publiziert.

Surtsey wurde 1965 zum Naturschutzgebiet erklärt und seit 2008 steht die Insel auf der Welterbeliste der UNESCO.

Zwei andere Eilande, die ebenfalls durch submarinen Vulkanismus in den 1960er Jahren neu entstanden waren, wurden bereits nach

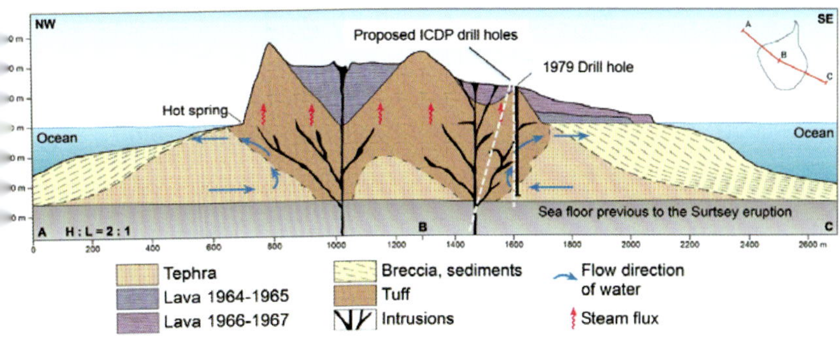

Abb. 5-6 Geologischer Schnitt durch Surtsey (Quelle: Jakobsson et al. 2013)

kurzer Zeit vollständig abgetragen. Syrtlingur trotzte dem Meer nur sechs Monate im Sommer 1965, die „Weihnachtsinsel" Jólnir bestand von Dezember 1965 bis September 1966. Ein weiterer Ausbruch 1964 erzeugte den submarinen Vulkan Surtla, der allerdings nie den Meeresspiegel erreichte.

Die isländische Post gab 1965 einen Satz Sonderbriefmarken zur Entstehung der Insel heraus (5-7).

Abb. 5-7 Ersttagsbrief der Isländischen Post zur Entstehung von Surtsey (Foto: M. Geyer)

Im Vulkanmuseum Eldheimar [52] ist im Obergeschoss eine Ausstellung zur Entstehung und Entwicklung der Insel Surtsey eingerichtet.

Wärmenutzung des Lavastromes Kirkjubæjarhraun (1973–1988)

Da Lava ein schlechter Wärmeleiter ist, betrug die Temperatur im Innern der erstarrten Lavamassen immer noch mehrere 100 °C. Hlöðver Johnsen von der Isländischen Naturkatastrophenbehörde und der Industrielle Sveinbjörn Jónsson regten an, diese Wärme zu nutzen. Der durch Einpumpen von kaltem Wasser in den Untergrund erzeugte Dampf war heiß genug, um über ein Rohrleitungssystem Häuser zu beheizen. Eine erste Bohrung wurde noch 1973 abgeteuft (5-8). Schon im Spätjahr 1973 wurde das Haus Helgafellsbraut 6 versuchsweise mit Erdwärme beheizt. 1976 konnten so etwa 20 Häuser, das Krankenhaus und eine Bank beheizt werden. Zwei Jahre später wurden nahezu 90% aller Häuser auf Heimaey auf diese Weise beheizt. 1977 entstand ein Kraftwerk mit einer zentralen Pumpstation an der Kreuzung Kirkjuvegur / Heiðarvegur / Hraunvegur. Das Ring-

Abb. 5-8 Links: Versuchsbetrieb der ersten Geothermieanlage auf Heimaey 1973. Rechts: Die Leitungen sind gelegt und das erste Haus wurde bereits 1973 angeschlossen. (Fotos nach Infotafel: M. Geyer)

heizsystem von Heimaey ist bis jetzt das weltweit einzige (gewesen), welches die Abwärme frisch ausgeflossener Lava nutzte. Gelegentlich kam es durch plötzliche Wärmeschübe aus der Lava zur Überhitzung und starker Druckbelastung der Heizrohre.

Das Ende kam allerdings 1988, weil die Lava mittlerweile so stark abgekühlt war, dass ein wirtschaftliches Weiterführen des geothermalen Heizbetriebs unmöglich war. Eine Infotafel zu diesem Geothermie-Projekt befindet sich an einem Stichweg nordwestlich des Eldfellsvegur etwa 200 m unterhalb des Parkplatzes.

Im Sommer 2018 ergaben eigene Messungen in Spalten am Kraterrand des Eldfell [51] für die dort entweichenden und leicht nach Schwefel riechenden Dämpfe stellenweise noch über 100°C (5-9).

Abb. 5-9 Am Kraterrand konnten 2018 an einigen Stellen immer noch Temperaturen von über 100°C gemessen werden. (Foto: M. Geyer)

Unterwegs auf Heimaey

Die Routenpunkte wurden absichtlich nicht in einen Rundweg eingebunden. Die geringen Entfernungen auf der Insel gestatten eine individuelle Auswahl und Reihenfolge. Einkaufs- und Essensmöglichkeiten sind auf den Hauptort Vestmannaeyjar beschränkt. Die drei empfohlenen Museen können alle an einem Tag besucht werden, wobei es empfehlenswert ist, mit dem Vulkanmuseum **Eldheimar [52]** anzufangen, weil dort am Vormittag (vor Ankunft der Fähre) noch nicht so viele Besucher anzutreffen sind.

Der Häuserfriedhof **Kirkjubæjarhraun [50]** ist die erste Station auf dem Weg zum **Eldfell [51]**, der wahrscheinlich das Hauptziel aller Besucher der Insel ist. Die Wegstrecke führt vom Hafen über Tangagata/Ægisgata zu den ehemaligen Fischfabriken in den Kirkjuvegur zu einem Treppenaufgang (5-10). Oben an der Treppe geht der Rundweg nach links. Wir befinden uns am Rand des Lavastroms von 1973, der die unter uns liegende Straße um etwa 15 m überragt. Hier stehen Gedenktafeln des Häuserfriedhofs **Kirkjubæjarhraun [50]**,

Abb. 5-10 Treppenaufgang zum Häuserfriedhof in der Helgafellsbraut. Das Foto an der Hauswand zeigt den Zustand 1973, als der Lavastrom unmittelbar vor dem Haus zum Stillstand kam. (Foto: M. Geyer)

Abb. 5-11 Der Häuserfriedhof auf dem Lavafeld Kirkjubæjarhraun. Die Gedenktafel besteht aus Labradorit. (Foto: M. Geyer)

die an unter dem Lavastrom Kirkjubæjarhraun begrabene Häuser und Straßenzüge erinnern (5-11). Mittlerweile sind an einigen Stellen

Abb. 5-12 Panoramablick auf Heimaey; rechts: Helgafell, Mitte: Dalfjall und links: Heimaklettur (Foto: N. Gies)

sogar kleine Bäume gewachsen. Der Weg durch den Häuserfriedhof Kirkjubæjarhraun [50] eröffnet auch einen guten Blick auf die enge Hafeneinfahrt und den dahinter aufragenden Heimaklettur [55] (5-12). Ständig gibt es Zeugen des Ausbruchs in Form von Stricklava oder Bomben (Geyer & Gies 2018) (5-13). Einige Lavablöcke haben sehr bizarre Formen. Bitte bleiben Sie auf dem Hauptweg, damit die Vegetation nicht beeinträchtigt wird. Der Weg führt zum asphaltierten Eld-

Abb. 5-13 Unterwegs zum Eldfell. Links: Spindelbombe (Foto: M. Vetter) und rechts: Bombe (Foto: M. Geyer)

fellsvegur. Ein kurzes Stück weiter bergauf zweigt eine kleine Stichstraße zu Infotafeln ab, die auf die frühere geothermische Nutzung verweisen. Etwa 200 m aufwärts kommt ein Parkplatz mit Aussichtspunkt auf die Nordhälfte der Insel und Informationstafeln (5-14).

Abb. 5-14 Eindrucksvolle Infotafel am Parkplatz beim Eldfellsvegur, im Hintergrund rechts der Heimaklettur (Foto: M. Geyer)

Wer etwas bequemer an den Fuß des Eldfell [51] kommen möchte, geht vom Hafen nach Osten über den (asphaltierten) Strandvegur und den Eldfellsvegur bis an den Fuß des Kraters. Eine weitere Möglichkeit ist der Weg oberhalb des Vulkanmuseums Eldheimar [52].

Egal welche der Alternativen der Besucher wählt: Die Gesamtstrecke ist etwas über 7 km lang und am Kraterrand teilweise steil und ausgesetzt. Für die Besteigung des Eldfells ist unbedingt festes Schuhwerk notwendig. Stöcke können vor allem bei Abstieg die Abrutschgefahr verringern. In jedem Fall sollten Sie auf Windböen gefasst sein – insbesondere oben auf dem schmalen Grat. Der Höhenunterschied beträgt 200 m. Die Strecke ist ohne Hast in ca. 4 h zu bewältigen.

Dem Parkplatz gegenüber beginnt der eigentliche Aufstieg zum Eldfell [51] an einem Hinweisschild. Von hier aus dauert es noch etwa eine halbe Stunde bis zum Kraterrand. Eine Abzweigung führt zu einem Kreuz, welches zur Erinnerung an den Ausbruch 1973 und an den Tod von Jón Trausti Úranusson im Jahr 1993 erinnert, der bei Ausgrabungs-

Abb. 5-15 Ausblick vom Eldfell nach Süden auf den Helgafell, der die Südspitze der Insel verdeckt. (Foto: N. Gies)

arbeiten ums Leben kam. Das letzte Stück des Weges am Kraterrand ist ausgesetzt und sollte bei Wind mit Vorsicht begangen werden. Der Blick ist bei klarer Sicht überwältigend: Der Helgafell [57] verdeckt das Flugfeld von Heimaey und die Südspitze Stórhöfði [58] (5-15), aber der Rest der Insel mit dem Hauptort Vestmannaeyjar, dem Hafen und den Bergen Helgafell, Dalafjall und Heimaklettur [55] liegt dem Betrachter zu Füßen (5-16). Im Nordatlantik lassen sich weitere Inseln des Archipels ausmachen – ganz im Süden ist auch Surtsey zu erkennen. An der Südküste Islands ist der Eyjafjallajökull [42] (1651 m) erkennbar (5-17). Aber auch die bizarren Formen der roten Schlacke, der Bims, die Spalten mit aufsteigenden heißen Schwefeldämpfen belohnen für den

Abb. 5-16 Panoramablick vom Eldfell: links Helgafell, Mitte Heimaey und Dalfjall im Hintergrund und rechts der Heimaklettur (Foto: N. Gies)

Abb. 5-17 Ausblick vom Eldfell nach Nordosten, im Hintergrund der schneebedeckte Eyafjallajökull (Foto: B. Langhuber)

Aufstieg (5-18). Für den Abstieg gibt es bis zur ersten deutlichen Weggabelung keine Alternative. Dann eröffnen sich mehrere nach links abzweigende Wege, um zum Vulkanmuseum Eldheimar [52] zu kommen. Für den direkten Rückweg in den Ort geht es rechts ab.

Das Vulkanmuseum Eldheimar [52] wird dem anspruchsvollen Werbeslogan „Pompeji of the North“ durchaus gerecht. Das als moder-

Abb. 5-18 Bizarre Lavaformen am Kraterrand des Eldfell (Foto: M. Geyer)

ner Stahlbau errichtete Museum wurde am 23. Mai 2014 eröffnet (5-19). Der Besucher erhält für sein (hohes) Eintrittsgeld einen mehrsprachigen, gut funktionierenden Audioguide. Das Herz der Ausstellung ist das Haus Gerðisbraut 10, welches durch den Ausbruch 1973 16 m unter Asche begraben war (5-20). Mit Erlaubnis der Eigentümer wurde das Haus behutsam wieder ausgegraben. Im Audioguide erzählt die Besitzerin, wie sie den Ausbruch erlebt hat und wie es der Familie im letzten Moment gelang, das Haus lebendigen Leibes zu verlassen. Kameras ermöglichen Blicke in alle Räume und auf kleinste Details, denn alle Gegenstände wurden an Ort und Stelle belassen. Die wesentlichen Teile der Ausstellung sind interaktiv, wobei auch an die jüngeren Museumsbesucher gedacht wurde. Zahlreiche Fotowände illustrieren das Geschehen während des Ausbruchs 1973 (5-21). Im Obergeschoss des Eldheimar [52] ist eine Ausstellung zur Entstehung und Fortentwicklung der Insel Surtsey sowie eine kleine

Abb. 5-19 Das 2014 eröffnete Vulkanmuseum Eldheimar ist absolut sehenswert. (Foto: M. Geyer)

Abb. 5-20 Die Hauptattraktion im Vulkanmuseum Eldheimar ist das wieder ausgegrabene Haus Gerðisbraut 10. (Fotos: M. Geyer)

Abb. 5-21 Im Vulkanmuseum Eldheimar gibt es zahlreiche Fotowände und Animationen. (Fotos im Eldheimar Museum: M. Geyer)

Cafeteria mit Terrasse mit einem schönen Rundblick über die Insel.

Im frei zugänglichen Außenbereich des Museums gibt es noch ein weiteres, teilweise freigelegtes Haus (5-22).

Vom Museum sind der Ort und der Hafen am schnellsten über die Helgafellsbraut zu erreichen. Wer mehr Zeit hat, sollte unbedingt das heutige Ende der Stichstraßen zum deutlich sichtbaren Rand des Lavastroms aufsuchen (5-23). Hier sind noch weitere, teilweise vom Lavastrom zerstörte Wohnhäuser sichtbar. In einigen Fällen gibt es Informationstafeln (5-24).

Etwas beschaulicher geht es im Inselmuseum Sagnheimar [53] zu. Im gleichen Gebäude ist übrigens auch die Bibliothek von Heimaey untergebracht. Kindern ist mit Spielecken breiter Raum überlassen. Im Museum werden z. B. die Piratenüberfälle im 17. Jahrhundert ausführlich erläutert sowie Berufe, Kleidung und Vereinsleben auf Heimaey vorgestellt. Daneben gibt es Ton- und Bilddokumente zum Ausbruch von 1973. Der Schwerpunkt des Museums liegt aber in der Darstellung der Landnahme Islands (5-25). Die Westmänner-Inseln waren vermutlich schon früher als Island besiedelt.

Dazu ist auch ein Besuch im Herjólfsdalur beim Campingplatz auf der Westseite von Heimaey empfehlenswert. Dort wurden Steinmauern von (heute rekonstruierten) Langhäusern aus der ersten Besiedlungsphase entdeckt. Das Herjólfsdalur ist Teil einer großen Caldera, die im Norden vom Bergrücken Blátindur (273 m) begrenzt wird.

Abb. 5-22 Ein teilweise freigelegtes, von außen frei zugängliches Haus neben dem Vulkanmuseum Eldheimar (Foto: N. Gies)

Abb. 5-23 Auf dem Rückweg in den Ort empfiehlt es sich, die Stichstraßen entlang des Lavastromes abzulaufen. (Foto: M. Geyer)

Abb. 5-24 Dieses Haus wurde gerade noch vom Lavastrom 1973 erfasst und zerstört. (Foto: M. Geyer)

Abb. 5-25 Die Landnahme war auch Briefmarkenmotiv der Isländischen Post. (Foto: M. Geyer)

Das kleine Naturkundemuseum Sæheimar [54] (deutsch: Meereswelten) wurde geschlossen; dafür wurde im Frühjahr 2019 am Hafen (Ægisgata 2) ein SeaLifeTrust Besucherzentrum eingerichtet. Von hier aus wird auch die an das frühere Museum Sæheimar [54] angegliederte Aufzuchtstation für Seevögel betrieben. Der Papageitaucher Tóti (5-26) war das offizielle Maskottchen der isländischen Fußballmannschaft bei der Weltmeisterschaft 2014 und war der „Star" der Aufzuchtstation. Beim Ausbruch 1973 blieb der damalige Konservator im Aquarium und sorgte dafür, dass die Pumpen nicht ausfielen. Nach der Zerstörung des Kraftwerks durch die Lava im März 1973 organisierte die Feuerwehr einen Notstromgenerator.

Abb. 5-26 Der Papageitaucher Tóti war das Maskottchen im früheren Naturkundemuseum Sæheimar. (Foto: N. Gies)

Der Heimaklettur [55] ist mit 283 m der höchste Berg von Heimaey und schirmt den Hafen von Heimaey nach Norden hin ab (5-27). Der Bergstock entstand durch vulkanische Tätigkeit vor etwa 10‘000 bis 12‘000 Jahren. Ganzseitig von steilen Klippen begrenzt, sieht der Heimaklettur [55] auf den ersten Blick so aus, als ob eine Besteigung ziemlich unmöglich wäre. Aber im nördlichen Hafengebiet Eiðið (über Eiðisvegur erreichbar) beginnt ein mit Leitern und Seilen gesicherter Steig, der trittsichere Wanderer an einem Schafgatter vorbei in etwa 40 min zum Gipfel führt. Die Aussicht von ganz oben teilen in der Regel nur ein paar Schafe. Allerdings sollte der Weg trotz aller Sicherungsmaßnahmen bei starkem Wind oder Regen sowie bei Höhenangst nicht begangen werden. Am Gipfel angekommen, reicht der Blick bei klarem Wetter über ganz Heimaey und nach Norden bis zu den Vulkanen Eyjafjallajökull und Hekla. Ein Gipfelbuch liegt aus (das einzige auf Heimaey). Zum Jahreswechsel besteht seit vielen Jahren die Tradition, Kerzen auf dem Weg zum Heimaklettur [55] zurückzulassen. Ein wunderschöner Anblick!

Abb. 5-27 Der Heimaklettur auf der Nordseite des Hafens von Heimaey. (Foto: M. Geyer)

Der historische Bezirk Skansinn [56] liegt wenige Minuten Fußweg östlich des Hafens und ist über den Strandvegur erreichbar. Der Lavastrom Kirkjubæjarhraun von 1973 kam hier unmittelbar vor dem Meer zum Stillstand. 1586 errichteten die Dänen an dieser Stelle eine Festung zum Schutz der Stadt. Nach dem Piratenüberfall von 1627 wurde hier auch eine dänische Garnison zum Schutz der Bevölkerung stationiert. Ein paar Reste der Wallanlagen sind noch zu sehen (Informationstafel).

Im Zweiten Weltkrieg war Skansinn [56] zeitweise ein britischer Marinestützpunkt.

In unmittelbarer Nachbarschaft befinden sich eine Stabkirche und ein Holzhaus.

Das Holzhaus Landlyst wurde 1847 errichtet und gilt als das zweitälteste Haus der Insel (1847–1850 erbaut). Es stand ursprünglich im Strandvegur 43b und wurde im Jahr 2000 am heutigen Standort wieder aufgestellt. In Landlyst war früher die Entbindungsstation der Insel. Heute befindet sich hier ein frei zugängliches Museum mit chirurgischen Werkzeugen.

Die Stabkirche wurde im Jahr 2000 als Nachbau der Kirche in Haltdalen in Norwegen aus altem Fichtenholz errichtet (5-28). Es han-

Abb. 5-28 Im historischen Bezirk Skansinn befindet sich ein Nachbau der Stabkirche von Haltdalen in Norwegen. (Foto: M. Geyer)

Abb. 5-29 Der beim Ausbruch 1973 zerstörte Wasserbehälter einer ehemaligen Fischfabrik in Skansinn (Foto: M. Geyer)

delt sich um ein Geschenk des norwegischen Königs an Island zum 1000-jährigen Jubiläum der Christianisierung Islands.

In unmittelbarer Nachbarschaft ragt der 1932 errichtete Seewassertank einer Fischfabrik aus der Lava heraus (5-29; Informationstafel). Daneben sind die Pfeiler des ehemaligen Schwimmbades und eine ehemalige Wasserleitung zu sehen. Alle drei Einrichtungen wurden beim Ausbruch 1973 zerstört.

Der Vulkan Helgafell [57] brach vor etwa 6000 Jahren aus (5-30). Der Ausbruch von 1973 begann unweit der Ostflanke des heute

Abb. 5-30 Der Vulkan Helgafell markiert die Grenze zwischen dem Nord- und Südteil der Insel. (Foto: M. Geyer)

227 m hohen Schlackenkegels als Spalteneruption nahe des Gehöfts Kirkjubær. Der Berg trennt den Nord- vom Südteil der Insel Heimaey.

Abb. 5-31 Die Landenge zur Südspitze Stórhöfði ist als Piratenstrand bekannt, weil von hier aus 1627 die Insel von algerischen Piraten überfallen wurde. (Foto: M. Geyer)

Von Vestmannaeyjar aus geht es über die Straße 22 (zuerst Heiðarvegur, dann Dalavegur) bis an die Kreuzung am südlichen Ortsende. Ein Stichweg führt von der Kreuzung zu einem roten Wohnhaus. Davor zweigt der Weg zum Helgafell [57] ab, der zuerst über Wiesen an den Fuß des Kegels und schließlich über einen steileren Abschnitt zum Kraterrand hinaufführt. Auf dem Rundweg (Orientierungstafel) entlang des Kraterrandes besteht ein 360° Rundblick, der bei klarem Wetter bis an die Südküste von Island reicht. Der Abstieg erfolgt entweder auf dem gleichen Weg oder auf der gegenüberliegenden Seite hinunter. Der Weg erreicht die asphaltierte Straße in Sichtweite des Vulkanmuseums Eldheimar [52].

Die Südspitze von Heimaey wird als Stórhöfði [58] bezeichnet. Hier befinden sich der gleichnamige, älteste Leuchtturm Islands (1906 erbaut) und die Wetterstation mit den höchsten Windgeschwindigkeiten in Island (bis zu 220 km/h). Gleichzeitig lässt sich über eine kleine Wanderung auch ein Abstecher zu einer Papageitaucherkolonie machen (Fernglas nicht vergessen). Von dort aus können Sie über den Höhenrücken entlang der Steilküste zum Leuchtturm gelangen. Bitte verlassen Sie den Weg nicht, um der Bodenerosion nicht weiter Vorschub zu leisten.

Vor einem Anstieg passiert die Fahrstraße eine Landzunge beim Strand Ræningjatangi (deutsch: Piratenstrand 5-31). Hier griffen 1627 algerische Piraten mit drei Schiffen die Insel Heimaey an. In einem blutigen Gemetzel töteten sie 34 Menschen, plünderten die Insel und

Abb. 5-32 Unterhalb des Leuchtturms an der Südspitze Stórhöfði ist eine Vogelbeobachtungsstation. (Foto: M. Geyer)

verschleppten 242 Männer, um sie als Sklaven zu verkaufen. 13 von ihnen kehrten nach knapp 10 Jahren zurück. Eine Gedenktafel erinnert an den „Türkenraub“, wie der Überfall üblicherweise genannt wird. Das Inselmuseum Sagnheimar [53] informiert im Detail über diesen Vorfall. Piraten suchten in dieser Zeit Island mehrmals heim (vgl. **Tour VII**). Nie aber waren die Folgen dramatischer als 1627.

Etwas unterhalb des Leuchtturms von Stórhöfði [58] zweigt ein kurzer, unbefestigter Stichweg durch eine Schafweide zu einer Vogelbeobachtungshütte ab (5-32). Dort besteht eine gute Gelegenheit, Papageitaucher aus der Nähe zu beobachten (5-33).

Natürlich gibt es auf den Westmänner-Inseln noch mehr

Abb. 5-33 Papageitaucher lassen sich auf Stórhöfði aus nächster Nähe beobachten. (Foto: E. Ludewig)

zu entdecken. Letzten Endes ist es eine Frage der persönlichen Interessen und der Zeit, die für einen Aufenthalt zur Verfügung steht.

Mit guter Kondition und Trittsicherheit ist es möglich, vom Herjólfsdalur in 1 h auf den Grat des Dalfjall hinaufzusteigen. Von dort aus führt ein (ungesicherter) steiler Weg, teilweise über Geröllhalden, hinunter ans Meer zum „vergessenen“ Strand Stafsnes, der viel Windschutz bietet, an dem aber gefährliche und starke Strömungen sind, sodass vom Schwimmen hier absolut abzuraten ist.

Ebenso besteht von Herjólfsdalur die Möglichkeit zu einer kleinen Küstenwanderung. Seehunde und Wale sind gelegentlich zu beobachten; spektakulär sind auch die Seevogelkolonien im Bereich von Ofanleitishamar (Elefantenfelsen).

Vom Hafen aus führen Strandvegur / Eldfellsvegur durch den Lavastrom Kirkjubæjarhraun von 1973. Die Straße endet an der Ostküste bei Urðir. Etwas unterhalb des Parkplatzes mit dem Steintor (5-34) steht der 1986 in einiger Entfernung von der Küste neu erbaute

Abb. 5-34 An der Ostküste bei Urðir steht dieses Steintor. (Foto: M. Geyer)

Abb. 5-35 Der 1986 neu erbaute Leuchtturm Urðaviti (Foto: M. Geyer)

Leuchtturm Urðaviti auf einem Stahlgerüst (5-35). Der Vorgängerbau war einige Jahre zuvor der Küstenerosion zum Opfer gefallen.

Eine andere Besonderheit ist etwas schwieriger erreichbar. Es handelt sich um den Leuchtturm Þrídrangaviti (auch: Þrídrangar) etwa 45 km südlich der isländischen Südküste und gut 25 km nordwestlich von Heimaey. Er wurde kurz vor Beginn des Zweiten Weltkrieges auf einer aus dem Nordatlantik ragenden Felsrippe errichtet. Diesem ungewöhnlichen Ort wurde auch literarisch ein Denkmal gesetzt (5-36).

Abb. 5-36 Links: Þrídrangaviti – ein wirklich ungewöhnlicher Leuchtturm-Standort (Quelle: https://deskgram.net/explore/tags/Þrídrangaviti). Rechts: Dieser Ort wurde auch Ort der Handlung eines Kriminalromans. (Quelle: https://www.fischerverlage.de/buch/nebelmord/9783596030651)

YRSA SIGURÐARDÓTTIR
NEBELMORD
ISLAND-THRILLER

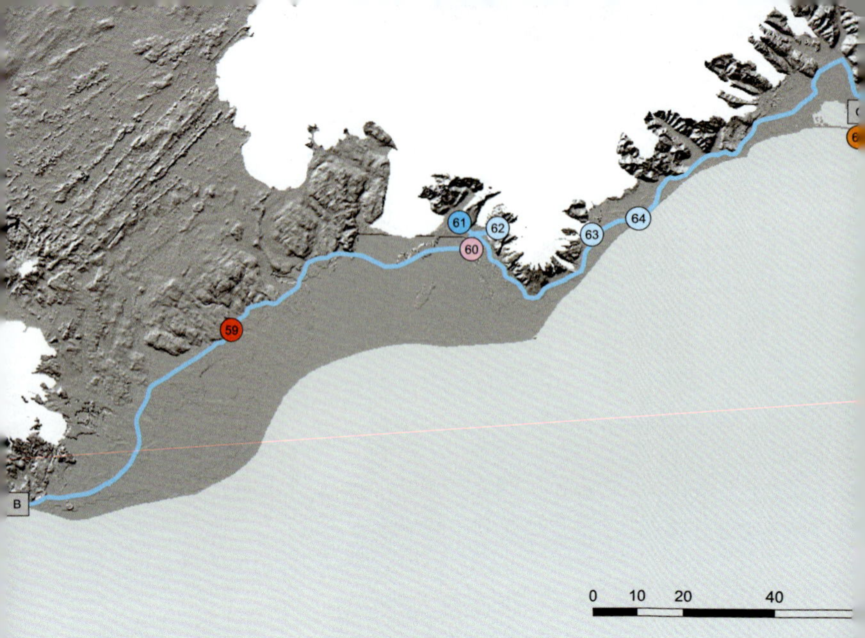

Tour VI – Südküste (östlicher Abschnitt)

Die knapp 280 km lange Tour beginnt in **Vík** [B] und endet in **Höfn** [C]. Bis zur Brücke über den Núpsvötn verläuft die beschriebene Tour in der Region Suðurland. Danach bleibt die Strecke bis **Höfn** [C] in der Region Austurland. Dies entspricht einer reinen Fahrzeit von etwa 4 h. Auf dem Streckenverlauf der hier durchgängig asphaltierten Ringstraße sind ausreichend Tank- und Verpflegungsmöglichkeiten vorhanden. Dennoch ist es ratsam, in **Vík** [B] vollzutanken.

Die Tour startet in **Vík** [B]. Ein Hinweis zu der im Geopark Katla gelegenen Kleinstadt findet sich am Ende der **Tour IV** unter Vík í Mýrdal (Vogelfelsen) [49]. Ab Vík wird es deutlich einsamer und der Verkehr nimmt ab. Alles was östlich von Vík liegt, ist für normale Tagesausflüge von Reykjavík einfach zu weit, es sei denn, Sie möchten den ganzen Tag nur fahren und kurze Fotostopps einlegen. Aber das wäre eigentlich schade.

Am Ortsende führt nur eine Straße nach Osten: Es ist die Ringstraße und sehr rasch bekommt man einen ersten Eindruck von der Weite der Landschaft und der dünnen Besiedlung, kurzum von der Einsamkeit, die Island in weiten Teilen trotz des Massentourismus an den touristischen Hauptsehenswürdigkeiten nach wie vor prägt.

Einige Kilometer nach Ortsende führt die Ringstraße an einem Flugfeld vorbei. Danach treten die Berge zurück und die Straße erreicht mit dem Mýrdalssandur die erste große Sanderfläche. Nach etwa 30 km führt der Straßenverlauf nach Querung des Kúðafljót nahezu geradlinig durch das Lavafeld Eldhraun. Dieses Lavafeld geht auf den Lavastrom von 1783 zurück, der sich vom Lakagígar nach Süden ergoss und mit einer Ausbreitung von 580 km² als einer der weltgrößten, auf einen einzigen Ausbruch zurückgehenden Lavastrom gilt („Skaftá-Feuer"). Danach wird die Landschaft vor allem südlich der Ringstraße deutlich hügeliger. Dieses als Landbrot bezeichnete Gebiet stellt eine Pseudokraterlandschaft dar, die später von jüngeren Lavaströmen teilweise überdeckt wurde. Die Entstehung der Pseudokrater ist ausführlich in **Tour IX** bei Mývatn [89] beschrieben. Nach der Kreuzung mit Straße 204 führt eine Brücke über die Skaftá. An der Kreuzung am Ortseingang Kirkjubæjarklaustur [59] führt die Straße 205 Richtung Ortsmitte bis zum Gebäude der Touristeninformation Skaftárstofa auf der linken Seite. Dort befindet sich auch eine Informationsstelle zum Nationalpark Vatnajökull und zum Katla UNESCO Global Geopark. Gleichzeitig ist hier auch ein kleiner Museumsraum untergebracht. Auf Wunsch und gegen geringes Entgelt werden Filme zu den Ausbrüchen der Laki Spalte 1783–1784 und zum Ausbruch des Grímsvötn 2011 gezeigt.

Geologisch interessant ist der Kirkjugólf (deutsch: Kirchbodenbasalt). Dazu geht es von der Touristeninformation ein kurzes Stück auf der Straße unterhalb der Kirche zurück bis zur Abzweigung des Kirkjubærjarvegur nach links. Unmittelbar vor dem Zeltplatz zweigt ein ausgeschilderter Fußweg zum Kirkjugolf nach rechts ab. Es handelt sich um eine geschützte, natürliche Fläche von etwa 80 m². Der Aufschluss zeigt einen erodierten Säulenbasalt, bei dem die Säulenform des Basalts beispielhaft ausgebildet ist (6-1). Trotz der Bezeichnung

Abb. 6-1 Der Kirkjugólf (Kirchbodenbasalt) in Kirkjubæjarklaustur zeigt auf einer Fläche von etwa 80 m² besonders schöne Abkühlungsformen. (Foto: M. Geyer)

handelt es sich um ein rein natürliches Phänomen; an dieser Stelle stand nie eine Kirche. Die säulige Absonderung ist eine typische Abkühlungserscheinung, wobei Sechsecke die energetisch günstigste Form darstellen. In den Zwickeln zwischen den einzelnen erkalteten Säulen kann noch flüssige Basaltlava eindringen. Aus der Luft ist das Basaltpflaster auch sehr gut er kennbar (6-2).

Auf der Anhöhe am westlichen Ortsende von Kirkjubæjarklaustur [59] liegt der Systravatn (deutsch: Schwesternsee), dessen Wasser über den Systrafjall in die Skaftá gelangt. Die Bezeichnung geht auf die Legende zurück, dass in diesem See die Nonnen des Konvents in Kirkjubæjarklaustur [59] zu baden pflegten. Zur Fortsetzung der Tour führt die Straße 205 zurück zur Kreuzung und von dort aus auf der Ringstraße weiter in Richtung **Höfn [C]**. Nach wenigen Kilometern kommt östlich von Foss eine Abzweigung nach Süden zu der Felsgruppe

Abb. 6-2 Das regelmäßige Muster des Basaltpflasters kommt aus der Luft besonders gut zur Geltung. (Foto: N. Gies)

Dverghamrar (deutsch: Zwergensteine). Diese Säulenbasalte zeigen eine wabenartige Verwitterungsform, die vermutlich auf die Brandung an der Küste des früher höheren Meeresspiegels zurückzuführen ist.

Abb. 6-3 Der Lómagnúpur (767 m) ist die höchste Erhebung am Nordrand der großen Sanderfläche Skeiðarársandur. (Foto: M. Geyer)

Während die Straße weiter am Rande der nächsten großen Sanderfläche (Skeiðarársandur) verläuft, kommen nördlich bzw. nordwestlich einzelne Bergrücken immer näher. Schließlich wird der letzte Bergriegel vor der großen Schwemmebene erreicht, der gleichzeitig die Ostbegrenzung des Katla Geoparks ist. Die höchste Erhebung dieser Bergkette ist der Lómagnúpur (767 m), der eindrucksvoll emporragt (6-3). Auf der Ostseite grenzt der Berg direkt an den Skeiðarársandur. Gleich danach kommt die Brücke über den Núpsvötn (6-4). Die Ringstraße wurde durch diesen Brückenschlag sowie die etwas später erreichte Brücke über den Skeiðará im Jahr 1974 durchgängig befahrbar. Weiter geht es weitgehend geradeaus durch eine große Sanderfläche (6-5). Die Fläche

Abb. 6-4 Ringstraße mit Brücke über den Núpsvötn (Foto: M. Geyer)

Abb. 6-5 Ringstraße – und immer geradeaus durch die Sanderfläche (Foto: M. Geyer)

Abb. 6-6 Die 900 m lange, einspurige Skeiðará-Brück wurde nach einem Gletscherlauf 1996 neu erbaut. (Foto: M. Geyer)

des Skeiðarársandur beträgt ca. 1000 km². Damit ist dies die größte Sanderfläche Islands (Magilligan et al. 2002). Das Gebiet wird u. a. von den drei großen Flüssen Núpsvötn, Sandgígjukvísl und Skeiðará sowie weiteren kleinen Wasserläufen durchflossen, die vom Schmelzwasser des Vatnajökull gespeist werden. Durch Sedimenteintrag vergrößert sich die Schwemmlandfläche des Sanders unter den Klimabedingungen des Holozäns um etwa 1 km²/100 Jahre (Guðmundsson et al. 2002). Bei Vulkanausbrüchen und den damit verbundenen Gletscherläufen oder Ascheregen ist der Sedimenteintrag deutlich höher. Die einspurige, mit einigen Ausweichstellen versehene Brücke über den Fluss Skeiðará ist etwas über 900 m lang. Derartige einspurige, auf stabilen Betonfundamenten errichtete Brücken sind in Island keine Seltenheit. Die Fahrbahnen wurden früher nur mit Holzplanken oder Blech belegt; heute wird zunehmend asphaltiert. Diese Brückenaufsätze sind nach einem Gletscherlauf schneller ersetzbar. Die heutige Brücke (6-6) wurde 1996 erbaut, nachdem die Vorgängerbrücke (die gleichzeitig die damals längste Brücke Islands war) durch einen verheerenden Gletscherlauf am 5. November 1996 zusammen mit einigen Kilometern Straße komplett zerstört war. Dieser Gletscherlauf war die Folge eines Ausbruchs des Grímsvötn im Oktober des gleichen

Jahres. Bald nach der Brücke biegt die Straße nach Norden ab und führt auf Skaftafell zu. Es folgt ein Parkplatz mit dem Brückendenkmal Gígjukvísl [60]. Der Rest eines verbogenen und in sich verdrehten Brückenpfeilers gibt eine Vorstellung von der Gewalt der Wassermassen des Gletscherlaufs von 1996 (6-7). An diesem Parkplatz ist bei guten Sichtverhältnissen ein Ausblick auf den am Ostrand des Skeiðarársandur gelegenen Hvannadalshnúkur möglich, der mit 2110 m der höchste Berg Islands ist (6-8) und aus Rhyolith besteht. Gleichzeitig umfasst das Panorama

Abb. 6-7 Das Brückendenkmal Gígjukvísl mit seinen verbogenen Stahlträgern lässt die Gewalt der Wassermassen des Gletscherlaufs von 1996 ahnen. Eine Infotafel am Parkplatz gibt nähere Angaben. (Foto: M. Geyer)

Abb. 6-8 Vom Parkplatz am Brückendenkmal hat man auch einen Blick auf den Hvannadalshnúkur, der mit 2110 m der höchste Berg Islands ist. (Foto: M. Geyer)

Abb. 6-9 Auch der Ausblick auf die Gletscher Skaftafellsjökull und Svínafellsjökull ist eindrucksvoll – und im Sommer ist die Schotterwüste in voller Blüte. (Foto: M. Geyer)

einen wunderschönen Ausblick auf die Gletscher Skaftafellsjökull und Svínafellsjökull am Südrand des Vatnajökull, die den Bergrücken des Hvannadalshnúkur einrahmen. Es lohnt auch, einen Blick auf die dünne Vegetationsdecke zu werfen (6-9).

Von diesem Parkplatz aus ist es nicht mehr weit bis zur Abzweigung nach Skaftafell (Straße 998). Hier ist das Besucherzentrum des seit 2008 bestehenden Nationalparks Vatnajökull. Zum 14‘400 km² großen Gebiet des jüngsten der drei isländischen Nationalparks von Island gehören der Vatnajökull (mit 8100 km² größter Gletscher Europas) sowie sämtliche davon abfließenden Talgletscher. An der Südküste verläuft die Nationalparkgrenze am jeweiligen Eisrand. Dort startet bei den anschaulichen Modellen und Infotafeln vor dem Besucherzentrum des Vatnajökull Nationalparks der Wanderweg zum Svartifoss [61] (deutsch: Schwarzer Wasserfall). Die Wanderung dauert hin und zurück etwa 2 h und der Wanderweg dorthin wurde in den letzten Jahren abschnittsweise sehr gut ausgebaut. Auf einer Gesamt-

Abb. 6-10 Auf dem Weg zum Svartifoss hat man einen guten Blick auf den Skeiðarársandur – aus gewisser Höhe ist der Ausblick noch spektakulärer. (Foto: N. Gies)

strecke von etwa 5 km beträgt der Höhenunterschied 190 m. Der Weg beginnt gleich hinter dem Campingplatz mit einer Steigung durch niedriges Buschwerk und kleine Bäume, sodass der Ausblick auf den Skeiðarársandur immer möglich ist (6-10). Die Wegstrecke führt anschließend an einem Aussichtspunkt vorbei, passiert einen Stichweg zu dem für isländische Verhältnisse eher unspektakulären Wasserfall Hundafoss (6-11) und erreicht ein leicht geneigtes Hochplateau. Über

Abb. 6-11 Der Wasserfall Hundafoss liegt ebenfalls an der Wegstrecke zum Svartifoss. (Foto: M. Geyer)

Abb. 6-12 Der Svartifoss fällt aus 15 m Höhe in ein Halbrund von sehr gut ausgebildeten Basaltsäulen. (Foto: M. Geyer)

Abb. 6-13 Bei näherer Betrachtung sieht man die regelmäßige Anordnung der Säulen am Svartifoss. (Foto: M. Geyer)

Treppen schlängelt sich der Weg abschließend hinunter zum Wasserfall Svartifoss [61] (6-12, 6-13), der aus der Luft noch spektakulärer wirkt (6-14). Es bestehen andere Möglichkeiten des Rückweges auf dem anderen Flussufer und die zusätzliche Möglichkeit, einen Aussichtspunkt (Sjónarsker) aufzusuchen. Der Fluss Stórilækur fällt beim Svartifoss [61] über senkrecht stehende Basaltsäulen, die den Wasserfall mit einer Fallhöhe von ca. 15 m halbkreisförmig umschließen. Der Anblick erinnert etwas an Orgelpfeifen. Tatsächlich soll der Svartifoss [61] beim Bau der Hallgrímskirche [5] in Reykjavík „Pate" gestanden haben.

Abb. 6-14 Der Svartifoss aus der Vogelperspektive (Foto: N. Gies)

Zurück am Parkplatz, führt die Route über die Straße 998 zurück auf die Ringstraße, am Flugfeld Skaftafell vorbei zum nächsten Haltepunkt am Svínafellsjökull [62] (deutsch: Schweinegletscher).

Von der Ringstraße zweigt schon nach 1 km wieder eine beschilderte Stichstraße links zu einem Parkplatz ab. Bereits von dort ist der Ausblick auf den Svínafellsjökull [62] eindrucksvoll, aber wer etwas Zeit mitbringt, sollte ein paar 100 m dem Wanderweg folgen, da sich dann ein wesentlich besserer Panoramablick auf den Gletscher und den Zungenbeckensee (6-15) sowie die Endmoränenwälle bietet (6-16). Auch lassen sich die zahlreichen tiefen Gletscherspalten gut erkennen. Die Geröllvielfalt am Rand des Svínafellsjökull [62] ist bemerkenswert (6-17).

Vom Svínafellsjökull [62] aus geht es die kurze Stichstraße wieder zurück auf die Ringstraße und von dann weiter in Richtung **Höfn [C]**. Die Straße verläuft

Abb. 6-15 Ausblick auf den Svínafellsjökull etwa 250 m vom Parkplatz (Foto: M. Geyer)

Abb. 6-16 Ausblick auf den Zungenbeckensee des Svínafellsjökull mit einzelnen Eisschollen (Foto: M. Geyer)

Abb. 6-17 Geröllvielfalt am Rande des Svínafellsjökull (Foto: M. Geyer)

Abb. 6-18 Ausblick auf die kleine und etwas weniger überlaufene Gletscherlagune Fjallsárlón (Foto: M. Geyer)

am Ostrand des Skeiðarársandur an verschiedenen Einzelgehöften am Fuß des Berges Hvannadalshnúkur entlang.

Ab der Wegkreuzung zum Leuchtturm Hofsnes und der Piste in Richtung der aufgelassenen Siedlung Ingólfshöfði verläuft die nunmehr nach Nordosten führende Ringstraße wieder dichter am Nordatlantik. In Ingólfshöfði soll Ingólfur Arnarson im Jahr 874 als erster Siedler angekommen sein.

Im weiteren Straßenverlauf sind kaum noch Häuser. Eine herrliche Moränenlandschaft mit einzelnen Gletscherzungen zieht vorbei. An der Abzweigung in Richtung Kvíármýrarkambur führt eine Piste in wenigen 100 m zu einem Aussichtspunkt auf den Gletscher Kvíárjökull. Nach wenigen Kilometern kommt die Abzweigung zur Gletscherlagune Fjallsárlón [63]. Hier entsteht nach und nach immer mehr touristische Infrastruktur. Das Positive daran ist, dass jetzt ein kurzer Fußweg auf die Endmoräne benutzt werden muss, um einen Blick auf die Gletscherlagune zu erhaschen (6-18 und 6-19). Bitte verlassen Sie die ausgeschilderten Wege nicht! Jeder, der zum ersten Mal hierherkommt, ist sicher überwältigt von dem Anblick – auch wenn sich hier mittlerweile oft viele Touristen aufhalten. Je nach Windrichtung be-

Abb. 6-19 Kleine Eisberge auf der Gletscherlagune Fjallsárlón (Foto: M. Geyer)

finden sich die kleinen Eisberge und Eisschollen ganz nahe am Ufer oder weiter im Norden. Am Ufer liegt praktisch immer etwas Eis herum (6-20). Für die angebotenen Bootsfahrten ist in der Hauptsaison eine vorherige Buchung ratsam. Dieser See bildet sich aus dem Schmelzwasser des Gletschers Fjallsjökull, der vom Hvannadalshnúkur herunterfließt. Seit 2017 ist die Gletscherlagune Fjallsárlón [63] teilweise unter Schutz gestellt und Teil des Vatnajökull-Nationalparks.

Abb. 6-20 Gletschereis am Ufer der Gletscherlagune Fjallsárlón. Es ist genug vorhanden! (Foto: M. Geyer)

Wieder zurück auf der Ringstraße geht es nur ein kurzes Stück weiter zum nächsten Halt an der vom Breiðamerkurjökull gespeisten Gletscherlagune Jökulsárlón [64]. Es gibt eine Reihe von Parkmöglichkeiten – ent-

Abb. 6-21 Jede Menge Abenteuer für jede Menge Touristen an der Gletscherlagune Fjallsárlón (Foto: M. Geyer)

weder bei einem der „Durchgänge" durch den Moränenwall oder auf dem Hauptparkplatz vor der Brücke links. Der Moränenwall am Ufer entspricht der Endmoräne des Maximalstandes von 1894 (Gasser et al. 2019). Hier gibt es deutlich mehr Besucher und entsprechend unterschiedliche Angebote zur Erkundung der Gletscherlagune (6-21). Die Gletscherlagune Jökulsárlón [64] hat eine Fläche von 18 km² und ist mit 247 m nicht nur der tiefste, sondern sicher auch der bekannteste Gletschersee Islands (6-22, 6-23). Die Eis-

Abb. 6-22 Die Gletscherlagune Jökulsárlón ist bei jeder Beleuchtung eindrucksvoll. (Foto: M. Geyer)

Abb. 6-23 Die Eisberge ragen mehrere Meter aus der Gletscherlagune Jökulsárlón heraus. (Foto: M. Geyer)

berge erreichen eine Höhe von bis zu 20 m. Der See wird vom Schmelzwasser des Breiðamerkurjökull gespeist. Besonders bei Sonnenschein ist das Farbenspiel der Eisberge ein eindrückliches Erlebnis: manche Eisberge tragen mehr oder weniger schwarze Kappen aus Vulkanasche, während andere in wunderschönen Blautönen schillern. Gelegentlich tummeln sich hier Robben, auch in Ufernähe. Auch Raubmöwen (Skuas) sind anzutreffen, um die Sie allerdings während der Brutzeit im Juni einen Bogen machen sollten. Seit 2017 ist der durch die Gletscherschmelze in den letzten Jahren stark vergrößerte See (Schomaker 2009) Eigentum des Isländischen Staates und inzwischen als Teil des Vatnajökull-Nationalparks unter Schutz gestellt. Das ändert aber nichts an der starken kommerziellen Nutzung des Sees durch Wasserfahrzeuge aller Art. Wer hier in der Hauptsaison an einer organisierten Tour teilnehmen möchte, sollte dies im Voraus buchen. Der See wird auch immer wieder als Filmkulisse für Kinoproduktionen (z. B. James Bond) und Musikvideos (z. B. Kaleo) genutzt.

Abb. 6-24 Diese Brücke der Ringstraße 1 führt über die Jökulsá, mit nur wenigen 100 m der kürzeste Fluss Islands. Hier treiben je nach Gezeiten die Eisberge in die eine oder andere Richtung. (Foto: M. Geyer)

Abb. 6-25 Manche Eisberge „stranden" an den Gestaden der Flussmündung der Jökulsá auf dem feinen, schwarzen Basaltstrand. Vorsicht in Ufernähe, der Sand ist wassergetränkt und es besteht akute Einsinkgefahr! (Foto: M. Geyer)

Der Abfluss zum Meer ist der Jökulsá (deutsch: Gletscherfluss). Dieser ist allerdings nur wenige 100 m lang und sicher einer der kürzesten Flüsse von Island (6-24). Bei Ebbe ziehen die Eisberge unter der Straßenbrücke hinaus aufs Meer oder bleiben auf dem feinkörnigen, schwarzen Basaltstrand liegen (6-25), bei Flut werden sie z. T. wieder in den See zurückgeschoben. Die Küstenlinie ist seit 1904 etwa 800 km zurückgewichen, da das Schmelzwasser des Gletschers mit seiner Sedimentfracht in die Lagune mündet und nicht mehr ins Meer. Allerdings wirkt diesem Prozess das gegenwärtige Abschmelzen des Vatnajökull durch die damit einhergehende isostatische Heraushebung Islands entgegen (Gasser et al. 2019).

Nun beginnt der letzte Abschnitt der Tour. Anfangs bleibt die Ringstraße noch ziemlich dicht am Meer, bevor sie dann ab Skálafell etwas weiter im Landesinneren durch Weideland verläuft – dabei bleiben die Gletscherzungen der Talgletscher aber immer in Sichtweite (6-26). Bemerkenswert sind auf der Weiterfahrt auch die fast 100 m hoch aufragenden Basaltsäulen an der Südflanke des Hestgerðismúli (388 m). Schließlich umrundet die Ringstraße den weit ins Land ragenden Hornafjörður.

Nach der Brücke über den Gletscherfluss Hornafjarðarfljót zweigt die Piste 984 (Hoffellsvegur) nach Norden ab. Sie führt an den Rand

Abb. 6-26 Die Ringstraße verläuft ab Skálafell durch Weideland – aber die Gletscher bleiben im Blickfeld. (Foto: M. Geyer)

der Gletscherzunge Hoffellsjökull. Bei der Häusergruppe befindet sich auch eine heiße Quelle, die gegen Gebühr genutzt werden kann. Die Route auf der Ringstraße führt anschließend nach einer Kurve am kleinen See Þveit vorbei nach Südosten. Bei Nordwind schieben sich immer wieder eindrucksvolle Wolkenvorhänge über die Berge (6-27).

An der Kreuzung mit der Straße 99 (Hafnarvegur) zweigt die Tour nach **Höfn [C]** ab. Vom Hafen in Höfn [65] bietet sich besonders

Abb. 6-27 Kurz vor Höfn: Der Nordwind versucht die Wolken in die Küstenebene zu drücken. (Foto: M. Geyer)

abends bei klarer Sicht ein einmaliger Ausblick auf die Gletscher auf der gegenüberliegenden Seite der Bucht (6-28).

Die Kleinstadt Höfn [65] hat etwa 1600 Einwohner und gilt als einer der wichtigsten Hummerhafen von Island (6-29). Gleichzeitig ist es

Abb. 6-28 Oben und links: Atemberaubendes Abendpanorama vom Hafen in Höfn auf die Gletscherwelt der Südküste. (Foto: M. Geyer)

der einzige Hafen von Bedeutung an der stürmischen Südküste. Hier bestehen verschiedene Übernachtungsmöglichkeiten (Zeltplatz, Jugendherberge, Gästehäuser und Hotels), Arzt und Apotheke, Banken, ein Postamt und – natürlich – ein Schwimmbad. Zum kulturellen Angebot in Höfn [65] gehören ein Heimat- und ein Gletschermuseum (beide Museen sind in der Hafnarbraut) sowie ein Besucherzentrum des Nationalparks Vatnajökull in der Víkurbraut. Der kleine Regionalflugplatz liegt nördlich der Stadt. **Höfn [C]** ist Endpunkt der **Tour VI** und Startpunkt von **Tour VII**.

Abb. 6-29 Höfn ist eine Kleinstadt mit einem wichtigen Hummerhafen. (Foto: M. Geyer)

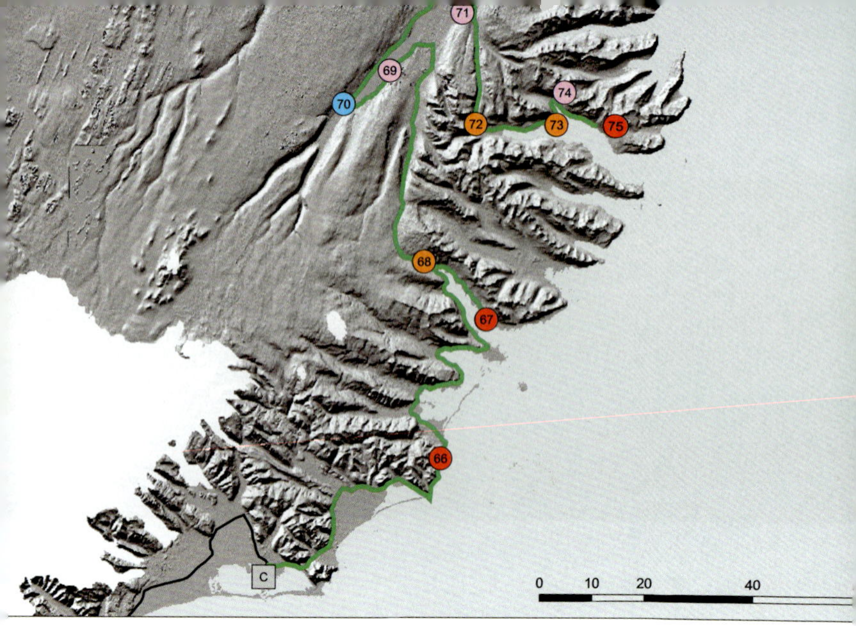

Tour VII – Ostfjorde und Umgebung

Die knapp 260 km lange Tour verläuft zwischen **Höfn [C]** und **Egilsstaðir [D]** in der Region Austurland. Dies entspricht einer reinen Fahrzeit von etwa 3 ½ h. Die Tour ist bis zum Berufjörður asphaltiert, die anschließende 19 km lange Öxi-Höhenstraße 939 ist eine Schotterpiste, verkürzt aber die Fahrt nach **Egilsstaðir [D]** um gut 60 km. Im Winterhalbjahr ist die Passstraße geschlossen. Danach führt wieder eine Asphaltstrecke zum Parkplatz am Hengifoss [70]. Schließlich sind auf der restlichen Tour bis **Egilsstaðir [D]** ebenfalls kleinere Teilstücke nicht asphaltiert. Die Fahrt sollte in **Höfn [C]** vollgetankt gestartet werden, da es auf der gesamten Strecke nur wenige Tankstellen gibt. Als Option gibt es ab **Egilsstaðir [D]** eine Verlängerung von 60 km mit einer guten Stunde Fahrzeit über Reyðarfjörður bis Helgustaðir [75]. Bei diesem Streckenabschnitt ist die Stichstraße nach Helgustaðir [75] nicht asphaltiert.

Abb. 7-1 Die Ringstraße 1 führt nach Höfn zuerst am Rand des Vogelschutzgebiets am Skarðsfjörður entlang. Der Nordwind versucht oft, die Wolken in die Küstenebene hinunterzuschieben. (Fotos: M. Geyer)

Die Tour startet in **Höfn [C]** (Informationen zu der Kleinstadt stehen am Ende der **Route VI** unter Höfn [65]). Die Ringstraße verlässt Höfn in östlicher Richtung (7-1) und verläuft an den Ufern des Skarðsfjörður (Vogelschutzgebiet). Nach wenigen Kilometern kommt ein Straßentunnel, der unter dem Berg Vestrahorn (757 m) hindurchführt. Unmittelbar davor zweigt eine Piste nach Süden zum Leuchtturm Stokksnes ab. Hier ist ein Intrusivkörper aus Gabbro aufgeschlossen, der zu den größten Plutonen Islands zählt (Gasser et al. 2019). Nach dem Straßentunnel verläuft die Route am Rand einer einsamen Küstenebene bis zur etwa 25 km entfernten Brücke über den Gletscherfluss Jökulsá í Lóni. Häufig sind in Ufernähe Höckerschwäne anzutreffen. Die Ringstraße bleibt zunächst noch in der Küstenebene, führt danach ein kurzes Stück am Lónsfjörður entlang und danach dicht an der Küste um den Berg Eystrahorn (756 m) herum. An den übersteilten Flanken der Berge haben sich mächtige Schuttfächer ausgebildet, die im folgenden Streckenabschnitt immer wieder aufwändige Sicherungsmaßnahmen erforderlich machen. Auch der Berg Eystrahorn besteht zum Teil aus Gabbro und gilt daher ebenfalls als der Rest eines Intrusionskörpers (Gasser et al. 2019). An der Landspitze befindet sich der Leuchtturm Hvalnes (7-2) und eine Zufahrtsmöglichkeit zum gleichnamigen Vogelschutzgebiet. Je nach Wasserstand können auf der Landzunge kilometerlange Wanderungen unternommen werden.

Abb. 7-2 Der Leuchtturm Hvalnes am Fuß des Eystrahorn (756 m) ist nur wenige 100 m von der Ringstraße entfernt. (Foto: M. Geyer)

Im weiteren Verlauf der Ringstraße an der Steilküste bieten sich immer wieder Ausblicke auf tief unten liegende Strände. Im Landschaftsschutzgebiet Lækjavík [66] sind auch kleine Parkbuchten vorhanden. Von dort aus lassen sich oft große Ansammlungen von Höckerschwänen oder Enten auf den Stränden beobachten (7-3). Einige Kilometer weiter sind nahe der Brücke über den Fluss Þvottá magmatische Gänge aufgeschlossen, die wegen ihrer Härte pfeilerartige Mauern bilden. Danach ist eine lange Nehrung (Starmýrarfjörur) zu sehen, die den Álftafjörður weitgehend abriegelt. Auf der Weiterfahrt führt die Tour ziemlich dicht am Ufer vorbei, welches im Sommer großflächig mit blühendem Wollgras bestanden ist (7-4). Die Ringstraße umfährt die nächste Bucht (Hamarsfjörður) und erreicht die Abzweigung der Straße 98 nach Djúpivogur – mit knapp 500 Einwohnern die größte Siedlung zwischen Höfn und Egilsstaðir. Die Verleihung von Handelsrechten an die Hanse im Jahr 1589 führte zu einem wirtschaftlichen Aufschwung, der aber durch Piratenüberfälle im Jahr 1627 ein jähes Ende nahm. Ähnliche Vorkommnisse gab es im selben Jahr in Grindavík (**Tour III**) und auf den Westmänner-Inseln (**Tour V**). Im späten Mittel-

Abb. 7-3 Die Ringstraße 1 erreicht bei Lækjavík einen besonders ausgesetzten Abschnitt an der Steilküste. Links: Der Ausblick auf die Brandung des Nordatlantiks sowie schwarze Strände auf denen sich oft große Ansammlungen von Höckerschwänen aufhalten – hier aber leider nur als helle Punkte erkennbar. (Foto: M. Geyer)

Abb. 7-4 Entlang des Álftafjörður gibt es ausgedehnte Flächen, die mit Wollgras bewachsen sind. (Foto: M. Geyer)

Abb. 7-5 Im Berufjörður sind große Fischfarmen. Im Hintergrund ist auf der gegenüberliegenden Uferseite das Schichteinfallen nach Westen gut zu sehen. (Foto: M. Geyer)

alter war der Handel in dänischen Händen. Der Ort lebt heute vom Fischfang und Tourismus. Außerdem bietet sich die Möglichkeit, ein kleines, privates Gesteins- und Mineralienmuseum zu besichtigen.

Auf der Weiterfahrt entlang des Westufers des Berufjörður rückt eine große Fischfarm ins Blickfeld (7-5). Es folgen kurze, nicht asphaltierte Abschnitte (Stand: Sommer 2019) und an der Abzweigung der Öxi-Höhenstraße 939 geht es zunächst noch ein paar Kilometer auf der Ringstraße weiter in Richtung Breiðdalsvík (7-6) bis zu einem

Abb. 7-6 Nach der Abzweigung der Öxi-Höhenstraße geht es zunächst noch etwas weiter in Richtung Breiðdalsvík. Man kann bei klarer Sicht den Fjord nahezu ganz überblicken. (Foto: M. Geyer)

Abb. 7-7 Der Strandaufschluss mit grünlichem Ignimbrit bei Blábjörg (Gautavík), etwa 2 km nordwestlich von Berunes. Im Hintergrund der Búlandstindur (1069 m). (Foto: M. Geyer)

kleinen Parkplatz rechts (Strommast). Ein neu angelegter Weg führt an den Strand hinunter zum seit 2012 bestehenden Naturschutzgebiet **Blábjörg [67]** (auch als Gautavík bekannt). Die isländische Bezeichnung bedeutet so viel wie „Blauberg" – allerdings ist die Felswand eher grün. Nach all den Basalten ist dieser Halt für geologisch Interessierte eine willkommene Abwechslung. Bei dem grünlichen Gestein handelt es sich um einen Ignimbrit (7-7). Dies ist die Bezeichnung für ein bei explosionsartigen Eruptionen entstandenes pyroklastisches Gestein (7-8). Die magmatischen Auswurfprodukte, wie (an)geschmolzene Gesteinsbruchstücke, Lavafetzen und Asche, bewegen sich mit großer Geschwindigkeit fort. Solche pyroklastischen Ströme werden auch als Glutwolken bezeichnet. Sie führen in der Regel zu großen Zerstörungen, wie dies z. B. 79 n. Chr. in Herculaneum durch einen Glutwolken-Ausbruch des Vesuvs geschah. Auch beim Ausbruch des Laacher-See-Vulkans in der Eifel vor 11'000 Jahren gab es derartige pyroklastische Ströme. Das Ignimbrit-Vorkommen von **Blábjörg [67]** ist nicht das einzige in Island, aber das Bekannteste. Ein dem Ufer vorgelagerter Basaltgang hat der Erosion widerstanden und ragt nun als Pfeiler aus dem flachen Wasser heraus (9-9). Bitte achten Sie trotz aller Begeisterung auf lose Steine, wenn sie sich dicht an der Felswand aufhalten.

Abb. 7-8 Detailaufnahmen der Ignimbrite von Blábjörg (Fotos: M. Geyer, rechts: M. Vetter)

Abb. 7-9 Dem Blábjörg vorgelagert ist ein harter Basaltgang. (Fotos: M. Geyer)

Nach diesem geologischen Abstecher führt die Route zurück zur Abzweigung der kurvenreichen und abschnittsweise steilen Öxi-Höhenstraße [68] (7-10) mit zahlreichen Aussichtspunkten (7-11). Bitte achten Sie auf Gegenverkehr: An manchen Stellen ist die Straße eng und gegenseitige Rücksichtnahme selbstverständlich. Dem Erbauer Hjálmar Guðmundsson wurde an der Öxi-Höhenstraße [68] ein Denkmal gesetzt (7-12). Weiträumige Hochebenen, über die auch im Sommer ein eiskalter Wind pfeifen kann, wechseln sich mit tiefen Bacheinschnitten ab (7-13). Die Öxi-Höhenstraße [68] endet nach 17 kurvenreichen Kilometern an der Einmündung zur Straße 95. Damit beginnt wieder ein asphaltiertes Teilstück der Route. Die Straße in Richtung **Egilsstaðir [D]**

Abb. 7-10 Die Öxi-Höhenstraße gehört wegen ihrer vielen Aussichtspunkte sicher zu den Höhepunkten dieser Tour. (Foto: M. Geyer)

Abb. 7-11 Rückblick von der Öxi-Höhenstraße auf den Berufjörður (Foto: M. Geyer)

Abb. 7-12 Parkplatz mit Denkmal für Hjálmar Guðmundsson, den Erbauer der Öxi-Höhenstraße (Foto: M. Geyer)

Abb. 7-13 Harte Basalte zwingen diesen Nebenfluss der Axará zu einer Kehrtwendung. (Foto: M. Geyer)

führt durch eines der Gebiete Ostislands, in dem durch die Aufforstung wieder erste Wälder entstanden (Hallormsstaðaskógur).

Nach einigen Kilometern im Tal der Grímsá kommt die Abzweigung zur Straße 931 zum Lagarfljót [69] (7-14), einem langgestreckten Süßwassersee von bis zu 112 m Tiefe, um den sich allerlei Sagen ranken. So soll hier ein großes, schlangenartiges Seemonster (Lagarfljótsormurinn) sein Unwesen treiben und auch für die Flutwellen verantwortlich sein, die im 16. und 17. Jahrhundert mehrfach die Uferbereiche verwüsteten. Sehr wahrscheinlich gibt es aber natürliche Erklärungen wie durch Eisstau ausgelöste Flutwellen oder aufsteigende

Abb. 7-14 Vom Parkplatz Hafursá führt ein kurzer Weg durch ein Birkenwäldchen an das Ufer des Lagarfljót (Infotafel und Picknickplatz). (Fotos: M. Geyer)

Gase. Für das biologische Gleichgewicht des Sees von wesentlich größerer Bedeutung ist jedoch der 2006 fertiggestellte Kárahnjúkar-Damm, der zur Energieversorgung der Aluminiumhütte in Reyðarfjörður errichtet wurde. Das am Ende des 53 km langen Tunnels bei einem Höhenunterschied von 600 m (!) errichtete Kraftwerk hat eine Leistung von 690 MW und ist damit eines der größten Wasserkraftwerke in Europa. Als Teil des Projekts wurde der Abfluss des Kraftwerks in die Jökulsá í Fljótsdal umgeleitet (Gasser et al. 2019). Dieser aus dem Vatnajökull gespeiste Gletscherfluss ist der wichtigste Zufluss des Lagarfljót [69]. Dadurch erhöhte sich infolge des zunehmend raschen Abschmelzens des Vatnajökull der Sedimenteintrag im Lagarfljót [69], was zu einer geringeren Photosynthese-Tätigkeit führte. In der Folge kam es zu einem großen Fischsterben im Lagarfljót [69], sodass der See heute als nahezu tot angesehen werden muss.

Nach der Querung der Brücke über den See ist der nächste Halt der Parkplatz mit Zugang zum Wasserfall Hengifoss [70]. Der Weg beginnt mit einigen Holztreppen und führt danach mit leichtem Anstieg durch Weideland (bitte schließen Sie die Gatter). Nach gut 1 km und knapp 30-minütiger Wanderung kommt ein Aussichtspunkt mit Blick auf den Litlanesfoss (Stuðlabergsfoss) mit einer Fallhöhe von ca. 30 m. Hier sind sehr schöne, bis zu 20 m lange Basaltsäulen entwickelt (7-15). Der Hengifoss [70] ist der letzte in einer Reihe von Wasserfällen und nach einer weiteren guten halben Stunde erreichbar. Mit einer Fall-

Abb. 7-15 Der Litlanesfoss mit einer Fallhöhe von knapp 30 m ist für seine ausgewöhnlich schönen Basaltsäulen bekannt. (Foto: M. Geyer)

höhe von 128 m ist er der vierthöchste Wasserfall Islands (7-16). Er wird vom Hengifoss gespeist, der unterhalb vom Litlanesfoss in den Lagarfljót [69] mündet. Bereits aus einiger Entfernung sind in der Nähe einer Informationstafel durch Eisenoxid rot gefärbte Lagen

Abb. 7-16 Der Hengifoss (Fallhöhe 2128 m) ist der vierthöchste Wasserfall von Island. (Foto: M. Geyer)

Abb. 7-17 Von oben betrachtet ist der Hengifoss noch spektakulärer! (Foto: N. Gies)

erkennbar, die aus Ton bestehen und auch Braunkohlelagen enthalten können. Diese enthalten Pflanzenfossilien, die auf deutlich wärmeres Klima zur Ablagerungszeit hinweisen (Gasser et al. 2019). Von oben betrachtet ist der Hengifoss allerdings noch einmal wesentlich eindrucksvoller (7-17). Der Wanderweg zum Hengifoss [70] verläuft stellenweise ohne Sicherung dicht an der Geländekante zur Schlucht. Bitte bleiben Sie insbesondere bei Nebel auf dem Hauptweg! Bei hohem Wasserstand ist die Querung des Flusses kurz vor dem Hengifoss nicht ohne Risiko. Abgesehen von den Ausblicken auf den Lagarfljót [69] und den Wald Hallormsstaðaskógur ist die glaziale Überprägung der Landschaft auch an Gletscherschliffen und den Moränen oberhalb des Litlanesfoss gut nachvollziehbar (7-18).

Abb. 7-18 Gletscherschliffe entlang des Wanderweges zum Hengifoss. (Foto: M. Geyer)

Vom Parkplatz geht es über die Straße 931 (z. T. nicht asphaltiert) zunächst nach Fellabær, das bereits wieder an der Ringstraße liegt. Von dort aus sind es nur wenige Kilometer auf der Ringstraße nach Süden bis Egilsstaðir [71]. Die Kleinstadt mit 2500 Einwohnern ist die größte Siedlung in Ostisland. In Egilsstaðir [71] gibt es diverse Übernachtungsmöglichkeiten (Zeltplatz, Gästehäuser und Hotels), Arzt und Apotheke, Post und Bank sowie selbstverständlich ein Schwimmbad. Auch Tankstellen und Autowerkstätten sind vorhanden; der Flughafen liegt an der Ringstraße zwischen Egilsstaðir [71] und Fellabær. Das Ostisländische Kulturerbe Museum befindet sich in der Laufskógar 1. Neben dem Museum befindet sich außerdem eine kleine Parkanlage mit einem kleinen Teich und Sitzgelegenheiten. Auf dem Rundhöcker vor dem Museum sind deutliche Gletscherschliffe erkennbar (7-19). Egilsstaðir [71] ist erster Anlaufpunkt vieler Fährtouristen, denn die Autofähre aus Dänemark legt im 30 km weiter östlich gelegenen Seyðisfjörður an.

Wer sich für die Verlängerung der Tour bis Helgustaðir entscheidet, verlässt Egilsstaðir [71] auf der Ringstraße 1 in Richtung Reyðarfjörður. Ab dem Ortsende folgt die Straße dem Fluss Eyvindará talaufwärts. Bald zweigt die Straße 953 in das Fjarðardalur und zum Mjóifjörður ab (Straße ohne Fortsetzung, aber schöne Wandermöglichkeiten am Fjarðarströnd). Danach steigt die Straße weiter entlang der Fagradalsá an. Nach der Querung des deutlich glazial geprägten Hochtals mit dem fast unmerklichen Sattel des Fjarðarheiði Pass (620 m) kommt im Verlauf der Abfahrt nach Reyðarfjörður der Aussichtspunkt Fagridalur [72] mit schönem Rundblick auf zahlreiche Moränenwälle. Kurz vor Reyðarfjörður biegt die

Abb. 7-19 Rundhöcker mit Gletscherschliff vor dem Ostisländischen Kulturerbe Museum in Egilsstaðir (Foto: M. Geyer)

Abb. 7-20 Das Aluminiumwerk Fjarðaál östlich von Reyðarfjörður an der Straße 92 (Foto: M. Geyer)

Ringstraße nach Süden ab; diese Tour verbleibt auf Straße 92 (Norðfjarðarvegur). Reyðarfjörður ist ein kleines Hafenstädtchen am gleichnamigen Fjord. Hier sind die notwendigsten Einkaufsmöglichkeiten, Post, Bank und ein Schwimmbad vorhanden. Am Ostrand von Reyðarfjörður liegt das Aluminiumwerk Fjarðaál (7-20). Es ist eine sehr groß dimensionierte Industrieanlage; die Produktionshallen sind ca. 1,1 km lang. Seit der Eröffnung 2007 sind hier ca. 400 Arbeitsplätze entstanden, was die Abwanderung aus den Ostfjorden zunächst einmal verlangsamte.

An der Landspitze beim Parkplatz Hólmanes [73] ist ein weiterer Aussichtspunkt mit Blick auf Eskifjörður (7-21). Am Ortseingang zweigt die neue Straße 92 nach Neskaupstaður ab. Diese Straße besteht erst seit der Fertigstellung des neuen Tunnels Norðfjarðargöng

Abb. 7-21 Aussichtspunkt Hólmanes mit Blick auf das Städtchen Eskifjörður am gleichnamigen Fjord, der ein kleiner Nebenarm des Reyðarfjörður ist. (Foto: M. Geyer)

Abb. 7-22 Die ehemalige Walfangstation Svínaskálastekkur am östlichen Ortsrand von Eskifjörður (Foto: M. Geyer)

im Jahr 2017 und ermöglicht eine wintersichere Anbindung von Neskaupstaður.

Eskifjörður ist ein kleiner Fischerort (knapp 1000 Einwohner) mit Grundversorgung, Schule und Schwimmbad. Am Ortsausgang von Eskifjörður ist die Straße 954 (Helgustaðavegur) noch bis zur ehemaligen Walfangstation **Svínaskálastekkur [74]** asphaltiert. Eine Infotafel und einige Gerätschaften geben Auskunft (7-22). Die Piste geht an der Landspitze Miðeyrarviti vorbei (7-23) und führt schließlich nach einigen Kilometern zum Parkplatz mit Infotafel unterhalb des

Abb. 7-23 Bunte Holzhütten südöstlich von Eskifjörður, die als Ferienhäuser zu mieten sind. (Foto: M. Geyer)

Abb. 7-24 Fußweg vom Parkplatz hinauf zum ehemaligen Calcitbergwerk Helgustaðir, mit Ausblick über den Eskifjörður auf den Hólmatindur (985 m). (Foto: M. Geyer)

Abb. 7-25 Eingang zum ehemaligen Calcitbergwerk Helgustaðir (Foto: M. Geyer)

ehemaligen Calcitbergwerks bei Helgustaðir [75] (Es ist nicht der kleine Parkplatz 500 m westlich an dem Wasserlauf mit Wanderschild "Helgustaðir"!). Von dort führt ein kurzer Fußweg am Nordhang hinauf (7-24).

Abb. 7-26 Calcitfunde in der Halde vor dem ehemaligen Bergwerk Helgustaðir. Bitte nehmen Sie keine Mineralien mit! Es besteht absolutes Sammelverbot. (Foto: M. Geyer)

Die Bergbauspuren sind unübersehbar (7-25). Bitte beachten Sie, dass das Begehen der Bergwerksanlagen und das Sammeln von Mineralien hier strikt verboten sind. Doch auch auf den Halden vor dem Bergwerkseingang können Sie schöne Calcite ansehen (7-26). Zwischen 1668 und 1925 wurde hier der berühmte isländische Doppelspat abgebaut. Seine Reinheit galt in dieser Zeit als unübertroffen und er diente wegen seiner Doppelbrechung für vielerlei optische naturwissenschaftliche Instrumente (Gasser et al. 2019). Ab 1925 führte der Abbau optischer Calcite in leichter zugänglichen Gebieten zu einer Aufgabe der Bergbauaktivitäten (Kristjansson 2002). 1999 gab die Isländische Post eine Sonderbriefmarke heraus (7-27).

Die Rückfahrt nach **Egilsstaðir [D]** erfolgt auf derselben Route wie die Hinfahrt.

Abb. 7-27 Sonderbriefmarke der Isländischen Post von 1999. Das Motiv ist ein Calcit von Helgustaðir. (Quelle. http://old.ni.is/jardfraedi/Steindir/Steindafrimerki/index.html)

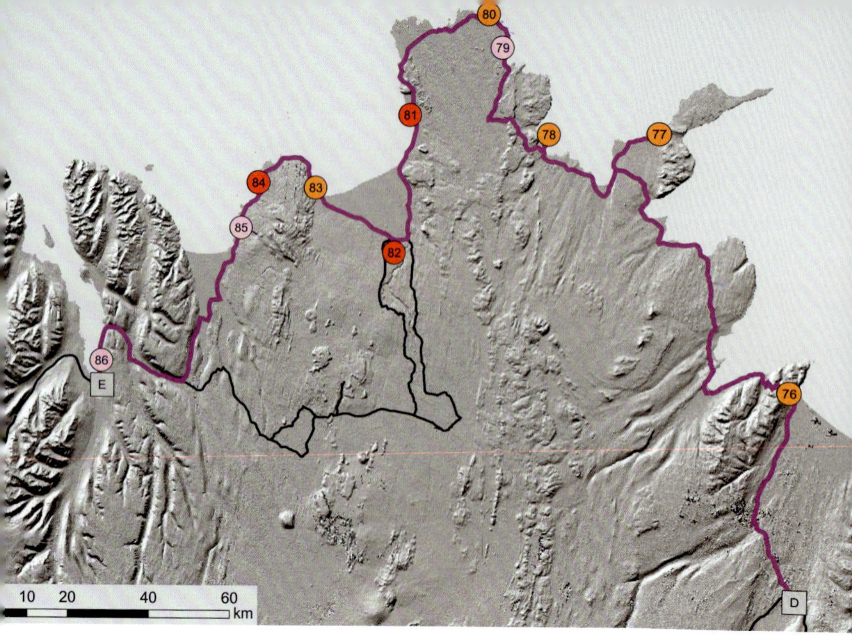

Tour VIII – Nordisland (Nordosten)

Die Tour hat eine Länge von 410 km und führt von **Egilsstaðir [D]** über die Nordostküste nach **Akureyri [E]**. Dort besteht Anschluss an **Tour IX** und **Tour X**. Das Gebiet gehört zu den besonders einsamen Regionen in Island. Die Straßen 917 (Hlíðarvegur) und 85 (Norðausturvegur) sind abschnittsweise nicht asphaltiert. Bei schlechtem Wetter kosten diese Abschnitte Zeit. Es ist auf jeden Fall empfehlenswert, **Egilsstaðir [D]** voll betankt zu verlassen. Die reine Fahrtzeit für diese Strecke beträgt etwa 6 ½ h. Wem das zu lange ist oder wer sich unterwegs Zeit für Besichtigungen nehmen will, dem sei eine Übernachtung in Þórshöfn oder Kópasker an der Nordküste empfohlen. In beiden Orten gibt es unterschiedliche Unterkünfte (Hotels, Gästehäuser, Jugendherbergen und Zeltplätze) und auch die Grundversorgung ist dort gesichert. Verwaltungsmäßig gehört das Gebiet bis kurz vor Þórshöfn zur Region Austurland. Danach verbleibt die Route in der Region Norðurland eystra.

Abb. 8-1 Ausblick von der Straße 917 auf den Héraðssandur (Foto: M. Geyer)

Die Strecke von **Egilsstaðir [D]** nach **Akureyri [E]** kann wesentlich schneller auf der durchgängig asphaltierten Ringstraße gefahren werden (270 km / 3 ½ h). Allerdings führt diese Variante über weite Strecken durch relativ monotone Hochebenen.

Die Tour startet in **Egilsstaðir [D]** auf der Ringstraße, führt am Flughafen vorbei und quert den Lagarfljót auf einer Brücke und dann die Ortschaft Fellabær. Etwa 20 km später kommt die Abzweigung der Straße 917 (Hlíðarvegur) – unmittelbar nach der 1994 erbauten Brücke über den Fluss Jökulsá á Brú (auch: Jökla). Die Straße führt ziemlich gerade in nordöstlicher Richtung und bleibt dabei immer auf dem Westufer des Jökulsa á Brú. Eine Abzweigung (Piste 921) führt an den Mündungsbereich des Jökulsa á Brú. Die Route verläuft danach mehr am Westrand der Sanderfläche. Dann beginnt mit anfangs langgezogenen Kurven nahe des verlassenen Gehöfts Landsendi der Anstieg zur Hochfläche Hellisheiði. Die Steigungen betragen bis zu 15%, jedoch wird die Aussicht auf den Héraðssandur [76] und die Mündung des Jökulsá á Brú bei entsprechendem Wetter mit jeder Kurve besser (8-1).

Allmählich schraubt sich die Straße zum höchsten Gebirgspass von Island hinauf (655 m). Immer wieder gibt es Aussichtspunkte zum Héraðssandur [76]. Vom höchsten Punkt der Straße zwischen dem Heiðarskarð (690 m) im Süden und dem Heiðarhnjúkur (702 m) im Norden geht es genauso steil wieder hinunter. Die umgebenden Rhyolithberge setzen eindrucksvolle rote Farbakzente in die Landschaft. Nach der Querung des Flusses Dalsá öffnet sich der Blick auf die Bucht Vopnafjörður. Am Strand Skjólfjörur ragen Erosionsreste vulkanischer Gänge aus dem Wasser. Eine dieser Felsrippen wird von den Einheimischen liebevoll als Fíllinn (deutsch: Elefant) bezeichnet (8-2).

Abb. 8-2 Der Elefantenfels (Fíllinn) am Strand von Skjólfjörur östlich von Vopnafjörður (Fotos: I. Waller)

Von hier aus ist auch auf der anderen Seite der Bucht der namensgebende Ort Vopnafjörður zu sehen. Die kleine Siedlung mit knapp 700 Einwohnern liegt auf einer langgezogenen Landzunge. Im 15. Jahrhundert kontrollierte die Hanse den Handel, danach hatten dänische Kaufleute vom 16. Jahrhundert bis in das 19. Jahrhundert das Sagen. Hier war im 19. Jahrhundert der bedeutendste Hafen für Auswanderer nach dem verheerenden Ausbruch des Vulkans Askja im Jahr 1875 (8-3). Trotz der Abgeschiedenheit ist Vopnafjörður auch heute

Abb. 8-3 Das Auswanderer-Museum in Vopnafjörður (Foto: R. H. Ragnarsdóttir)

noch der wichtigste Fischereihafen in Nordostisland. Etwas südlich des Ortes liegt der Torfhof Bustarfell an der Straße 85 (Norðausturvegur).

Die Route führt in nördlicher Richtung aus dem Ort und auf einer Brücke über eine Strandlagune (Nýpslón). Nach wenigen Kilometern auf der Straße 85 zweigt eine Straße (ohne Nummer) zu einem Schwimmbad im Selárdalur ab (8-4). Anschließend führt die Straße 85 durch die einsame Hochebene Sandvíkurheiði an den Treibholzstrand des Finnafjörður (8-5). Im April 2019 wurde ein Vertrag zur Errichtung

Abb. 8-4 Das Schwimmbad Selárdalslaug nordwestlich von Vopnafjörður am Ufer des Flusses Selá (Foto: M. Geyer)

Abb. 8-5 Am Treibholzstrand des Finnafjörður. Nach bestehenden Plänen könnte hier bald ein großer Containerhafen errichtet werden. (Foto: M. Geyer)

Abb. 8-6 Auf der Zielgeraden nach Þórshöfn mit Ausblick auf den Þistilfjörður (703 m), der aus der niedrigen Wolkendecke herausragt. (Foto: M. Geyer)

eines riesigen Containerumschlaghafens im Hinblick auf die zukünftige Nutzung der Nordostpassage unterzeichnet. Das Projekt wird von der isländischen Regierung und der Bremer Hafengesellschaft (Bremenports) getragen.

Danach verlässt die Straße 85 noch einmal die Küste und quert die Hochfläche Brekknaheiði, bevor sie in einer langgezogenen Gefällstrecke mit Ausblick auf den Þistilfjörður und den Svalbarðsnúpur (703 m) nach Þórshöfn hinunterführt (8-6).

Der kleine Ort Þórshöfn hat knapp 400 Einwohner und liegt an der Nordküste der Halbinsel Langanes. Der Ort bietet verschiedene Einkaufsmöglichkeiten, ein Schwimmbad, verschiedene Übernachtungsmöglichkeiten, eine Tankstelle und natürlich einen kleinen Fischereihafen (8-7).

Abb. 8-7 Hafen und Kirche von Þórshöfn am Þistilfjörður (Fotos: M. Geyer)

Abb. 8-8 Die Treibholzküste an der Nordküste der Halbinsel Langanes (Fotos: M. Geyer)

Vor der Weiterfahrt ist ein Abstecher auf die Halbinsel Langanes [77] sehr empfehlenswert. Die Straße 869 (Langanesvegur) führt am Schwimmbad vorbei aus dem Ort hinaus. Nach dem Flugplatz wird die Straße zur Piste; sie führt an einem Flugzeugwrack und an der Kirche von Sauðanes vorbei. Hier beginnt die längste Treibholzküste Islands (8-8). Meistens werden Waldkiefern angeschwemmt, die ursprünglich in Sibirien gefällt und nach einer mehrjährigen Reise hier angeschwemmt wurden (Hellmann et al. 2015). Die Piste führt über 45 km fast bis an die Spitze der entenschnabelartig in den Nordatlantik hinausragenden Halbinsel Langanes [77]. Der unter Ornithologen bekannte Vogelfelsen Skoruvíkurbjarg mit der größten Tölpelkolonie Islands (Beobachtungsplattform Stóri-Karl) liegt ebenfalls an der Strecke (8-9). Die letzten 7 km zum Leuchtturm Langanesviti am Kap Fontur (Briefmarkenmotiv 2011) müssen allerdings zu Fuß zurückgelegt

Abb. 8-9 Blick von der neuen Aussichtsplattform Stóri-Karl auf die Vogelfelsen an der Ostküste der Halbinsel Langanes (Foto: I. Waller)

werden. Die Piste endet bei dem verlassenen Fischerdorf Skálar an der Südküste der Halbinsel Langanes [77]. Bedenken Sie bitte bei Ihrer Planung, dass die Halbinsel östlich von Sauðanes bis auf einen Bauernhof (Ytra-Lón) unbesiedelt ist und es hier natürlich auch keine Tankstelle gibt. Die Nutzung des Mobilfunknetzes ist ebenfalls nicht möglich (Stand Sommer 2019). Auch wer bei sonnigem Wetter am Strand entlangfährt oder -wandert, kann sich die Wucht der Stürme auf den Halbinsel Langanes [77] gut vorstellen: Die Piste ist fast immer einige 10er Meter vom Nordatlantik entfernt und der Strandwall meist auch mehr als 1 m hoch. Dennoch finden sich oft ganze Baumstämme auf der vom Meer abgewandten Seite der Piste (!). Wer Einsamkeit und Ruhe sucht, der findet dies auf der Langanes [77] (8-10).

Von Þórshöfn geht es über die Straße 85 dem Küstenverlauf nach Westen folgend bis zur Abzweigung auf die Halbinsel Rauðanes [78]. Die fast ausschließlich mit Krähenbeeren bewachsene Halbinsel lässt sich am besten ab dem Parkplatz auf einem etwa 2h dauernden Rundweg erkunden. Dabei gibt es neben Naturbrücken (8-11) an der Steilküste auch immer wieder gute Möglichkeiten zur Vogelbeobachtung. Bitte bleiben sie auf den Wegen, damit Sie keine Bodenbrüter gefährden.

Abb. 8-10 Das aufgelassene Gehöft Heiði im Abendnebel der Halbinsel Langanes (Foto: M. Geyer)

Für die Weiterfahrt bleibt die Route noch einige Kilometer auf der Straße 85 (Norðausturvegur). An der Abzweigung der Straße 874 führt die Route in Richtung Raufarhöfn [79]. Wer die Fahrt nach Kópasker [81] abkürzen möchte, verbleibt auf der Straße 85.

Abb. 8-11 Eine besonders schöne Naturbrücke an der Nordspitze der Halbinsel Rauðanes (Foto: M. Geyer)

Kurz vor Raufarhöfn [79] erreicht die Straße wieder die Küste an der Bucht Hólsvík. Bis zu Beginn der 1960er Jahre war Raufarhöfn [79] einer der wichtigsten Fischereihäfen von Island. Allerdings blieben die Heringsschwärme danach zunehmend aus und der wirtschaftliche

Abb. 8-12 Der kleine Hafen und der weithin sichtbare Leuchtturm von Raufarhöfn an einem der seltenen Sonnentage (Fotos: M. Geyer)

Niedergang war nicht aufzuhalten. Damit einher ging eine starke Landflucht: lebten Anfang der 1980er Jahr noch etwa 500 Einwohner hier, so waren es 2018 nur noch etwas über 150. Heute geht es im Hafen eher beschaulich zu; der Leuchtturm ist eine von Weitem sichtbare Landmarke (8-12). Etwas außerhalb von **Raufarhöfn [79]** wurde 1996 mit der Errichtung eines Steinkreises in Anlehnung an die nordische Mythologie begonnen. Mittlerweile besteht der Arctic Henge (isländisch: Heimskautsgerðið) aus 72 Stelen mit 4 Eingangstoren, die den Jahreszeiten entsprechen (8-13).

Abb. 8-13 Der Steinkreis „Arctic Henge" auf einer Anhöhe bei Raufarhöfn (Foto: M. Geyer)

Danach führt die Straße 870 (Sléttuvegur) wenige Kilometer nach Norden. Bei den Strandlagunen Hraunhafnarvarn zweigt ein Weg zum Leuchtturm Hraunhafnartangi [80] (deutsch: Lavahafenlandspitze, 8-14). Die Wegstrecke beträgt etwa 2 km. Wegen des Zustandes der Piste wird dringend vor dem Befahren mit dem Auto gewarnt. Die Landspitze beim Leuchtturm Hraunhafnartangi [80] galt

Abb. 8-14 Der Leuchtturm Hraunhafnartangi an der Nordspitze Islands (Fotos: M. Geyer)

bis 2016 als die Nordspitze von Island (66°32´9.6˝N, 16°1´31.08˝W). Die westlich gelegene Landspitze Rifstangi liegt jedoch nach neuesten Messungen der Isländischen Landvermessung (Landmælingar Íslands) um 68 m nördlicher. Der Polarkreis wird also nur knapp verfehlt.

Ab jetzt verläuft die Route wieder nach Süden! Die Straße 870 führt an der Nordküste der Halbinsel Melrakkaslétta entlang und erreicht nach etwas mehr als 40 km den kleinen Ort **Kópasker [81]**. Als Farbtupfer in der Landschaft sind hier einige lebensgroße Vogelscheuchen in den Feldern aufgestellt. Hier leben etwas mehr als 100 Einwohner und es gibt Einkaufs- und verschiedene Übernachtungsmöglichkeiten (Hotels, Gästehäuser, eine Jugendherberge und ein Zeltplatz). Die Kirche liegt etwas außerhalb des Ortes (8-15). Als Folge des schweren Erdbebens vom 14. Januar 1976 wurde in der Grundschule ein lohnenswertes Erdbebenmuseum mit Erdbebensimulator

Abb. 8-15 Die Kirche von Kópasker (Snartarstaðakirkja) (Foto: M. Geyer)

Abb. 8-16 Das Erdbebenmuseum von Kópasker (Foto: M. Geyer)

eingerichtet (8-16). Etwas außerhalb von Kópasker 81 führt ein „Erdbeben-Rundweg" vom Zeltplatz zunächst am Meer entlang (Röndin) und dann über die Straße bis zum Gehöft Brekka. Die Fortsetzung verläuft am Kraftwerk Rarik vorbei zum Graben von Kópasker, einer aktiven Bruchzone, die sich von der Halbinsel Melrakkaslétta nach Süden bis in das Krafla/Mývatn-Gebiet und möglicherweise sogar bis zur Askja erstreckt (**Tour IX**: **Krafla [94]**).

Danach geht es wieder auf der Straße 85 (Norðausturvegur) weiter. Einsame, schwarze Basaltsandstrände säumen die Straße entlang des Öxarfjörður (8-17), die im weiteren Verlauf nach Süden abbiegt und nach einigen Kilometern auf die Einmündung der Piste 864

Abb. 8-17 Schwarze Strände an der Küste südlich von Kópasker (Foto: M. Geyer)

Abb. 8-18 Impressionen aus dem Ásbyrgi Canyon (Fotos: I. Waller)

(Hólsvallavegur) trifft, welche zum Wasserfall Dettifoss [95] führt (**Tour IX**). Gleich im Anschluss quert eine schmale Brücke den Gletscherfluss Jökulsá á Fjöllum. Knapp 2 km später biegt die Stichstraße 861 zum Hufeisencanyon Ásbyrgi [82] ab.

Diese im Sommer vielbesuchte, etwa 3,5 km lange Schlucht ist ursprünglich durch den heute weiter östlich fließenden Gletscherfluss Jökulsá á Fjöllum, als Folge von drei Gletscherläufen, entstanden. Die mythologische Deutung sieht in der Form der Schlucht Ásbyrgi [82] einen Hufeisenabdruck von Odins achtbeinigem Pferd Sleipnir. Gleichzeitig soll hier ein wichtiges Elfengebiet sein. Im hinteren Teil der Schlucht konnte sich aufgrund der windgeschützten Lage ein Mischwald entwickeln. Ganz am Ende des Ásbyrgi [82] befindet sich der kleine See Botnstjörn mit Aussichtsplattform und einem höher gelegenen ausgeschilderten Aussichtspunkt. Vom Zeltplatz aus führt ein Weg hinauf zur Felswand (Eyjan), die beide Teile der Schlucht voneinander trennt. Ásbyrgi [82] ist heute der nördlichste Teil des Vatnajökull Nationalparks (8-18).

Bei der Weiterfahrt verläuft die Tour zunächst etwa 1,5 km weiter nach Westen zur Einmündung der Straße 862 (Dettifossvegur). An dieser Kreuzung besteht die Möglichkeit zur Rückkehr nach **Akureyri [E]** über die **Tour IX**.

Die Straße 85 (Norðausturvegur) führt hingegen nach Nordwesten und erreicht schließlich das Ende der Küstenebene. Sie führt in

Abb. 8-19 Vom Parkplatz Hringsbjarg an der Straße 85 reicht der Blick über die Küstenebene zur Mündung des Jökulsá á Fjöllum (im Hintergrund ist die Straßenbrücke zu erkennen). (Foto: M. Geyer)

leichter Steigung an die Ostküste der Halbinsel Tjörnes bis zum Parkplatz Hringsbjarg [83]. Dieser dem Wind ausgesetzte Aussichtspunkt erlaubt einen sehr guten Rundblick über den Öxarfjörður (8-19). Bei klarer Sicht ist **Kópasker [81]** auf der anderen Seite der Bucht zu sehen. Informationstafeln geben Auskunft über die Vogelwelt und die Geologie der tektonischen Bruchzone zwischen Kópasker und dem Krafla/Mývatn-Gebiet. Diese Bruchzone trennt die Nördliche Vulkanzone Islands vom Kolbeinsey-Rücken in der Grönlandsee (**Einleitung** und **Tour IX**: **Krafla [94]**).

Von diesem Parkplatz aus geht die Route an der Nordspitze der Halbinsel Tjörnes vorbei bis zu der Abzweigung nach Tungulending [84]. Die Zufahrt ist nicht sehr deutlich ausgeschildert. Nach der Querung des Wasserlaufs Hallbjarnastaðaá folgen Sie der ersten Abzweigung nach rechts in Richtung Tungulending [84] und fahren Richtung Viehgatter weiter. Bitte schließen Sie das Viehgatter nach der Durchfahrt. Die Schotterpiste (Tjörneshöfn) biegt nach wenigen 100 m nach rechts ab und führt danach steil und ungesichert zum ehemaligen

Hafen Tungulending [84] hinunter; dort wurde 2017 ein Café und Gästehaus eröffnet. Bedenken Sie vor allem bei feuchter Witterung, dass Sie diesen Weg auch wieder heraufkommen müssen. Im Zweifel lassen Sie das Fahrzeug stehen und gehen die 600 m zu Fuß nach unten. Dann sehen Sie auch schon am Weg entlang immer wieder Einschaltungen von hellen Muschellagen in den Sandsteinen (8-20). Es handelt sich um eine der bekanntesten Fossilfundstellen in Island (Schwarzbach 1983, Símonarson, & Eiríksson 2008) (8-21). Auch Holzreste sind von hier beschrieben worden (Lorenz et al. 2010). Als Fossilfundstelle Tungulending [84] werden die auf der Südseite des Baches Hallbjarnastaðaá gelegenen Aufschlüsse bezeichnet (8-22). Die Fossilfunde

Abb. 8-20 Ein steiler Schotterweg führt hinunter zur Fossilfundstelle Tungulending bei Ytri-Tunga. Doch auch entlang des Weges sieht man bereits die hellen Muschellagen in die Sandsteine eingebettet. (Fotos: M. Geyer)

Abb. 8-21 Manche Lagen in Ytri-Tunga sind voll von Muscheln. (Fotos: M. Geyer)

Abb. 8-22 Gesamtansicht der Fossilfundstelle Tungulending bei Ytri-Tunga am Prallhang des Hallbjarnarstaðaá (Foto: N. Gies)

erlaubten eine Alterseinstufung in das Pliozän (etwa 3 Millionen Jahre). An den Stränden südlich von Tungulending [84] lässt sich nicht nur das schon bekannte Treibholz als Strandgut finden. Hier werden gelegentlich auch Gerölle von metamorphen Gesteinen angespült, die eindeutig von Grönland stammen.

Die Tour führt weiter auf der Straße 85 nach Süden. Nördlich von Húsavík [85] (deutsch: Häuserbucht) entsteht ein neues Industriegebiet, dessen Herzstück eine Kiesgurfabrik ist. Um die Durchgangsstraße nicht mit LKW-Verkehr zu belasten, wurde eigens ein fast 1 km langer Tunnel direkt zu den Verladeeinrichtungen am Hafen gebaut.

Die Kleinstadt Húsavík [85] hat knapp 2200 Einwohner und ist damit die größte Siedlung an der isländischen Nordküste. Die Einwohner leben vom Fischfang und der Fischverarbeitung, von der Kieselgurverarbeitung sowie in zunehmendem Maß auch vom Tourismus. In Húsavík [85] gibt es ein empfehlenswertes Walmuseum, ferner ein Stadtmuseum und ein Museum über Forschungen und Entdeckungen. Der Hafen von Húsavík [85] (8-23) ist bekannt als Startpunkt zahlreicher Vogel- und Walbeobachtungsfahrten sowie für Schiffsausflüge zur

Abb. 8-23 Der kleine betriebsame Hafen von Húsavík (Foto: M Geyer)

Insel Grímsey, durch die der Nördliche Polarkreis verläuft. In Húsavík [85] sind alle Einkaufs- und Übernachtungsmöglichkeiten von Hotels bis zu Zeltplätzen vorhanden; die schmucke Landkirche steht direkt an der Durchgangsstraße (8-24).

Abb. 8-24 Die Kirche von Húsavík wurde 1902 aus norwegischem Holz erbaut. (Foto: M. Geyer)

Von Húsavík [85] führt die Straße 85 zunächst einige Kilometer nach Süden, bevor sie scharf rechts abbiegt. Nach etwas mehr als 10 km kommt noch einmal eine Kreuzung, an der die Straße 85 rechts abbiegt. Danach geht es noch weitere 25 km durch eine teilweise intensiv genutzte Weide- und Ackerlandschaft bis zur Einmündung auf die Ringstraße. Die Strecke

Abb. 8-25 Das Tal der Fnjóská ist ein schönes Beispiel dafür, dass auch in landwirtschaftlich genutzten Gebieten Islands die Flüsse noch einen halbwegs natürlichen Lauf haben. (Foto: N. Gies)

nach **Akureyri [E]** führt am Ljósavatn vorbei, einem bekannten Fischgewässer. Nach der Querung des Flusses Fnjóská gibt es zwei Möglichkeiten zur Weiterfahrt.

Wer schneller in **Akureyri [E]** sein möchte, der nimmt den Anfang 2019 eröffneten mautpflichtigen Tunnel Vaðlaheiðargöng. Die Normalroute verläuft auf der Straße 84 bzw. 83 (Grenivíkurvegur) durch das Fnjóskadalur (8-25) und über den Víkurskarð Pass (325 m) an die Bucht von Akureyri (8-26). Kurz vor der Stadt ist auf der rechten Seite

Abb. 8-26 Der erste Blick auf die Bucht von Akureyri nach der Abfahrt vom Víkurskarð Pass (Foto: M. Geyer)

ein Parkplatz mit Infotafeln und sehr gutem Ausblick auf die Stadt (**Tour IX**: Vaðlaheiði [87]).

Über einen Damm, der am Ende der Landebahn des Flugplatzes vorbeiführt (8-27), führt die Straße über die Uferpromenade nach **Akureyri [E]**.

Akureyri [86] ist mit ca. 18'500 Einwohnern die viertgrößte Stadt Islands und mit Abstand die größte Stadt Nordislands (8-28). Die Stadt wurde 1602 von dänischen Kaufleuten gegründet, die den doppelten Vorteil für den Bau eines Hafens an dieser Stelle erkannten: einerseits durch die Lage an einem Fjord vor Stürmen relativ geschützt und dennoch ausreichend tief, um auch größeren Schiffen das Anlegen zu er-

Abb. 8-27 Das letzte Stück der Ringstraße vor Akureyri verläuft auf einem Damm und führt unmittelbar an der Landebahn des Flugplatzes vorbei. (Foto: M. Geyer)

möglichen. Akureyri [86] lebt von Dienstleistung, Fischerei und in zunehmendem Maß auch von Tourismus. Mit der Gründung der zweiten Universität Islands positionierte sich Akureyri [86] auch gegenüber der Hauptstadt Reykjavík. Die wichtigste Sehenswürdigkeit ist die Kirche (Akureyrarkirkja) oberhalb der Altstadt mit einer aus Deutschland stammenden Orgel und Glasfenstern mit Darstellungen zur Geschichte von Island (8-29). Ferner gibt es ein Kunst-, Naturkunde-, Hei-

Abb. 8-28 Stadtansicht von Akureyri mit Hafen, Innenstadt und Kirche (Foto: M. Geyer)

mat- und Transportmuseum. Der Botanische Garten von Akureyri [86] ist ebenfalls einen Besuch wert und von der Innenstadt in gut 10 min. zu Fuß erreichbar (8-30). Im am nördlichen Stadtrand gelegenen

Abb. 8-29 Die Kirche von Akureyri im Abendlicht (Foto: M. Geyer)

Abb. 8-30 Außer der Bildqualität keine Veränderung: Der Botanische Garten von Akureyri 1985 (links) und 2017 (rechts; Fotos: M. Geyer)

Stadtviertel Stórholt sind am Rand des Wohngebiets sehr schöne Gletscherschliffe zu besichtigen (8-31). Akureyri [86] bietet alle Einkaufs- und Unterkunftsmöglichkeiten (Hotels, Gästehäuser, Jugendherberge, Zeltplatz) sowie ein großes Schwimmbad. Vom Flughafen gibt es regelmäßige Verbindungen zu den wichtigsten Inlandzielen.

Abb. 8-31 Am Nordrand der Stadt gibt es im Stadtteil Stórholt schöne Gletscherschliffe und einen Rundblick auf die umliegenden Berge gratis dazu. (Foto: M. Geyer)

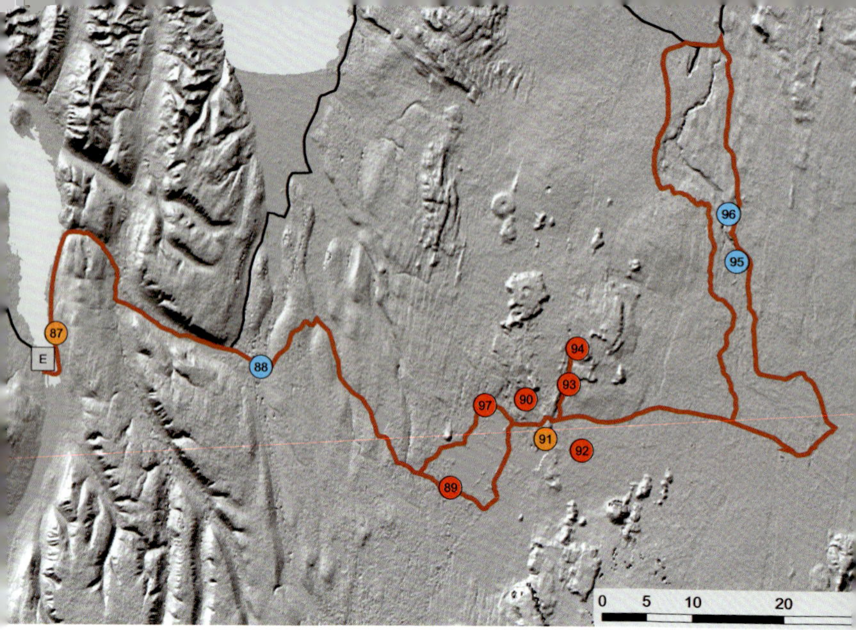

Tour IX – Nordisland (Akureyri – Mývatn)

Die Tour hat als Start- und Zielpunkt **Akureyri [E]** und eine Gesamtlänge von etwa 390 km. Dies entspricht einer reinen Fahrzeit von etwa 6 ½ h. In **Akureyri [E]** besteht Anschluss an die **Tour X**. Informationen zur Stadt finden Sie unter Akureyri [86] bei **Tour VIII**. Der Streckenverlauf ist bis auf die Piste 864 (Hólsvallavegur) östlich des Dettifoss [95] asphaltiert. Bei schlechter Witterung kostet dieser Abschnitt Zeit. Auch wenn bis Mývatn immer wieder Tankmöglichkeiten bestehen, so ist es dennoch ratsam, **Akureyri [E]** mit vollgetanktem Fahrzeug zu verlassen. Verwaltungsmäßig gehört das durchfahrene Gebiet zur Region Norðurland eystra.

Von **Akureyri [E]** geht es auf der Ringstraße in Richtung Osten über den Eyjafjörður. Nach etwa 4 km liegt der Aussichtspunkt Vaðlaheiði [87] auf der linken Straßenseite. Von hier aus bietet sich bei gutem Wetter ein fantastischer Blick auf **Akureyri [E]** (9-1) und

Abb. 9-1 Aussichtspunkt Vaðlaheiði mit Blick auf den Eyjafjörður und Akureyri auf der gegenüberliegenden Seite des Fjords. (Foto: N. Gies)

den Flugplatz, dessen Landebahn zum größten Teil in den Eyjafjörður gebaut wurde.

Weiter geht es für etwa 45 km auf der Straße 83 (Grenivíkurvegur) bis zur Abzweigung auf die Straße 84 (Víkurskarðsvegur) über den Pass Víkurskarð (325 m). Zurück auf der Ringstraße bis zur Abzweigung vor der Brücke nach rechts auf den öffentlichen Parkplatz beim Goðafoss [88] (deutsch: Wasserfall der Götter). Einer Sage nach erhielt der Goðafoss [88] seinen Namen, nachdem der Gode (deutsch: Priester) Þorgeir auf der Þingsitzung (**Tour II**: Þingvellir [11]) das Christentum als offizielle Religion Islands festgelegt und anschließend seine Götterstatuen in den Goðafoss [88] geworfen hat. Diese Geschichte ist auch in einem der Kirchenfenster der Kirche von Akureyri [86] dargestellt.

Der Goðafoss [88] stürzt hier auf einer Breite von ca. 113 m etwa 12 m in die Tiefe (9-2). Bei einem Spaziergang über die Brücke auf die andere Seite des Wasserfalls bietet sich ein schöner Blick auf die Basaltsäulen und den Wasserfall (9-3), allerdings sollte je nach Jahres-

Abb. 9-2 Luftaufnahme des Goðafoss, der sich hier über die Basaltsäulen des Lavastroms Frambruni stürzt. (Foto: N. Gies)

und Tageszeit mit einem erhöhten Touristenaufkommen gerechnet werden. Der Fluss Skjálfandafljót, der den Goðafoss [88] speist, hat seinen Ursprung im zentralen Hochland von Island und fließt vom Sprengisandur durch das Bárðardalur Richtung Norden ins Meer. Die Fallkante des Wasserfalls besteht aus Basaltsäulen des Lavastrom

Abb. 9-3 Ausblick von der Brücke auf die zweite Fallstufe des Goðafoss und die gut ausgebildeten Basaltsäulen. (Foto: N. Gies)

Abb. 9-4 Luftaufnahme der Pseudokraterlandschaft Skútustaðagígar und des Mývatn (Foto: N. Gies)

Frambruni. Dieser ist etwa 8000 Jahre alt und ergoss sich über 105 km aus dem Schildvulkan Trölladyngja.

Nach der Überquerung der Brücke folgt die Tour für 32 km der Ringstraße bis zur Abzweigung auf die Straße 848 (Mývatnsvegur).

Nach weiteren 5 km erreicht die Straße das Südufer des Mývatn (deutsch: Mückensee). Nun sind die Pseudokrater Mývatn Skútustaðagígar [89] bereits von der Straße aus zu sehen (9-4). Ein Parkplatz befindet sich links der Straße. Von hier kann zwischen zwei unterschiedlich langen Rundwanderwegen gewählt werden. Die längere Wanderung führt in einer Runde auf etwa 3 km um den kleinen See Stakhólstjörn und dauert inklusive Fotostopps etwa 2 h. Die Pseudokrater entstanden vor ungefähr 2100 Jahren, als sich die jüngere Laxá Lava aus der Þrengslaborgir-Kraterreihe Richtung Westen über feuchten Untergrund ergoss (Hauptfleisch & Einarsson 2012). Durch die heiße Lava verdampfte das Grundwasser in den wassergesättigten Seesedimenten schlagartig in phreatomagmatischen Explosionen. Dabei wurden die darüberliegenden Gesteinsschichten ausgeworfen und bildeten die Pseudokraterstrukturen (9-5). Die Besonderheit dieser Krater liegt also darin, das sie allein durch den Druck des Wasserdampfes gebildet und dabei keine Lava erruptiert wurde.

Die kürzere Wanderung folgt dem längeren Rundweg für etwa 800 m und führt dann in einem Bogen zurück durch die Pseudokrater-

Abb. 9-5 Blick auf einen Pseudokrater und das angrenzende Seeufer des kleinen Sees Stakhólstjörn (Foto: M. Geyer)

Landschaft. Die Besteigung mehrerer Pseudokrater sollte jedoch in jedem Fall durchgeführt werden, da sich von oben ein ausgezeichneter Blick über die Mývatn-Region bietet. Dabei sind neben den Pseudokratern die verschiedensten Pflanzen- und Vogelarten anzutreffen.

Der nur etwa 3800 Jahre alte Mývatn See erstreckt sich über eine Fläche von 37 km^2 und ist bei durchschnittlich nur 2,3 m und einer maximalen Tiefe von 4,2 m ein relativ flacher See, der wie die gleichnamige Region nach den im Sommer gelegentlich auftretenden Mückenschwärmen benannt ist, welche die Grundlage für die reiche Fisch- und Vogelpopulation bilden.

Weiter geht es auf der Straße 848 am Ostufer des Mývatn-Sees. Von einem Parkplatz führt ein kurzer Fußweg zu einer dreistöckigen Trollhöhle (9-6). An der Kreuzung kurz vor dem Ort Reykjahlíð führt die Route nach rechts auf der Ringstraße Richtung Osten. Die Tour führt an der stillgelegten Kieselgurfabrik und dem künstlichen Kieselgursee **Blue Lake [90]** (9-7) vorbei. Hier wurde Diatomeen-Schlamm abgebaut und zu Kieselgur weiterverarbeitet. Aus umweltpolitischen Gründen wurde das Werk jedoch geschlossen und abgetragen. Als Ausgleich für den Wegfall der Arbeitsplätze wurde 1950 das Thermalbad

Abb. 9-6 Vom Parkplatz an der Straße 848 am Ostufer des Mývatn ist diese dreistöckige Trollhöhle über einen kurzen Fußweg zu erreichen. (Foto: N. Gies)

Jarðböð (deutsch: Erdbäder) errichtet. Das Thermalbad wurde 1970 geschlossen und 2004 wiedereröffnet. Das Baden im Kieselgursee Blue Lake [90] ist aufgrund der hohen Wassertemperatur nicht überall mög-

Abb. 9-7 Der künstlichen Kieselgursee „Blue Lake" und die 2007 stillgelegte Kieselgurfabrik sind aus der Luft besonders beeindruckend. Im Hintergrund der 771 m hohe Hlíðarfjall. (Foto: N. Gies)

Abb. 9-8 Badeverbotsschilder am Kieselgursee „Blue Lake". Im Hintergrund der 771 m hohe Kegelberg Hlíðarfjall. (Foto: M.Geyer)

lich, was beim Betrachten der rauchenden Dampfaustritte jedem klar sein sollte. Damit keine Konkurrenz zum Thermalbad entsteht, wurden hier vor einigen Jahren Badeverbotsschilder aufgestellt (9-8).

Weniger als 1 km weiter auf der Ringstraße befindet sich der Parkplatz Námafjall [91]. Von hier aus bietet sich ein guter Ausblick über die bereits durchfahrene Landschaft (9-9). Entlang des Bergrückens Námaskarð befindet sich eines der größten Solfatarenfelder Islands (9-10).

Abb. 9-9 Blick auf das Südufer des Myvatn. Hinter dem See der 529 m hohe Vindbelgjarfjall. (Foto: N. Gies)

Abb. 9-10 Luftaufnahme des Geothermiefeldes Hverir. Im Hintergrund der Mývatn-See und am rechten Bildrand der 529 m hohe Vindbelgjarfjall. (Foto: N. Gies)

Bei geöffnetem Fenster und richtigen Windverhältnissen ist bereits aus gewisser Entfernung ein schwefliger Geruch wahrnehmbar. Kurz nach der Überquerung des Passes in östlicher Richtung befindet sich der Parkplatz zum Geothermiefeld Hverir [91] rechts der Straße, welches aufgrund des aufsteigenden Wasserdampfes nicht verfehlt werden kann. Bereits im 18. Jahrhundert wurde hier Schwefel abgebaut und über Húsavík [85] (Tour VIII) nach Dänemark verschifft. Dort wurde er zur Produktion von Schießpulver verwendet.

Im und um das Geothermiefeld Hverir [91] sickert Oberflächenwasser bzw. Grundwasser durch Klüfte und Spalten in die Tiefe. Aufgrund des hohen geothermischen Gradienten wird es aufgeheizt und steigt als heißer Wasserdampf wieder an die Erdoberfläche (9-11). Zusätzlich zum Wasserdampf steigen schwefelwasserstoffhaltige vulkanische Gase (H_2S, H_2SO_4), CO_2 sowie Spuren von Fluorwasserstoff (HF) und Salzsäure (HCL) mit auf. Durch die Abkühlung dieser Gase fallen unterschiedlichste bunte, schwefelhaltige Mineralphasen aus, wie z.B. Gips, Sinter, Jarosit, aber auch elementarer Schwefel an den Austrittsöffnungen (9-12). Kommen diese Gase mit Wasser in Berührung, kann es zur Bildung von Salzsäure kommen. Ein pH-Test mit Lackmuspapier wird einen sehr sauren pH-Wert anzeigen. Das

Abb. 9-11 Schlammtöpfe und schwefelhaltige Mineralphasen des Geothermiefelds Hverir (Foto: M. Geyer)

saure Wasser hat an vielen Stellen den Boden zu einer schlammigen Masse zersetzt. Die Ränder der mit bis zu 100 °C heißem Wasser gefüllten Tümpel sind daher oft sehr rutschig und aufgrund des Dampfes schwer zu sehen. Außerdem können die scheinbar ruhende Schwefelquelle oder ein Schlammtopf jederzeit erneut ausbrechen und je

Abb. 9-12 Schwefelablagerungen im Geothermiefeld Hverir (Foto: M. Geyer)

nach Windrichtung gefährlich werden. Es empfiehlt sich daher dringend, im Geothermiefeld **Hverir [91]** auf den gekennzeichneten Wegen zu bleiben und nicht zu nah an die heißen Dampfaustritte heranzutreten.

Auf einer kurzen Wanderung kann der Kraterrand des südlich gelegenen Hverfjall (420 m) bestiegen werden. Von hier ist der Ausblick auf den 140 m tiefen und etwa 1 km breiten Krater möglich. Bei gutem Wetter bietet sich außerdem eine schöne Aussicht über die Mývatn-Region und das Krafla Vulkanmassiv.

Die nächste Etappe der Tour führt in das Krafla-Gebiet, welches nur wenige Kilometer von der Mývatn-Region entfernt gelegen ist und nach weiteren 300 m auf der Ringstraße über eine Abzweigung nach links auf die Straße 863 erreicht werden kann (9-13).

Abb. 9-13 Ausblick auf das Krafla-Gebiet und die Dampfsäule des Kraftwerks Kröflustöð im Hintergrund (Foto: N. Gies)

Eine weitere Kuriosität des Kraflagebiets ist zweifelsfrei die Naturdusche am Parkplatz **Hlíðardalur [92]**. Geothermisch erhitztes Wasser spritzt hier das ganze Jahr über mit einer angenehmen Temperatur aus einer eigens dafür aufgestellten Dusche (9-14).

Abb. 9-14 Geothermische Naturdusche im Krafla-Gebiet (Foto: M. Geyer)

Ein Stück weiter führt die Straße 863 vorbei am Geothermiekraftwerk Kröflustöð [93], welches am besten von einem Parkplatz oberhalb des Kraftwerkes betrachtet werden kann (9-15). Hier sind einige Infotafeln aufgestellt und es bietet sich ein weiter Ausblick über das Tal und die geothermischen Anlagen. Der Parkplatz ist außerdem Ausgangspunkt für diverse Wanderungen. Das Kraftwerk Kröflustöð [93] wurde 1974 vom Isländischen Staat gebaut und 1978 in Betrieb genommen. Durch die Installation einer weiteren Turbine und durch zusätzliche Bohrungen konnte der Kapazität des

Abb. 9-15 Das Kraftwerk Kröflustöð mit dem Mývatn im Hintergrund (Foto: N. Gies)

Abb. 9-16 Der bekannte „Höllenkrater" Krafla-Víti mit seinen kleineren Nebenkratern (Foto: N. Gies)

Kraftwerkes Ende der 1990er Jahre auf 60 MW gesteigert werden. Besichtigungen des Kraftwerks Kröflustöð [93] sind möglich und bieten einen weiteren Einblick in die Geologie und die geothermische Nutzung des Krafla-Gebiets.

Nach 2 km endet die Straße auf dem Parkplatz neben dem „Höllenkrater" Krafla-Víti [94] (9-16). Er gehört zum Krafla-System und wurde 1724 beim Beginn der bis 1729 andauernden Ausbruchserie der „Mývatn-Feuer" gebildet. Das Krafla-System zieht sich als Spaltenschwarm mit einer Breite von etwa 10 km über eine Länge von 100 km vom Öxarfjörður im Norden über das Mývatn-Gebiet bis in das Hochland nach Süden.

Der gleichnamige, 818 m hohe, zentrale Schildvulkan besitzt einen Durchmesser von fast 25 km, sowie eine zentrale Einsturzcaldera, welche sich 8 km in Nord-Süd- und 10 km in Ost-West-Richtung erstreckt. Die als „Krafla-Feuer" bekannt gewordenen Ausbrüche von 1975 bis 1984 fanden überwiegend in der Krafla-Caldera und der Nordflanke des Vulkans Leirhnjúkur (592 m) statt. Die Magmakammer befindet sich bis heute 3–8 km unter dem Leirhnjúkur.

Weiter geht es zurück auf die Ringstraße und für etwa 30 km in Richtung Osten bis zur Abzweigung nach der Brücke über den Jökulsá á Fjöllum (deutsch: Gletscherfluss aus den Bergen) auf die Straße 864 (Hólsfjallavegur). Nach kurzer Fahrt beginnt der einzige, nicht asphaltierte Abschnitt der Tour. Nach weiteren 30 km führt die Stichstraße 890 zum Parkplatz oberhalb des Dettifoss [95]. Der Fluss Jökulsá á Fjöllum, welcher aus dem Nordrand des Vatnajökull entspringt, stürzt hier über 3 Fallstufen in die Tiefe.

Abb. 9-17 Blick auf den Dettifoss (Foto: M. Geyer)

Vom Parkplatz führt ein Fußweg in etwa 30 min zum Wasserfall Dettifoss [95] hinunter (9-17). Der Weg führt über Basaltsäulen mehrerer Lavaströme, welche auch im Canyon gut sichtbar sind (9-18). Über eine Geländekante stürzt hier während der Schneeschmelze eine Wassermenge von bis zu 1500 m³/s (Rheinfall: 400 – 600 m³/s) und bildet eine eindrucksvolle Wasserwand von ca. 45 m Fallhöhe. Das entspricht auf ein Jahr hochgerechnet ungefähr der Wassermenge des Bodensees. Pro Tag

Abb. 9-18 Basaltsäulen mehrerer Lavaströme zu beiden Seiten des Dettifoss im Canyon des Jökulsá á Fjöllum (Foto: M. Geyer)

Abb. 9-19 Eisenoxide färben den Boden der Piste zum Hafragilsfoss Aussichtspunkt rot. (Foto oben: M. Geyer, Foto unten: N. Gies)

werden ca. 120’000 t Sediment transportiert, was in etwa 6000 LKWs entspricht. Dies geschieht in Form von Schwebfracht oder als Geröll. Diese tragen auch zur starken rückschreitenden Erosion bei, welche bis ein Meter pro Jahr betragen kann.

Nur 2 km nördlich auf der Straße 864 des Dettifoss [95] befindet sich der Parkplatz zum Hafragilsfoss [96]. Über einen kleinen, von Eisenoxiden rot gefärbten Hügel führt die Schotterstraße zum Aussichtspunkt mit Blick auf den Wasserfall (9-19). Der Hafragilsfoss [96] ist nicht so touristisch wie der Dettifoss [95] und bietet daher einen deutlich ruhigeren Ausblick über den Canyon des Jökulsá á Fjöllum und

Abb. 9-20 Ausblick auf den Hafragilsfoss im Canyon des Jökulsá á Fjöllum (Foto: N. Gies)

den 30 m hohen und etwa 90 m breiten Wasserfall Hafragilsfoss [96] (9-20). Für das perfekte Bild des Wasserfalls sollte ein Teleobjektiv eingepackt werden, da der Wasserfall in einiger Entfernung vom Aussichtspunkt liegt und nicht bzw. nur schwer zu Fuß erreicht werden kann.

Die Straße 864 endet an der Einmündung zur Straße 85 (Norðausturvegur). Der Rückweg nach **Akureyri [E]** führt über eine schmale Brücke über den Jökulsa á Fjöllum. Wenig später zweigt von der Straße 85 die Stichstraße 861 zum Hufeisencanyon Ásbyrgi [82] ab (**Tour VIII**). Kurz darauf folgt die Abzweigung zur Straße 862 (Dettifossvegur). Alternativ besteht ab hier die Möglichkeit zur Rückkehr nach **Akureyri [E]** über die **Tour VIII**.

Im weiteren Verlauf der Straße 862 bietet sich noch einmal die Möglichkeit für einen Blick auf den Dettifoss [95] von der westlichen Seite.

Wieder auf der Ringstraße geht es zurück bis Reykjahlíð und von dort weiter auf der Ringstraße auf der Nordseite des Mývatn-Sees. Wenige 100 m westlich Reykjahlíð kommt der letzte Stopp der Tour am Lavafeld Eldhraun [97] (9-21). Bitte parken Sie nicht an der Ringstraße, sondern auf einem der nahegelegenen Parkplätze in Reykjahlíð. Die spektakulären Aufwölbungsstrukturen sind mit den Bruchstrukturen im Reykjanes-Gebiet vergleichbar (**Tour III**: Kontinentbrücke Miðlína [22]).

Über die Ringstraße und den neu gebauten Tunnel Vaðlaheiðargöng (Maut!) führt die Route nun zurück zum Endpunkt **Akureyri [E]**.

Abb. 9-21 Die spektakulären Aufwölbungstrukturen bei Reykjahlíð sind aus der Luft besonders deutlich zu erkennen (Fotos: N. Gies)

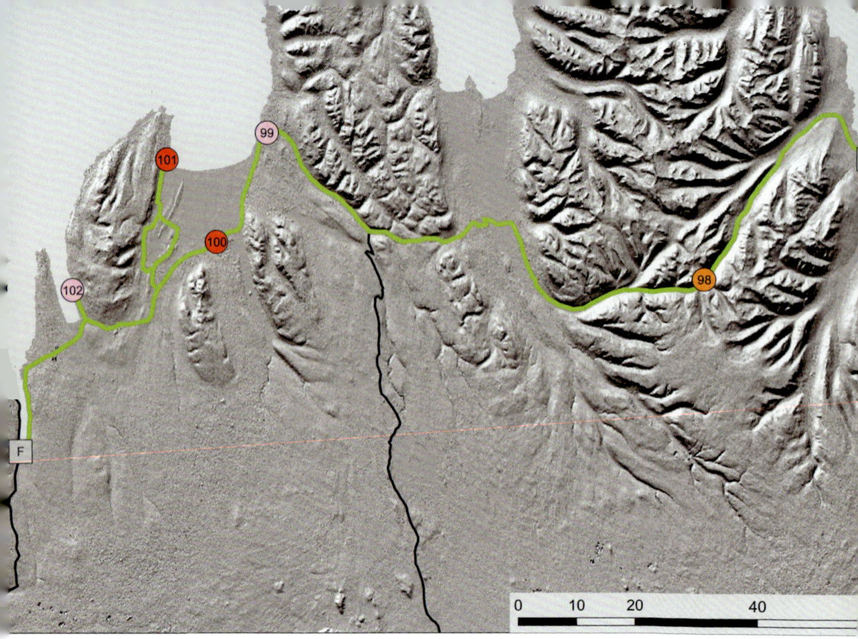

Tour X – Nordisland (westlich Akureyri)

Die hier beschriebene Tour hat eine Länge von 270 km und führt von **Akureyri [E]** im Wesentlichen auf der Ringstraße zur Tankstelle **Staðarskáli [F]**. Dort besteht Anschluss an **Tour XI** und **Tour XII**. Die reine Fahrtzeit für diese Strecke beträgt etwas weniger als 4 h. Entlang der Strecke sind ausreichend Tankmöglichkeiten vorhanden. Verwaltungsmäßig gehört das Gebiet die ersten 50 km westlich von **Akureyri [E]** zur Region Norðurland eystra. Weiter westlich kommt die Region Norðurland vestra. Der Endpunkt **Staðarskáli [F]** liegt allerdings bereits in der Region Vestfirðir.

Die Tour startet in **Akureyri [E]** auf der Ringstraße in Richtung Reykjavík. Als erste wichtige Abzweigung kommt nach wenigen Kilometern die Abzweigung zur Straße 82 (Ólafsfjarðarvegur) in Richtung Dalvík. Von dort besteht Fährverkehr zur Insel Grímsey (**Tour VIII**). Außerdem kann von hier aus auf der Straße 76 (Siglufjarðarvegur) die

Abb. 10-1 Parkplatz Hraundrangi im Öxnadalur an der Ringstraße: Noch ist es ein fantastischer Ausblick – doch hier sollen Hochspannungsleitungen entstehen, gegen die sich die Einwohner des Tals zur Wehr setzen. (Foto: M. Geyer)

Halbinsel Tröllaskagi umrundet werden. Nahe Varmahlíð erreicht diese Variante wieder die Ringstraße.

Die Hauptroute führt hingegen in südwestlicher Richtung in das landschaftlich großartige und deutlich glazial überprägte Öxnadalur. Die Straße folgt immer flussaufwärts dem Fluss Öxnadalsá. Nach dem Hinweisschild zum Infopunkt kommt direkt an der Ringstraße in Fahrtrichtung ein zweiter, unbefestigter Parkplatz Öxnadalur [98]. Der Blick auf die gegenüberliegende schroffe Gipfelreihe mit dem Hraundrangi (1075 m) als höchster Erhebung ist sehr eindrucksvoll (10-1). Im Öxnadalur wurde der isländische Nationaldichter Jónas Hallgrímsson (1807–1845) auf dem Hof Þjóðveldisbær am Fuß des Hraundrangi geboren. Die Einwohner des Tals wehren sich seit einigen Jahren gegen die Errichtung von Hochspannungsleitungen und fordern stattdessen eine unterirdische Verlegung der Leitungen (Infotafel).

Im Verlauf der gesamten Strecke durch das Öxnadalur sind die (Seiten-)Moränen an den Talrändern nicht zu übersehen. Einige Kilo-

Abb. 10-2 Im oberen Öxnadalur zweigt das menschenleere Tal der Seldalsá in südöstlicher Richtung ab. (Foto: M. Geyer)

meter weiter – die Steigung nimmt langsam aber stetig zu – öffnet sich der Blick nach Südosten in das menschenleere Tal der Seldalsá (10-2). Schließlich erreicht die Ringstraße die Hochfläche Öxnadalsheiði. Von einem Parkplatz auf der linken Straßenseite führen Wege hinunter in das Wandergebiet Hörgársveit. Im weiteren Verlauf geht es wieder bergab in das Norðurárdalur (10-3). Auf der linken Straßenseite ist sehr gut zu sehen, wie einzelne Schuttströme den Lauf der Gewässer beeinflussen. An kleinen Wasserflächen blüht der arktische Mohn in allen Farben (10-4). Die Ringstraße passiert die Abzweigung zur Straße 759 und nach weiteren 15 km trifft die Straße 76 kurz vor Varmahlíð auf die Ringstraße. Es geht noch einmal etwa 15 km nach Westen bis zur Abzweigung der Straße 731, welche in die F 35 (Kjölur) einmündet (10-5). Hier besteht Anschluss an die **Tour XIII**.

Allmählich sind wieder mehr Einzelgehöfte anzutreffen und das Gebiet beidseits der Ringstraße wird stärker landwirtschaftlich genutzt.

Abb. 10-3 Abfahrt in das Norðurárdalur (Foto: M. Geyer)

Abb. 10-4 Arktischer Mohn am Straßenrand der Ringstraße im Norðurárdalur (Foto: M. Geyer)

Abb. 10-5 An dieser Kreuzung beginnt die Zufahrt zur F35 (Kjölur) durch das Hochland. (Foto: M. Geyer)

Schließlich erreicht die Ringstraße Blönduós [99]. Der Ort mit knapp 1000 Einwohnern liegt an der Mündung des Flusses Blanda. Die wichtigsten Betriebe sind ein fleischverarbeitendes Unternehmen und eine Molkerei. Durch die direkte Lage an der Ringstraße hat sich Blönduós [99] zu einem regionalen Dienstleistungszentrum entwickelt (Einkaufsmöglichkeiten, ärztliche Versorgung, Schwimmbad, Tankstelle). Außerdem sind diverse Übernachtungsmöglichkeiten wie Hotels, Gästehäuser, Jugendherberge und Zeltplatz vorhanden. Die alte Kirche von Blönduós [99] ist denkmalgeschützt (10-6) und wurde 1993 durch einen Neubau ersetzt.

Abb. 10-6 Die 1895 errichtete Kirche von Blönduós ist denkmalgeschützt und wurde inzwischen durch einen Neubau ersetzt. (Foto: M. Geyer)

Die Route verlässt Blönduós [99] auf der Ringstraße in südlicher Richtung. Sie erreicht nach knapp 15 km die Kreuzung mit der Straße 722 und den Eingang zum Vatnsdalur [100]. Hier häufen sich in auffälliger Weise kleine, oft runde Erdhügel von einigen Metern Höhe, die auch als Vatnsdalshólar (deutsch: Hügel im feuchten Tal) bezeichnet werden (10-7). Dabei handelt es sich um Bergsturzmassen vom Vatnsdalsfjall. Vor allem zwischen 1545 und 1720 sowie 1811 ereigneten

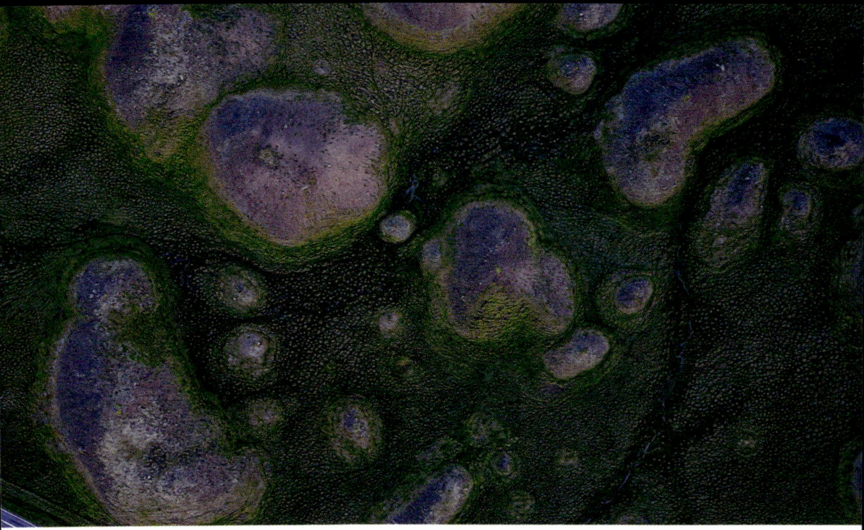

Abb. 10-7 Im Vatnsdalur treten zahlreiche runde und mehrere Meter hohe Bergsturzmassen auf. In der unteren linken Bildecke ist die zweispurige Straße als Maßstab gerade noch zu erkennen. (Foto: N. Gies)

sich mehrere Bergstürze, die große Zerstörungen im Vatnsdalur [100] anrichteten. Die stark erodierten Flanken des Vatnsdalsfjall werden auch gegenwärtig ständig kontrolliert. Auch der kleine See Flóðið im Vatnsdalur [100] wurde durch ein solches Bergsturzereignis aufgestaut. Das Tal ist auch für seine guten Möglichkeiten zum Lachsfang bekannt.

Die Tour führt auf der Ringstraße weiter durch das Viðidalur bis zur Einmündung der Straße 716 (Síðuvegur) in Richtung Hvítserkur [101]. An der ersten Kreuzung besteht alternativ die Möglichkeit, den See Vesturhópsvatn auf der Westseite (Straße 711) oder auf der Ostseite (Straße 717) zu umrunden. Nördlich des Sees folgen noch einige Kilometer auf der Straße 711 (Vatsnesvegur) bis zu einem ausgeschilderten Parkplatz direkt am Húnafjörður an der Nordostküste der Halbinsel Vatnsnes. Der Hvítserkur [101] (deutsch: weißer Kittel) ist ein Erosionsrest aus Basalt, der durch Vogelkot an vielen Stellen einen weißen Belag hat. Bei Niedrigwasser ist es möglich, mit der gebotenen Vorsicht über den Sandstrand zu laufen und sich den nahezu 15 m hohen Felsklotz aus der Nähe anzusehen. Der Sage nach ist der Hvítserkur [101] aber ein versteinerter Troll, der ein Kloster mit Steinen beworfen haben soll. Wer den steilen Abstieg scheut, kann mit

Abb. 10-8 Die Hvítserkur ist ein eindrucksvoller Erosionsrest aus Basalt an der Küste des Húnafjörður. (Foto: M. Geyer)

dem Weg zum Aussichtspunkt auf den Hvítserkur [101] vorliebnehmen (10-8).

Zur Weiterfahrt führt die Tour auf der Straße 711 zurück bis zur Ringstraße. Doch bereits nach wenigen Kilometern auf der Ringstraße zweigt die Straße 72 (Hvammstangabraut) zum letzten Etappenziel dieser Tour ab.

Hvammstangi [102] ist eine kleine Siedlung am Ostufer des Miðfjörður mit knapp 600 Einwohnern. Die Ortsgründung erfolgte wegen der reichen Fisch- und Schalentiergründe. Auch heute noch ist die Fischereiindustrie der wichtigste Erwerbszweig von Hvammstangi [102]. Daneben befindet sich ein großer, Wolle verarbeitender Betrieb in Hvammstangi [102]. Dies erklärt auch das Vorhandensein der wichtigsten Einkaufsmöglichkeiten trotz der geringen Einwohnerzahl. Ein Museum mit frei zugänglichem Außenbereich ist den Seehunden, der Fischerei und der isländischen Alltagskultur gewidmet (10-09). Vom Hafen aus werden Rundfahrten zu Seehundbänken und Vogelfelsen angeboten.

Von Hvammstangi [102] geht es auf der Straße 72 wieder zurück auf die Ringstraße (10-10) und auf dieser am Hrútafjörður entlang

Abb. 10-9 Der Außenbereich des Seehund- und Fischereimuseums in Hvammstangi liegt am Hafen des kleinen Ortes. (Foto: M. Geyer)

Abb. 10-10 Die Straße 72 führt weitgehend gerade von Hvammastangi zur Ringstraße. (Foto: M. Geyer)

weiter zum Endpunkt an der Tankstelle **Staðarskáli** [F]. Neben der Tankstelle steht gut sichtbar ein Denkmal für die isländischen Landpostboten, weil hier über viele Jahre eine Übergabestelle von Postsendungen in die verschiedenen Landesteile war (10-11).

Abb. 10-11 Das Denkmal zur Erinnerung an die frühere Bedeutung von Staður für den Postverkehr in Island. (Foto: M. Geyer)

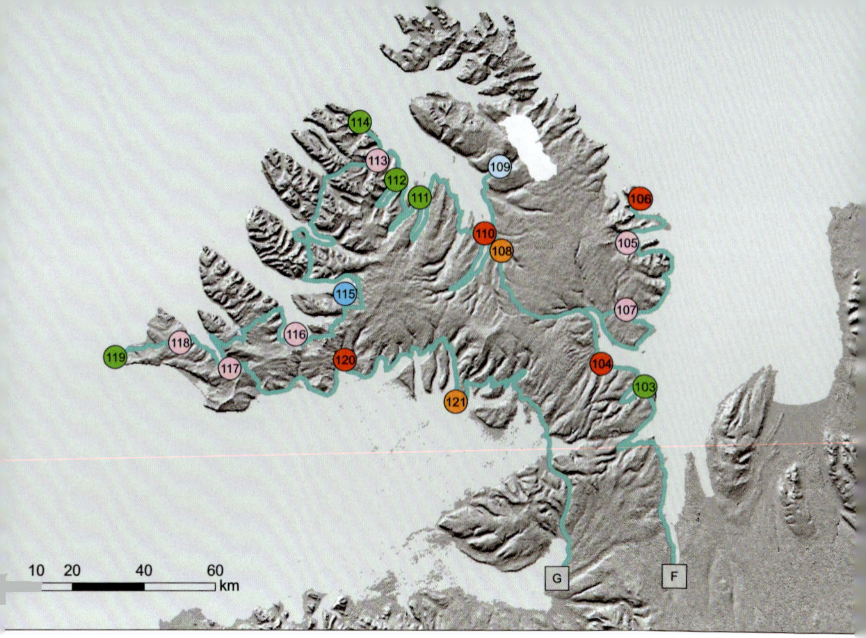

Tour XI – Westfjorde

Die Tour startet in **Staðarskáli [F]**. Dort besteht Anschluss an **Tour X** und **Tour XIII**. Der Endpunkt der Rundfahrt ist in **Búðardalur [G]**. Hier besteht Anschluss an **Tour XII**. Die Gesamtlänge der Strecke in die Westfjorde beträgt etwa 1100 km. Davon ist knapp die Hälfte nicht asphaltiert. Planen Sie daher für diese Strecken mehr Zeit ein und erkundigen Sie sich – auch im Sommer – vor Antritt der Reise über den Straßenzustand. Die Westfjorde umfassen abgesehen vom unbewohnten Hochland die einsamsten Gebiete Islands. Entlang der für den öffentlichen Verkehr freigegebenen Pisten und Straßen sind der Empfang des Mobilfunknetzes sowie der Internetzugang in der Regel sehr gut, aber Tankmöglichkeiten sind selten.

Angesichts der Länge der Strecke und der Vielzahl an Besichtigungsmöglichkeiten empfiehlt es sich dringend, für diese Tour mindestens 3 oder besser 4 Tage einzuplanen. Möglichkeiten zur Übernachtung sind auf wenige Orte konzentriert und nicht sehr zahlreich.

Aus diesem Grund sollten Sie die gewünschte Unterkunft unbedingt schon vorab buchen.

Verwaltungsmäßig liegt das durchfahrene Gebiet in der Region Vestfirðir.

Die Tour beginnt an der Ringstraße bei **Staðarskáli [F]** und biegt gleich danach auf die Straße 68 (Innstrandavegur) nach Norden ab. In der Folge bleibt die Straße auf dem Westufer des Hrútafjörður, der etwa 35 km in das Landesinnere reicht und damit der längste Fjord Islands ist. Bis zum ersten Haltepunkt in Broddanes [103] sind es zwar 110 km – allerdings gibt es ein beeindruckendes Fjordpanorama. Dennoch sollten Sie sich die Zeit nehmen, auch schon vorher an einem Aussichtspunkt oder bei einer Kirche anzuhalten. Eine solche Gelegenheit bietet sich z. B. bei Prestbakki (11-1). Natürlich sieht bei schlechtem Wetter alles ein bisschen anders aus (11-2). Nachdem der Bitrufjörður (Nebenarm des Hrútafjörður) umrundet

Abb. 11-1 Schönes Wetter bei der Anfahrt in die Westfjorde vor Prestbakki (Foto: M. Geyer)

Abb. 11-2 Schlechtes Wetter bei der Anfahrt in die Westfjorde vor Prestbakki (Foto: M. Geyer)

ist, erreicht die Straße 68 nach einer kurzen Gefällstrecke Broddanes [103].

Vom Parkplatz bei der Jugendherberge, die in der ehemaligen Schule untergebracht ist, führt ein kurzer Weg zu einer Bootsanlegestelle. Auf der vorgelagerten Insel Broddanessey nisten zahlreiche Seevögel, darunter auch Papageitaucher und verschiedene Möwen, die mit einem Fernglas gut beobachtet werden können (11-3). Achten

Abb. 11-3 Vogelinsel Broddanesey (Foto: M. Geyer)

Sie bitte beim Queren der Wiesen auf Bodenbrüter; Küstenseeschwalben können in der Brutperiode recht aggressiv sein, wenn Sie sich den Gelegen nähern. Ein Blick über die Bucht bei Mitternachtssonne ist ebenfalls ein einmaliges Erlebnis (11-4).

Abb. 11-4 Ausblick auf die Vogelinsel Broddanesey bei Mitternachtssonne (Foto: M. Geyer)

Abb. 11-5 Blick auf die Bucht von Húsavík am Steingrímsfjörður (Foto: F. Rauscher)

Von Broddanes [103] führt die Route auf der Straße 68 am Bitrufjörður und am Kollfjörður vorbei. Entlang der Straße sind immer wieder rote Zwischenlagen in den ansonsten monotonen Basaltablagerungen anzutreffen (vgl. **Tour VII**). Schließlich kommt nach einer kurzen Gefällstrecke mit herrlichem Ausblick auf die Bucht von Húsavík (deutsch: Häuserbucht) am südlichen Steingrímsfjörður (11-5) auf der linken Straßenseite der Parkplatz Húsavíkurkleif [104].

Dies ist ein klassischer geologischer Haltepunkt in den Westfjorden, der schon von dem deutschen Geologen Gustav Georg Winkler im Jahr 1863 beschrieben wurde. Zwischen Basalt- und Aschenlagen gibt es Einschaltungen von Sandsteinen mit Pflanzenresten (11-6) sowie einzelne Kohlelagen mit Holz- und Astresten (11-7): Die Pflanzenfossilien deuten für den Ablagerungszeitraum vor 10 Millionen Jahren auf klimatische Bedingungen hin, die mit denen des

Abb. 11-6 Blattstengel in einer Sandsteinlage bei Húsavíkurkleif (Foto: F. Rauscher)

Abb. 11-7 Holzrest aus einer Kohlelage in Húsavíkurkleif (Foto: F. Rauscher)

heutigen Mitteleuropas vergleichbar sind (Rauscher & Geyer 2018). Vom Parkplatz (Infotafel) führt ein Weg über eine Brücke zu einem Wasserfall. Hier ist der Aufschluss, der von Winkler beschrieben wurde. Durch den danach erfolgten Straßenneubau ist aber auch am westlichen Straßenrand die Schichtenfolge gut aufgeschlossen (11-8). Im Naturkundemuseum **Kópavogur [10]** (vgl. **Tour I**) ist eine komplette Vitrine den Kohlelagen von **Húsavíkurkleif [104]** gewidmet. Allerdings gibt es in den Westfjorden noch andere Stellen, an denen die Kohle sogar zeitweise abgebaut wurde (z. B. bei **Surtarbrandsgil [120]** in der Nähe von Brjánslækur an der Nordküste des Breiðafjörður).

Die Weiterfahrt führt am Steingrímsfjörður entlang und ab der Einmündung der Straße 61 (Djúpvegur) auf dieser weiter bis nach Hólmavík.

Der größte Ort auf der Ostseite der Westfjorde hat etwa 400 Einwohner und bietet alle Einkaufs- und Übernachtungsmöglichkeiten

Abb. 11-8 Die Kohlelagen in Húsavíkurkleif sind knapp 10 cm mächtig. Sie werden von Basalt (oberer Bildrand) überlagert. (Foto: N. Gies)

Abb. 11-09 Blick auf Hólmavík am Steingrímsfjörður (Foto: M. Geyer)

(Hotels, Gästehäuser, Zeltplatz) sowie eine Tankstelle, ein Schwimmbad, sowie das Isländische Hexenmuseum (11-09). Vom Hafen in Hólmavík gibt es im Sommer Ausflugsfahrten zur Insel Grímsey bei Drangsnes.

Danach geht es noch ein paar Kilometer weiter auf der Straße 61. In den Buchten des Steingrímsfjörður sind immer wieder Eiderenten anzutreffen. Die Tour führt anfangs über die Straße 643 (Strandavegur) und danach über die Straße 645 (Drangsnesvegur) nach Drangsnes. Unmittelbar vor dem kleinen Fischereihafen treten wieder links der Straße die roten Zwischenlagen auf (11-10; vgl. **Tour VII**).

In Drangsnes gibt es einen kleinen Laden oberhalb des Hafens (11-11) sowie – direkt

Abb. 11-10 Die roten Lagen an der Straße 645 vor Drangsnes (Foto: M. Geyer)

Abb. 11-11 Blick auf den kleinen Fischereihafen von Drangsnes an einem schönen Sommerabend (Foto: M. Geyer)

Abb. 11-12 Wer den Sprung ins kalte Meerwasser scheut, ist an den öffentlichen Warmwasserbecken in Drangsnes gut aufgehoben. (Foto: M. Geyer)

an der Durchgangsstraße – drei frei zugängliche Warmwasserbecken (11-12; Umkleidemöglichkeit auf der anderen Straßenseite). Im Sommer werden Bootsfahrten zur Vogelinsel Grímsey angeboten.

Am Ortsende von Drangsnes steigt die Piste 645 leicht an und speziell abends bietet sich dann ein wunderschöner Ausblick auf die Insel Grímsey (11-13). Weiter geht es am Strand Árvík entlang (11-14) und schließlich in die kleine Bucht des Bjarnarfjörður bis zur Abzweigung der Straße 643. Die nunmehr befahrene Stichstraße bzw. Piste ist 82 km lang und endet beim Schwimmbad Krossneslaug [106]. Die gesamte Strecke verläuft ziemlich dicht am Meer und bietet unzählige Aussichtspunkte auf Buchten, Wasserfälle und verlassene Hütten.

Abb. 11-13 Blick auf die Insel Grímsey (Foto: M. Geyer)

Abb. 11-14 Piste 463 zwischen Drangsnes und Laugarhóll bei Árvík (Foto: M. Geyer)

Die alte Heringsfabrik Djúpavík [105] (deutsch: tiefe Bucht) am Reykjarfjörður ist schon von weitem erkennbar (11-15). 1917 wurde hier eine Fischfabrik erbaut und rasch bildete sich eine kleine Siedlung. 1934 wurde die Fabrik vergrößert und war damals das größte Betongebäude in ganz Island. Der Wasserfall oberhalb des Ortes trieb die

Abb. 11-15 Die ehemalige Heringsfabrik von Djúpavík beherbergt heute ein Kulturzentrum. (Foto: M. Geyer)

Turbinen des firmeneigenen Kraftwerks an. Nach der Stilllegung 1954 zerfiel das Areal. In einigen teilrestaurierten Gebäudeteilen ist ein Kulturzentrum untergebracht; einige der ehemaligen Arbeiterhäuser sind heute Sommerhäuser und ein Gebäude wurde in ein ganzjährig geöffnetes Hotel umgebaut. Djúpavík [105] gehört zur Gemeinde Árneshreppur. Dies ist die mit 53 Einwohnern (Januar 2019) kleinste eigenständige Gemeinde Islands. Die Gemeindefläche umfasst 780 km², was einer rechnerischen "Bevölkerungsdichte" von 0,07 Einwohner pro km² entspricht.

Die Route verläuft weiter auf der Nordseite des Reykjarfjörður, am Flugfeld Gjögur vorbei und über einen Bergrücken. Etwas abseits der Piste ist ein großer, glazial entstandener Drumlin zu sehen (11-16).

Abb. 11-16 Drumlin aus der Vogelperspektive kurz vor Krossneslaug (Foto: N. Gies)

Abb. 11-17
Blick auf den 633 m hohen Arkarkollur (Foto: M. Geyer)

Mit etwas Glück lassen sich hier auch gelegentlich Polarfüchse beobachten. Südlich der Piste ragt der Arkarkollur (633 m) auf (11-17).

Das Geothermiefeld und Schwimmbad Krossneslaug [106] liegt direkt am Nordatlantik (11-18). Der Parkplatz befindet sich oberhalb der Steilküste und ein kurzer Fußweg führt zum Schwimmbad hinab. Die Aussicht vom 1954 erbauten Schwimmbecken ist bei jeder Witterung etwas Besonderes

Abb. 11-18 Am Ende der Welt – das Schwimmbad Krossneslaug (Foto: N. Gies)

Abb. 11-19 Unvergessliches Panorama vom Schwimmbad Krossneslaug (Foto: M. Geyer)

(11-19). Das Schwimmbad Krossneslaug [106] versorgt neben dem Schwimmbad noch einige Häuser in der Umgebung mit warmem Wasser.

Leider führt von diesem Ort keine Straße weiter, sodass die Rückfahrt auf derselben Straße durchgeführt werden muss. Wer den weiter nördlichen Teil der Halbinsel Hornstrandir erkunden möchte, der muss dies zu Fuß tun. Hjort et al. (1985) geben einen Überblick zur jüngsten geologischen Entwicklungsgeschichte von Hornstrandir seit dem Pleistozän.

Kurz vor der Abzweigung der Straße 645 nach Drangsnes liegt der nächste Halt. In Laugarhóll [107] (deutsch: heißes Loch) gibt es neben dem Hotel und dem Schwimmbad Gvendarlaug noch einige natürliche Heißwasseraustritte in den umliegenden Wiesen sowie ein kleines Freilichtmuseum mit rekonstruierten Torfhäusern (11-20). Eine Broschüre mit Erklärungstexten kann im Hotel gekauft werden. Die Torfhäuser von Laugarhóll [107] sind Teil des Isländischen Hexenmuseums in Hólmavík.

Abb. 11-20 Die Torfhäuser von Laugarhóll (Foto: M. Geyer)

Für den Rückweg geht es über die Straße 643 und am Ende des Steingrímsfjörður nach rechts auf der Straße 61 in Richtung Ísafjörður [113]. Die Straße steigt allmählich an und führt zuerst durch das Staðardalur und danach durch das Norðdalur auf die einsame Hochfläche Steingrímsfjarðarheiði [108]. Der höchste Punkt der Straße liegt mit 419 m im Bereich der Straßengabelung mit der Piste 608 (Þorskafjarðarvegur). Die Hochfläche ist im Winter für den Autoverkehr geschlossen und in der Regel nur von Mitte Juni bis Ende August geöffnet. Bitte erkundigen Sie sich vor Fahrtantritt unbedingt nach dem aktuellen Straßenzustand! Es kann durchaus sein, dass Anfang Juli der Schnee auf der Steingrímsfjarðarheiði [108] bis an den Straßenrand reicht (11-21). Die Berge Margrétarfell (459 m) und

Abb. 11-21 Die Straße 61 (Djúpvegur) quert die einsame, auch im Hochsommer oft schneebedeckte Hochfläche Steingrímsfjarðarheiði. (Foto: M. Geyer)

Abb. 11-22 *Abschmelzende Schneereste auf der Steingrímsfjarðarheiði (Foto: M. Geyer)*

Abb. 11-23 *Schutzhütte auf der Steingrímsfjarðarheiði (Foto: M. Geyer)*

Miðfell (457 m) ragen nur wenig über die Hochebene hinaus. Im Bereich der Wasserscheide gibt es zahlreiche kleine Seen, von denen der Margrétarvatn der Größte ist. Im Hochsommer bietet das Abschmelzen der Schneereste faszinierende Anblicke (11-22). Eine Schutzhütte befindet sich nördlich der Straße (11-23). Bei guten Sichtverhältnissen bietet sich bei der Abfahrt von der Steingrímsfjarðarheiði [108] ein schöner Ausblick auf den Ísafjörður (11-24) – dies ist der erste von sie-

Abb. 11-24 *Abfahrt von der Steingrímsfjarðarheiði mit Ausblick auf den Ísafjörður (Foto: M. Geyer)*

Abb. 11-25 Das Ende der Piste in Richtung des Gletschers Drangajökull (Foto: F. Rauscher)

ben weiteren, unterschiedlich großen Fjorden bis zum nächsten größeren, gleichnamigen Ort Ísafjörður [113].

Zum nächsten Haltepunkt geht es auf der Piste 635 (Snæfjallastrandarvegur) nach rechts in Richtung Bæir, zunächst über den Fluss Hvannadalsá und dann einige Kilometer am Langadalsströnd entlang. Schließlich erreicht die Tour die Bucht Kaldalón. Dort zweigt vor der Brücke über den Fluss Mórilla eine weitere Piste in Richtung des Gletschers Drangajökull [109] (11-25) ab. Je nach der zur Verfügung stehenden Zeit können Sie nun die nähere Umgebung erkunden und schöne Beispiele für Frostsprengung antreffen (11-26). An den Rand der Gletscherzunge Kaldalónsjökull kommt man nach einer etwa zweistündigen Wanderung. Je nach Jahreszeit sind dabei mehrere Wasserläufe zu überqueren. Der Drangajökull [109] gehört zu den wenigen Gletschern auf Island, die seit 2015 ihr Eisvolumen vergrößert haben (Anderson et al. 2018). Aus der Luft ist

Abb. 11-26 Ein schönes Beispiel für Frostsprengung im Gletschervorfeld des Drangajökull (Foto: F. Rauscher)

Abb. 11-27 Die Bucht Kaldalón und die Eiskappe des Drangajökull im Hintergrund (Foto: N. Gies)

das Gletschervorfeld mit seinen zahllosen Wasserläufen im Bereich der Bucht Kaldalón besonders imposant (11-27). Die Piste 635 führt noch einige Kilometer in die Moränenlandschaft hinein und endet dann bei der Siedlung Tirðilmýri.

Abb. 11-28 Verkaufsraum im Saltverk, der einzigen Salzgewinnungsstelle in Island (Foto: M. Geyer)

Zur Fortsetzung der Tour geht es zurück auf die Straße 61. Nach der Umrundung des Ísafjörður führt die Straße 634 nach Reykjanes [110] (deutsch: rauchende Halbinsel).

Hier wird mithilfe der Geothermie Salz gewonnen. Die Besichtigung ist kostenpflichtig, aber der Verkaufsraum frei zugänglich (11-28). Daneben gibt es ein Hotel, einen Campingplatz und ein Schwimmbad sowie mehrere heiße Quellen zwischen dem Hotel und dem Strand beim Campingplatz. Beachten Sie beim Betreten des äußerlich stark renovierungsbedürftigen Hotels in Reykjanes [110] die Fußmatte vor der Eingangstür (11-29). Sie täuschen sich nicht, es steigen immer wieder kleine Rauchwolken auf und beim Be-

Abb. 11-29 Der „rauchende" Hoteleingang in Reykjanes: Der heiße Dampf hat die Gummi-Fußmatte versengt. (Foto links: F. Rauscher, rechts: M. Geyer)

rühren werden Sie feststellen, dass die Fußmatte heiß ist. Der Grund ist ausströmender heißer Dampf, dessen Austrittsstelle sich in den letzten Jahren unter den Treppenaufgang verlagert hat.

Danach führt die Straße 61 mit einer Brücke über den Mjóifjörður (deutsch: schmaler Fjord). Darauffolgend verläuft die Tour einige Kilometer an der Küste des Ísafjarðardjúp entlang (11-30), um anschließend den langen Skötufjörður zu umrunden. Nach etwa 60 km kommt

Abb. 11-30 Panorama an der Küste des Ísafjarðardjúp (Foto: M. Geyer)

Abb. 11-31 Am Strand Hvítanes lassen sich fast immer Seehunde aus nächster Nähe beobachten. (Foto: M. Geyer)

auf der linken Seite ein Café. Wenig später, nach der Umrundung des Hügels Litlibær, ist auf der linken Fahrbahnseite gleich zu Beginn des Hestfjörður ein Parkplatz. Der Strandabschnitt gegenüber wird Hvítanes [111] genannt und ist eine der besten Stellen zur Beobachtung von Seehunden in Island (11-31). Neben Seehunden sind in Hvítanes [111] auch verschiedene Enten anzutreffen. Bitte halten Sie eine ausreichende Entfernung und beachten Sie eventuelle Absperrungen, damit die Tiere nicht gestört werden. Der Basalt zeigt hier im Gezeitenbereich eine typische Wabenverwitterung (auch: Tafoni-Verwitterung; 11-32).

Abb. 11-32 Wabenverwitterung von Basalt im Gezeitenbereich bei Hvítanes (Foto: M. Geyer)

Die Fortsetzung der Tour verläuft entlang des Hestfjörður und weiter über einen kleinen Höhenrücken hinunter zum Seyðisfjörður (11-33). An der Landspitze Kambsnes lohnt sich bei guter Sicht ein kurzer Panoramahalt auf dem Parkplatz (Infotafel) auf die auch im Hochsommer meist verschneiten Höhenrücken hinter dem Snæfjallaströnd der gegenüberliegenden Halbinsel Snæfjöll (11-34). Auf der Weiterfahrt entlang der Ostseite des Alftafjörður fallen zahlreiche Fischfarmen auf (11-35). An der West-

Abb. 11-33 Abfahrt zum Seyðisfjörður (Foto: M. Geyer)

seite erreicht die Tour schließlich Súðavík [112], ein kleiner Fischereihafen mit etwa 200 Einwohnern. Hier befindet sich das Arctic Fox Center (isländisch: Melrakkasétta), eine Forschungs- und Aufzuchtstation für kranke und schwache Polarfüchse mit Museum. Alle Informationen sind dreisprachig (isländisch, englisch und deutsch). Die Kirche von Súðavík [112] steht direkt an der Durchgangsstraße (11-36). 1995 forderte ein Lawinenabgang 14 Tote und zerstörte ein Viertel

Abb. 11-34 Blick auf die verschneiten Höhenrücken der Halbinsel Hornstrandir (Foto: M. Geyer)

Abb. 11-35 Fischfarm im Álftafjörður. Im Hintergrund die Straße 61 nach Ísafjörður. (Foto: M. Geyer)

Abb. 11-36 Lupinen an der Kirche von Súðavík (Foto: M. Geyer)

der Häuser von Súðavík [112].

Nach der Umrundung der letzten Landspitze und der Querung des 30 m langen Arnarnessgöng, der bei der Einweihung 1948 der erste Straßentunnel Islands war, erreicht die Tour den Skutulsfjörður und die Bucht von Ísafjörður [113] (deutsch: Eisfjord). Wenige Meter nach dem Tunnel zweigt ein Feldweg links ab. Lassen Sie das Fahrzeug hier stehen und gehen Sie das kurze Stück zu Fuß zum Leuchtturm Arnarnes hinauf; der Weg ist im oberen Teil in sehr schlechtem Zustand. Oben angekommen bietet sich vom Leuchtturm ein grandioser Rundblick auf Ísafjörður [113], die umliegenden Berge und die Halbinsel Snæfjöll (11-37).

Abb. 11-37 Ausblick vom Leuchtturm Arnarnes am Ísafjarðardjúp (Foto: M. Geyer)

Auf der Weiterfahrt wird die Landzunge von Ísafjörður [113] immer besser sichtbar. Im Sommerhalbjahr wird der Hafen mittlerweile auch von Kreuzfahrtschiffen angelaufen. Es bleibt zu hoffen, dass Ihr Aufenthalt nicht gerade mit dem Einfallen von 2000–3000 Schiffsgästen zusammenfällt! Die Straße führt an der Landebahn des Flugplatzes Ísafjörður [113] vorbei, der bei Piloten wie Fluggästen gleichermaßen wegen seines spektakulären Anflugs bekannt ist. An der Einmündung

Abb. 11-38 Ein Kar wie im Lehrbuch – gesehen vom Westufer des Skutulsfjörður (Foto: M. Geyer)

der Straße 60 (Vestfjarðavegur) kommt ein Gewerbegebiet. Von dort aus sind es noch knapp zwei Kilometer bis Ísafjörður [113]. Auf dem gegenüberliegenden Ufer des Skutulsfjörður ist ein wunderschönes Kar zu sehen (11-38).

Die Kleinstadt Ísafjörður [113] ist mit etwas über 2500 Einwohnern der mit Abstand größte Ort in den Westfjorden. Die ganzjährige Besiedlung ist mit Kirche und Handelsposten seit dem 16. Jahrhundert belegt. Neben der Fischindustrie ist heute der Tourismus die wichtigste Einnahmequelle. Wegen der zentralen Bedeutung für die Westfjorde gibt es hier alle Schulen, sämtliche Einkaufsmöglichkeiten, Banken, Post, Tankstellen, Autowerkstätten und mehrere Schwimmbäder. Auch vielfältige Übernachtungsmöglichkeiten (Hotels, Gästehäuser, Zeltplätze) und verschiedene Restaurants sind vorhanden. Ísafjörður [113] ist Ausgangspunkt für zahlreiche organisierte Exkursionen – unter anderem auch auf die Halbinsel Hornstrandir. Ferner gibt es hier das Museum der Westfjorde, sowie ein an die Stadtbibliothek angegliedertes Museum für Fotografie. Da die Stadt auf einer Landzunge im Fjord liegt, ist die innere Bucht mit dem Hafen besonders geschützt (11-39).

Abb. 11-39 Blick vom Hafen in Ísafjörður nach Süden auf den Inneren Ford (Foto: M. Geyer)

Ein kurzer, aber lohnenswerter Abstecher führt über die Straße 61 nach Bolungarvík [114] (900 Einwohner; deutsch: Holzhaufenbucht). Die Straße führt durch den 5,4 km langen, 2010 eröffneten Tunnel Bolungarvíkurgöng. Bitte beachten Sie, dass die ehemalige Piste 6302 (Óshlíðarvegur) entlang der Küste wegen Steinschlags nicht mehr durchgängig befahrbar ist (Stand: Sommer 2019). In Bolungarvík [114] eröffnete 1998 das erste naturkundliche Museum der Westfjorde, in dem neben Flora und Fauna der Westfjorde die Sammlung des Geologen Steinn Emilsson zu sehen ist. Ein frei zugänglicher Botanischer Garten besteht seit 2010 (11-40). Am östlichen Ortsrand befindet sich außerdem das Ósvör Meeresmuseum.

Abb. 11-40 Botanischer Garten in Bolungarvík (Foto: R. H. Ragnarsdóttir)

Wer noch etwas Zeit übrig hat, sollte bei klarer Sicht noch einige Kilometer westlich von Bolungarvík [114] auf der Straße 630 (Skálavíkurvegur) zur ehemaligen Radarstation Latrar der US-Streitkräfte fahren. Das 613 m hohen Bolafjall-Plateau im Umfeld der heute von der isländischen Küstenwache genutzten ehemaligen Radar-Anlage der USA ist eine natürliche Aussichtsplattform (11-41).

Die Fortsetzung der Tour führt über die Straße 61 bis zur Abzweigung der Straße 60 am südwestlichen Ortsrand von Ísafjörður [113]. Am Ortsende steigt die Straße leicht an und erreicht den Tunnel Vestfjarðagöng (Eröffnung 1996). Sind Sie schon einmal durch einen teilweise einspurigen Tunnel gefahren, in dessen Mitte sich eine Straßengabelung befindet? Wenn nicht, dann werden Sie es zur Weiterfahrt machen müssen! Das erste Teilstück (Tungudalur-Tunnel: 2,1 km) ist

Abb. 11-41 Aussichtspunkt Bolafjall westlich Bolungarvík (Foto: M. Geyer)

Abb. 11-42 Das nördliche Portal des Vestfjarðagöng (Foto: M. Geyer)

zweispurig ausgebaut, aber der zweite Teil (Breiðadalur-Tunnel: 4,1 km in Richtung Flateyri) und der hier weiter benutzte Botnsdalur-Tunnel (2,9 km) sind jeweils nur einspurig mit Ausweichstellen (11-42). Rasch führt die Straße nach dem Tunnelende hinunter an den Önundarfjörður, der auf einer Brücke gequert wird.

Vor der Brücke besteht die Möglichkeit zu einem Abstecher in das Korpudalur (11-43). Hier gibt es verschiedene Wandermöglichkeiten in einer stark von Gletschern geprägten Landschaft. Die Piste 627 in Richtung Ytri-Veðrará (Önundarfjarðarvegur; kleines blaues Hinweisschild) führt in einem weiten Bogen um das Fjordende herum und erreicht später wieder die Straße 60.

Abb. 11-43 Mitternachtssonne im Korpudalur (Foto: M. Geyer)

Die Tour führt über die Hochebene Gemlufallsheiði, die trotz ihrer geringen Höhe von nur 270 m im Winterhalbjahr ein großes Verkehrshindernis darstellt und in der Regel für den Verkehr gesperrt ist. Jenseits der Passhöhe geht es zum Dýrafjörður hinunter (11-44). Eine Brücke (klei-

Abb. 11-44 Abfahrt von der Hochfläche Gemslufallsheiði hinunter zum Dýrafjörður (Foto: M. Geyer)

Abb. 11-45 Herrlicher Blick in den abendlichen Dýrafjörður (Foto: N. Gies)

ner Rastplatz) verkürzt die Fahrt nach Þingeyri. In der Abendsonne eröffnet sich ein spektakuläres Panorama (11-45 und 11-46). Von oben betrachtet ist das ablaufende Wasser bei einsetzender Ebbe vor allem an den Brückenpfeilern deutlich zu sehen (11-47).

Abb. 11-46 Fast Mitternacht am Dýrafjörður (Foto: F. Rauscher)

Abb. 11-47 Eisnetzende Ebbe am Dýrafjörður. Die Strömung ist bei den Brückenpfeilern deutlich zu erkennen. (Foto: N. Gies)

Abb. 11-48 Die 1910 erbaute schneeweiße Kirche von Þingeyri (Foto: M. Geyer)

Abb. 11-49 Auffahrt zum Gränahorn (Foto: M. Geyer)

In der knapp 250 Einwohner zählenden Siedlung Þingeyri (11-48) am Fuß des Sandafell (360 m) gibt es Einkaufsmöglichkeiten, eine Bank, ein Schwimmbad und einen Zeltplatz. Zwei Fischfabriken sorgen für Arbeitsplätze, der Hafen war im 18. Jahrhundert ein Stützpunkt nordamerikanischer Fischer. In der Umgebung gibt es sehr beliebte Wandergebiete (z. B. Keldudalur, Helgafell, Haukadalur).

Von Þingeyri aus führt die Straße mit ansteigenden Kurven in Richtung Granahörn (11-49). An der höchsten Stelle ist eine Schutzhütte (11-50), bevor es nach Hrafnseyri (deutsch: Raben-Sandbank) am Arnarfjörður hinuntergeht (11-51 und 11-52). Schließlich kommt am Ende des

Abb. 11-50 Schutzhütte auf der Hochebene Hrafnseyrarheiði (Foto: M. Geyer)

Arnarfjörður (deutsch: Adlerfjord) der Wasserfall Dynjandi [115] in das Blickfeld (deutsch: der Tosende; 11-53).

Kurz vor dem Wasserfall zweigt die Piste 621

Abb. 11-51 Beginn der Abfahrt nach Hrafnseyri am Arnarfjörður (Foto: M. Geyer)

Abb. 11-52 Wenige Kilometer vor Hrafnseyri (Foto: M. Geyer)

Abb. 11-53 Gesamtansicht des Wasserfalls Dynjandi (Foto: N. Gies)

Abb. 11-54 Vom Parkplatz führt ein gut ausgebauter Wanderweg an den Fuß des Wasserfalls Dynjandi. (Foto: N. Gies)

(Dynjandavegur) ab. Vom Parkplatz führt ein Wanderweg auf der Südseite des Wasserfalls nach oben. Eigentlich besteht der seit 1981 unter Schutz stehende Dynjandi [115] aus mehreren Einzelfällen, von denen einige auch eigene Namen tragen. Bitte bleiben Sie zum Schutz der Vegetation auf den ausgeschilderten Wegen. Auch von dort aus gibt es ausreichend gute Fotomöglichkeiten! Die gesamte Fallhöhe beträgt um die 100 m. Charakteristisch ist auch das fächerförmige Erscheinungsbild: an der oberen Fallkante ist der Wasserfall etwa 30 m breit und im unteren Bereich sind es deutlich mehr als 50 m (11-54). Trotz der imposanten Erscheinung beträgt der durchschnittliche Sommerabfluss am Dynjandi [115] nur etwa 3–8 m^3/s. Im Winterhalbjahr ist es deutlich weniger – allerdings bieten die dann gefrorenen Wasserfälle einen ganz besonderen Anblick.

Zur Weiterfahrt geht es zurück auf die Straße 60 und dann relativ rasch ansteigend auf die Hochfläche Dynjandisheiði. Dabei quert die Piste auch den Dynjandisá. Auf der einsamen Strecke gibt es immer wieder Aussichtspunkte (11-55). Bitte lassen Sie das Fahrzeug aber nicht einfach am Pistenrand stehen, wenn Sie sich nicht unmittelbar in der

Nähe aufhalten. Bald ist die höchste Stelle der Hochebene Dynjandisheiði mit 500 m erreicht (11-56). Die Piste schlängelt sich anfangs noch zwischen Seen hindurch, aber die meiste Zeit geht es durch eine Steinwüste (11-57). Ein spektakulärer Ausblick bietet sich auf den

Abb. 11-55 Ausblick von der Hochfläche Dynjandisheiði auf den Fjord Dynjandisvogur (Foto: M. Geyer)

Abb. 11-56 Der höchste Punkt der Hochfläche Dynjandisheiði (Foto: M. Geyer)

Abb. 11-57 Vielerorts ist die Hochebene Dynjandisheiði eine Steinwüste. (Foto: M. Geyer)

Abb. 11-58 Ausblick auf den Geirþjófsfjörður (Foto: N. Gies)

Geirþjófsfjörður (11-58) und schließlich erreicht die Piste die Abzweigung auf die Straße 63 (Bíldudalsvegur) nach Bíldudalur (11-59).

Wenn Sie an dieser Kreuzung abkürzen möchten, fahren Sie geradeaus über die Tröllaháls-Hochebene (303 m) nach Flókalundur am Breiðafjörður (11-60). Kurz vor Erreichen der Straße 62 (Barðastrandarvegur) am Breiðafjörður kommt bei der Abfahrt rechts nach der Holzbrücke über den Fluss Penná die Statue Vegagerðarmaðurinn, die als steinerner Wächter die Straßenbauarbeiter beschützen soll (11-61).

Abb. 11-59 Die Hauptroute zweigt rechts ab. Geradeaus ist es kürzer zum Breiðafjörður. (Foto: M. Geyer)

Abb. 11-60 Von der Hochebene Tröllaháls führt die Piste hinunter zum Breiðafjörður. (Foto: M. Geyer)

Abb. 11-61 Die Steinstatue Vegagerðarmaðurinn an der Brücke über den Fluss Penná wacht über die Straßenarbeiter. (Foto: M. Geyer)

Abb. 11-62 Blick auf den Trostansfjörður (Foto: F. Rauscher)

Ab Flókalundur führt die Hauptroute weiter auf der Straße 62 bis zum Endpunkt **Búðardalur** [G].

Von der Abzweigung führt die Piste 63 allmählich hinunter an die südlichen Seitenarme des Suðurfirðir: zuerst verläuft die Piste entlang des Trostansfjörður (11-62), bevor am nachfolgenden Reykjafjörður der nächste Punkt erreicht wird.

Reykjarfjarðarsundlaug [116] ist ein kleines, 1975 errichtetes Schwimmbad direkt an der Piste. Gleich daneben gibt es auch zwei kleine Naturbecken, welche direkt von den bis zu 52°C heißen Quellen der Umgebung gespeist werden (11-63). Bitte achten Sie auf die

Abb. 11-63 Naturbecken neben dem Schwimmbad Reykjarfjarðarsundlaug (nicht sichtbar; hinter den Autos) (Foto: M. Geyer)

Abb. 11-64
Rostiges Fahrzeug am Fossfjörður vor Bíldudalur (Foto: N. Gies)

wechselnde Temperatur, bevor Sie sich in das Wasser setzen! Unmittelbar neben den Naturbecken des Reykjarfjarðarsundlaug [116] ist eine inzwischen grasbewachsene Torfscheune erhalten.

Weiter geht es den Fossfjörður (11-64) entlang nach Bíldudalur. Fisch- und Krabbenfang ist die wirtschaftliche Grundlage für die knapp 200 Einwohner des Ortes. Seit einigen Jahren werden auch erfolgreich Rotalgen geerntet, getrocknet und wegen ihren hohen Gehalte an Calcium und Magnesium sowie an Spurenelementen (Eisen, Zink, Selen) zu Pulver oder Tabletten gepresst und als Nahrungsergänzungsmittel verkauft (Hafkalk).

Die Straße 63 führt über die Hochfläche Tunguheiði und erreicht am Tálknafjörður wieder die Meeresküste. 5 Kilometer danach kommt Patreksfjörður in Sicht. Der Ort am gleichnamigen Fjord ist mit etwa 700 Einwohnern die größte Siedlung in den südlichen Westfjorden (11-65). Auch hier ist die Fischindustrie maßgeblich für die lokale Wirt-

Abb. 11-65
Patreksfjörður ist die größte Siedlung in den südlichen Westfjorden. (Foto: M. Geyer)

Abb. 11-66
Seit 1981 liegt der außer Dienst gestellte Fischkutter Garðar am Strandabschnitt Skápadalur. (Foto: M. Geyer)

Abb. 11-67
Von oben betrachtet: Das Wrack der Garðar am Strandabschnitt Skápadalur (Foto: N. Gies)

schaft. In Patreksfjörður gibt es alle Einkaufsmöglichkeiten sowie unterschiedliche Übernachtungsmöglichkeiten und ein Schwimmbad. Auf der weiteren Tour gibt es bis Flókalundur keine Tankmöglichkeit.

Die Weiterfahrt auf der Straße 62 (Barðastrandarvegur) führt zunächst am Nordufer des Patreksfjörður entlang. An der Wegkreuzung am Fjordende geht es ein kurzes Stück auf der Straße 612 (Örlygshafnarvegur) bis zu dem schon weithin sichtbaren Schiffswrack Garðar [117].

1981 wurde der Fischkutter Garðar [117] außer Dienst gestellt und an den Strandabschnitt Skápadalur geschleppt. Das seinerzeit moderne Stahlschiff rostet seit dieser Zeit auf dem Strand dahin (11-66 und 11-67).

Abb. 11-68 Das Freigelände des Flugzeug- und Technikmuseums in Hnjótur (Foto: M. Geyer)

Nach wenigen Kilometern kommt das Flugzeug- und Technikmuseum Hnjótur [118] mit seinem großen Freigelände (11-68). Ein weiterer Teil der Ausstellung ist der Heimatkunde gewidmet. Die Ausstellung ist ein Sammelsurium von verschiedenen Flugzeugen (darunter mit der russischen Antonov AN-2, der größte Doppeldecker der Welt, und eine Douglas C-117D, besser bekannt als DC-3), Schiffen, LKWs und anderen Gerätschaften, das von Egill Ólafsson zusammengetragen wurde. Der große Hangar stammt aus Deutschland und kam 1930 nach Island. Das heutige Museum Hnjótur [118] besteht seit 1983.

Die Piste 612 endet 15 km später am 1913 errichteten Leuchtturm Bjargtangaviti am Látrabjarg [119]. Dieser Punkt wird gerne als die westlichste Stelle Europas bezeichnet. Allerdings liegen die Azoren ein gutes Stück weiter westlich und geologisch gesehen liegen die Westfjorde bereits auf der Nordamerikanischen Kontinentalplatte. Beachten Sie bei aller Begeisterung für die größte Seevogelkolonie Islands die Absperrungen (11-69). Dies gilt insbesondere bei Nebel

Abb. 11-69 Die Hinweisschilder und Absperrungen am Látrabjarg sind durchaus ernst gemeint. (Foto: M. Geyer)

Abb. 11-70 Die lange Steilküste am Látrabjarg ist die größte Seevogelkolonie Islands. (Foto: N. Gies)

und feuchter Witterung. Die Steilwand fällt abschnittsweise bis zu 440 m senkrecht in den Nordatlantik ab; der gesamte Küstenabschnitt hat immerhin eine Länge von 14 km (11-70). Bei besonders klarer Sicht ist ein Ausblick auf den Vulkan Snæfellsnes [124] möglich. Durch die vielfache Überlagerung von harten Lavaströmen und den weicheren roten Zwischenlagen (vgl. **Tour VII**) wurde für Seevögel am Látrabjarg [119] ein idealer Lebensraum geschaffen. Neben den Papageitauchern, Trottellummen und Tordalken sind auch verschiedene Möwenarten anzutreffen. Dabei besiedeln die Vogelgruppen immer ganz spezifische Abschnitte in der Felswand (vgl. **Einleitung**). Die Papageitaucher brüten zum Beispiel fast ausschließlich in den höchsten Lagen (11-71). Dabei höhlen sie die weichen roten Zwischenlagen teilweise so stark aus, dass der Überhang für Menschen nicht mehr tragfähig

Abb. 11-71 Gruppe von Papageitauchern am Látrabjarg (Foto: N. Gies)

Abb. 11-72 Einzelner Papageitaucher am Látrabjarg (Foto: N. Gies)

sein kann. Mit der gebotenen Vorsicht lassen sich hier fantastische Aufnahmen machen (11-72). Dennoch muss das Schauspiel vor einigen Jahren noch spektakulärer gewesen sein, denn die derzeitige Erwärmung des Nordatlantiks führte dazu, dass kälteliebende Fische nach Norden abwanderten. In der Folge verhungerten Abertausende von Seevögeln; besonders stark vom Rückgang betroffen sind die Papageitaucher.

Genauso bekannt wie die Seevogelkolonie sind zwei historische Ereignisse in den Jahren 1947 und 1948. Am 12. Dezember 1947 lief der englische Fischtrawler Dhoon bei Sturm vor der Steilküste des Látrabjarg [119] auf Grund. Zur Rettung der Überlebenden mussten die per Funk aus Reykjavík verständigten Bewohner von Breiðavík (deutsch: breite Bucht) 5 km und die Helfer aus Patreksfjörður 22 km bei schlechtem Wetter und Dunkelheit zur vereisten Steilwand laufen. Um diese Jahreszeit gibt es hier im Dezember bestenfalls einige Stunden Dämmerlicht. Was dann folgte, gilt zu Recht als eine der gefährlichsten Rettungsaktionen in der Seefahrt: 12 Personen ließen sich an Seilen über die brüchige Felswand hinunter. In etwa 80 m Höhe wurde ein Zwischenlager eingerichtet. 4 Helfer wurden dann noch bis an die Küste abgeseilt und mussten danach noch einige Kilometer über

Abb. 11-73 Gedenktafel für die Rettungsaktion am Látrabjarg im Jahr 1947 (Foto: R. H. Ragnarsdóttir)

glitschige Felsen in die Nähe des Schiffs vordringen – im Brandungsbereich und bei ständiger Gefahr durch Steinschlag. Die Rettungsaktion dauerte mehr als 24 h, aber alle 12 Überlebenden konnten schließlich die Steilwand hochgehievt werden. Nahezu genau ein Jahr später wurde das Ereignis verfilmt. Die Aufnahmen vom Aufbruch der Helfer waren fertig, als sich das Wetter verschlechterte. Dann passierte das Unglaubliche: In der Nacht lief das englische Schiff Sargon C853 nahezu an derselben Stelle auf Grund. Die in ähnlicher Weise ablaufende und genauso erfolgreiche Rettungsaktion wurde gefilmt. Der Dokumentarfilm „Die Rettungstat von Látrabjarg" (isländisch: Björgunarafrekið við Látrabjarg) ist ein einmaliges Filmdokument menschlicher Hilfsbereitschaft. Unweit des Leuchtturms am Látrabjarg [119] wurde 1997 ein Gedenkstein errichtet (11-73).

Zur Weiterfahrt führt die Tour zunächst auf der Piste 612 zurück. Bei Hvallátur und Breiðavík lohnt sich noch ein kurzer Stopp an den ausgedehnten Sandstränden (11-74). Am Patreksfjörður liegt die gleichnamige Kleinstadt am gegenüberliegenden Ufer (11-75). Die rechts abzweigende Piste 614 führt an die Südküste an den Strand Rauðasandur, bekannt für seinen rötlich gefärbten Sand, der durch die Verwitterung der eisenhaltigen roten Zwischenlagen an der Steilküste

Abb. 11-74 Sandstrand bei Breiðavík (Foto: F. Rauscher)

von Látrabjarg [119] entstanden ist. Nach dem Schiffswrack Garðar [117] zweigt die Tour auf die Straße 62 in Richtung Brjánslækur zur Hochfläche Kleifarheiði ab. Noch vor der Passhöhe auf 404 m befindet

Abb. 11-75 Blick auf Patreksfjörður (Foto: F. Rauscher)

Abb. 11-76 Abendlicher Ausblick vom Barðaströnd über den Breiðafjörður auf den Snæfellsjökull (Foto: F. Rauscher)

sich ein kleiner Parkplatz bei der Steinskulptur Kleifabúi, die 1947 von den Straßenbauarbeitern errichtet wurde und den Bauern und Politiker Hákon Kristófersson mit Schwert darstellt.

Schließlich erreicht die Straße die Nordküste des Breiðafjörður. Bei klarer Sicht ist bisweilen der Snæfellsjökull [124] zu sehen (11-76). Nach einigen Kilometern kommt die Straße nach Brjánslækur.

Von hier besteht eine Fährverbindung zur Insel Flatey (deutsch: flache Insel) und weiter nach Stykkishólmur auf der Halbinsel Snæfellsnes. Dort besteht Anschluss an die **Tour XII**. Die Überfahrt dauert mit einem kurzen Zwischenstopp auf Flatey 2 ½ h und erspart die lange Umrundung des Breiðafjörður.

Die Insel Flatey ist nur etwa 2,8 km² groß, war seit der Landnahme immer besiedelt und liegt mitten im Breiðafjörður. Einige Holzhäuser rund um den Hafen, eine Kirche und ein Hotel – mehr Platz ist auf dem Eiland nicht (11-77). Flatey spielt aber in der isländischen Literatur eine große Rolle. Dazu gehört unter anderem eine Sammelschrift isländischer Sagas aus dem 14. Jahrhundert (Flateyjarbók). Seit dem Zweiten

Abb. 11-77 Bunte Holzhäuser auf der Insel Flatey (Fotos: oben: R. H. Ragnarsdóttir, unten: M. Geyer)

Weltkrieg war die Insel mehrfach Schauplatz zeitgenössischer Erzählungen und Romane sowie Drehort für Filme.

Bei Brjánslækur befindet sich auch das teilweise schluchtartige Tal Surtarbrandsgil [120] (deutsch: Brandholzschlucht). Hier sind in ähnlicher Weise wie bei Húsavíkurkleif [104] kohlige Lagen zwischen den vulkanischen Ablagerungen zusammen mit Holzresten und Pflanzenfossilien anzutreffen (11-78; Denk et al 2011). Die Wanderung nach

Abb. 11-78 Im Tal Surtarbrandsgil sind Kohlelagen und Holzreste (rechts) zwischen vulkanischen Ablagerungen aufgeschlossen (Foto: I. Waller)

Surtarbrandsgil [120] ist seit 2019 zum Schutz der Aufschlüsse nur nach vorheriger Anmeldung und mit Führung möglich. Die gesamte Wegstrecke (Hin- und Rückweg) beträgt etwa 8 km. Es besteht absolutes Sammelverbot.

Etwas weiter nördlich trifft die Küstenstraße bei Flókalundur auf die Abzweigung der Piste 60. Hier trifft die Abkürzungsstrecke über den Tröllaháls Pass wieder auf die Hauptroute. Unmittelbar nach der

Abb. 11-79 Am frühen Morgen in der Nähe des Naturbads bei Flókalundur (Foto: F. Rauscher)

Abb. 11-80 Blick von der Südspitze der Halbinsel Skálanes auf den verschneiten Snæfellsjökull (Foto: M. Geyer)

Tankstelle und dem Hotel ist auf der rechten Seite ein Parkplatz. Von dort aus führt ein kurzer Fußweg an den Strand zu einem warmen Naturbecken (11-79).

Die Straße 60 verläuft ab jetzt am Ufer des Breiðafjörður, gelegentlich wird eine Landspitze über eine Passhöhe abgekürzt.

An der Südspitze der Halbinsel Skálanes [121] bietet sich an einigen Stellen bei guter Fernsicht ein ausgezeichneter Ausblick auf den Snæfellsjökull [124] (11-80). Bitte bleiben Sie aber nicht unvermittelt an der Straße stehen, sondern suchen Sie eine geeignete Parkmöglichkeit.

Wenig später weisen aufsteigende Rauchsäulen auf heiße Quellen im Gufudalur hin (Schwimmbad). Die Straße quert den knapp 300 m hohen Pass Hjallaháls. Es folgt die Abzweigung der Straße 607 (Reykhólasveitarvegur) nach Reykhólar (deutsch: rauchende Hügel). In dem kleinen Ort mit etwa 150 Einwohnern gibt es Grundversorgung, einen Zeltplatz, eine Jugendherberge und einige Gästezimmer sowie eine Tankstelle und ein Schwimmbad.

Die Richtung der Straße ändert sich allmählich und führt nach Süden, an der Häusergruppe Króksfjarðarnes vorbei und über eine Brücke über den Gilsfjörður. Jetzt beginnt die Fahrt durch das Svínadalur (deutsch: Schweinetal), an dessen Ende Laugar liegt. Die Umgebung dieses Sport- und Hotelkomplexes mit Schwimmbad ist ein sehr beliebtes Wandergebiet (11-81). Etwa 10 km südlich von Laugar geht die Rundfahrt durch die Westfjorde in **Búðardalur [G]** zu Ende (deutsch: Ladental). Der Ort hat knapp 300 Einwohner und wegen seiner Lage an einer der beiden Zugangsstraßen zu den Westfjorden einige Einkaufsmöglichkeiten, Tankstelle und Autowerkstatt.

Abb. 11-81 In unmittelbarer Nähe des Schwimmbads von Laugar gibt es vielfältige Wandermöglichkeiten. (Foto: M. Geyer)

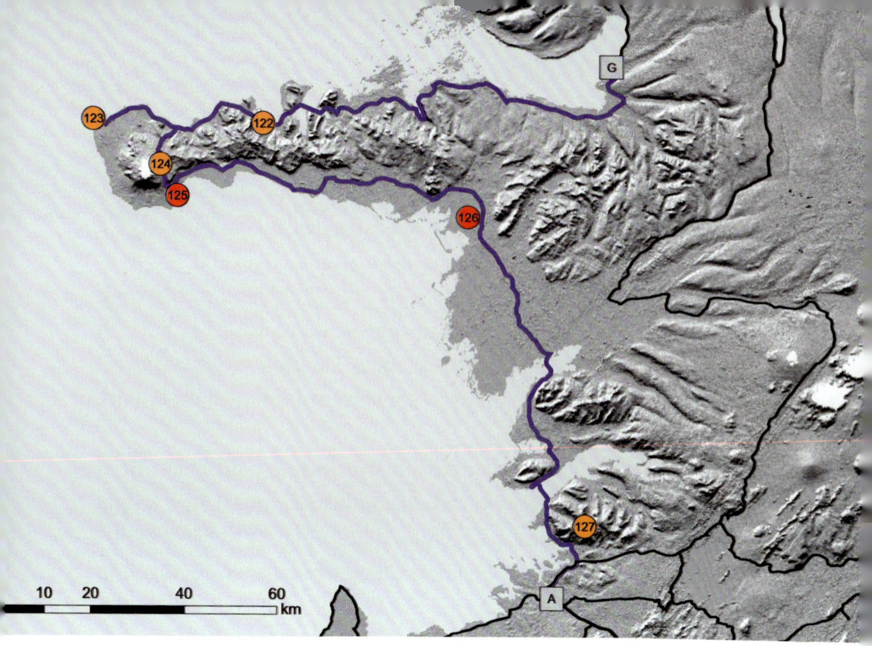

Tour XII – Snæfellsnes und Westisland

Die hier beschriebene Tour hat eine Länge von 380 km und führt von **Búðardalur [G]** an der Nordküste der Halbinsel Snæfellsnes (deutsch: Schneeberg-Halbinsel), über die Piste F570 (Jökulhálsleið) an den Fuß des Snæfellsjökull [124] und über die Südküste der Halbinsel zur Ringstraße bei Borgarnes und zurück nach **Reykjavík [A]**. Dort besteht Anschluss zur **Tour II**, **Tour III**, **Tour IV** und **Tour XIII**. Die F570 (Jökulhálsleið), einige Abschnitte im Verlauf der Straße 54 (Snæfellsnesvegur) sowie die Piste F579 (Öndverðarnesvegur) sind nicht asphaltiert. Außerdem ist die Passstraße in der Regel nur zwischen Ende Juni und Mitte August geöffnet. Doch auch in diesem Zeitraum kann die Piste witterungsbedingt gesperrt sein. Bitte erkundigen Sie sich vor Reiseantritt über die aktuellen Bedingungen. Verwaltungsmäßig gehört das gesamte Gebiet der Halbinsel Snæfellsnes zur Region Vesturland.

Abb. 12-1 Querung der Bakká auf dem Snæfellsnesvegur in Richtung Grundarfjörður (Foto: M. Geyer)

Die Tour startet in der Kleinstadt Búðardalur [G] an der Straße 60 (Vestfjarðarvegur) und führt zunächst einige Kilometer nach Süden bis zur Kreuzung mit der Straße 54 (Snæfellsnesvegur) in Richtung Grundarfjörður und Ólafsvík. Anfangs verläuft die Straße 54 weitgehend geradewegs nach Westen. Hinter der zweiten Brücke befindet sich ein Parkplatz mit Ausblick in eine kleine Schlucht (12-1). Erst kurz vor der Abzweigung der Straße 55 (Heydalsvegur) nähert sich die Tour wieder der Küste des Hvammsfjörður, der seinerseits der östlichste Seitenarm des Breiðafjörður (deutsch: breiter Fjord) ist. An einem einzelnen Haus biegt die Straße 54 nach rechts ab (12-2).

Abb. 12-2 Abzweigung Straße 55 (Heydalsvegur) (Foto: M. Geyer)

Abb. 12-3 Ausblick auf den Breiðafjörður vom Parkplatz am Straumsfell (Foto: M. Geyer)

Danach verläuft die Tour auf der Straße 55 in Küstennähe. Nach etwa 20 km steigt die Straße leicht zum Straumsfell (104 m) an. Nahe der höchsten Stelle ist ein Parkplatz mit Aussichtspunkt auf der rechten Seite (Narfeyri). Bei klarer Sicht ist im Westen der Fährhafen von Stykkishólmur zu sehen. Gleichzeitig bietet sich von dieser Stelle ein schönes Fjordpanorama mit zahlreichen Inseln (12-3).

Der Breiðafjörður hat einen großen Tidenhub von bis zu 6 m. Dadurch erklärt sich auch die biologische Vielfalt dieser Küste. Der Fjord ist ein wichtiges Fischgewässer und auch Wale sind immer wieder anzutreffen. Unter den Seevögeln sind Eissturmvogel, Papageitaucher und Eiderente besonders häufig. Die Seeadlerpopulation dieses Gebiets gehört zu den größten in Island.

Bald danach führt die Straße 54 um den kleinen Álftafjörður. Das „Earth Check" Hinweisschild verweist auf eine weltweite Privatinitiative, deren Mitglieder sich freiwillig besonders strengen Nachhaltigkeitsregeln unterwerfen. Der Westteil der Halbinsel Snæfellsnes ist bereits seit 2003 in diesem Verbund. Nach der Querung einer Brücke führt die Piste am Westufer des Álftafjörður nach Norden und erreicht einige Kilometer später die Abzweigung der Straße 58 (Stykkishólmsvegur) nach Stykkishólmur. Von dort gibt es eine Fährverbindung über den Breiðafjörður zur Insel Flatey und nach Brjánslækur in den Westfjorden (**Tour XI**). Im Ort gibt es außerdem ein Vulkanmuseum, dessen thematischer Schwerpunkt auf der Halbinsel Snæfellsnes liegt.

Von dieser Kreuzung aus sind es noch 29 km nach Grundarfjörður. Auf zwei Dämmen quert die Straße 54 zuvor die südlichsten Ausläufer des Kolgrafafjördur. In diesem Fjord verendeten 2013 riesige Mengen

Abb. 12-4 Die Kirche von Grundarfjörður wurde 1963 erbaut. (Foto: M. Geyer)

von Heringen, wobei als Ursache mangelnder Wasseraustausch wegen der neu errichteten Dämme vermutet wird.

Bei der Einfahrt nach Grundarfjörður rückt der Höhenrücken Kirkjufell [122] (463 m) ins Blickfeld (deutsch: Kirchberg). Im Ort gibt es die wichtigsten Einkaufsgelegenheiten sowie Post, Bank, Tankstelle, Schwimmbad und verschiedene Übernachtungsmöglichkeiten (Hotel, Gästehäuser, Jugendherberge, Zeltplatz). Die 1963 erbaute Kirche befindet sich etwas oberhalb der Durchgangsstraße (12-4). Grundarfjörður liegt im Inneren des gleichnamigen Fjords und entsprechend geschütztem Hafen (12-5). Der Hafen ist

Abb. 12-5 Grundarfjörður verfügt über einen geschützten Hafen. (Foto: N. Gies)

Abb. 12-6 Der Hafen von Grundarfjörður dient hauptsächlich dem Fischfang. (Foto: M. Geyer)

zwar vor allem für den Fischfang bedeutend (12-6), wird allerdings seit einigen Jahren auch von kleinen Kreuzfahrtschiffen angesteuert.

Kurz nach dem Ortsende von Grundarfjörður auf der Straße 54 in Richtung Ólafsvík befindet sich ein Parkplatz mit Infotafel und gutem Ausblick auf den Kirkjufell [122] auf der rechten Straßenseite (12-7). Der Kirkjufell [122] ist wegen seiner durch eiszeitliche Gletscher erzeugten Form möglicherweise der am meisten fotografierte Berg von Island. Das Besteigen des 463 m hohen Berges ist nur etwas für Schwindelfreie und geübte Bergsteiger und erfolgt am besten entlang der Südwestflanke. Seile dienen im oberen Bereich als willkommene Aufstiegshilfe. Der Hangfuß des Kirkjufell [122] besteht aus sandigen Sedimentlagen, die Fossilien enthalten. Darüber folgen

Abb. 12-7 Der Kirkjufell liegt am westlichen Ortsrand von Grundarfjörður an der Straße 54. (Foto: M. Geyer)

Abb. 12-8 Der von Gletschern geformte Kirkjufell im Morgenlicht (Foto: R. Wandke)

die Ablagerungen mehrerer Lavaströme, die ihrerseits wieder von geringmächtigen Sedimentlagen getrennt werden. Der Gipfelbereich besteht aus Hyaloklastiten. Darunter versteht man glasartige Tuffe, die auf einen Ausbruch unter einem Gletscher hinweisen (vgl. Einleitung; Thordarson & Höskuldsson 2014). Im Morgenlicht (12-8) und aus der Luft wirkt der Kirkjufell [122] besonders eindrucksvoll (12-9).

Abb. 12-9 Der Kirkjufell von oben (Foto: N. Gies)

Abb. 12-10 Blick auf Ólafsvík mit dem Snæfellsjökull im Hintergrund (Foto: M. Geyer)

Die Straße 54 führt in westlicher Richtung weiter nach Ólafsvík. Nach 17 km biegt die Straße 54 nach Borgarnes ab. Der Streckenverlauf wechselt auf die Straße 574 (Útnesvegur). Kurz vor Ólafsvík taucht bei klarer Sicht der Snæfellsjökull [124] auf (12-10).

Ólafsvík ist mit etwa 900 Einwohnern etwa gleich groß wie Grundarfjörður. Der Ort konnte bis 1963 jedoch nicht auf einer mit einem normalen PKW zu befahrenen Straße erreicht werden. Außerdem war der alte Hafen den Nordstürmen ausgesetzt, weshalb Ólafsvík erst mit dem Hafenneubau in den 1960er Jahren Standort einer lokalen Fischereiflotte wurde und damit den weiter westlich gelegenen Hafen Rif ablöste.

Von Ólafsvík führt die Küstenstraße 574 an Rif und Hellissandur sowie dem großen Langewellen-Sendemast Gufuskálar vorbei bis zur Abzweigung der Piste 579 (Öndverðarnesvegur) zum Leuchtturm und Vogelfelsen Öndverðarnes [123]. Eine relativ schlechte Piste führt zum Leuchtturm an der Westspitze der Halbinsel Snæfellsnes (12-11) und einem Vogelfelsen mit schönem Brandungstor (12-12). Unterwegs passiert der Weg eine Abzweigung zu einem weiteren, etwas weiter südlich gelegenen Leuchtturm (Svortuloft). Der 1973 erbaute Leucht-

Abb. 12-11 Der Leuchtturm Öndverðarnes an der Westspitze der Halbinsel Snæfellsnes (Foto: M. Geyer)

Abb. 12-12 In der Umgebung des Leuchtturms Öndverðarnes gibt es auch zahlreiche Vogelfelsen. (Foto: M. Geyer)

turm Öndverðarnesviti in der Nähe des Parkplatzes am Ende der Piste 579 kann nicht besichtigt werden. In der Umgebung sind zahlreiche Mauerreste einer zu Beginn des 20. Jahrhunderts aufgegebenen Siedlung erkennbar. Bei klarer Sicht ist der Vulkan Snæfellsjökull [124] gut sichtbar. Bitte bleiben Sie insbesondere im Bereich des Vogelfelsens Öndverðarnes [123] auf dem beschilderten Rundweg und halten Sie Abstand zu den ungesicherten Felsklippen.

Von hier aus führt die Tour auf derselben Strecke zurück bis zur Abzweigung der Passstraße F570 (Jökulhálsleið) zum Snæfellsjökull [124] am östlichen Ortsrand von Ólafsvík.

Sollte die Passstraße zum Snæfellsjökull [124] geschlossen sein oder Sie sich diese abenteuerliche Piste nicht zutrauen, dann besteht die Möglichkeit, auf der Straße 574 die Halbinsel weiter zu umrunden. Die Strecke führt im Lavafeld Beruvíkurhraun am Krater Saxhóll, an verschiedenen bizarren Felsformationen wie z. B. Tröllakirkja (deutsch: Trollkirche) und der Lavahöhle Vatnshellir vorbei. Beim Leuchtturm Malarrif wurde 2019 ein neues Besucherzentrum des seit 2003 bestehenden Nationalparks Snæfellsjökull eingerichtet. Bemerkenswert ist auch die Hinweistafel beim Parkplatz Laugarbrekku. Die von diesem heute aufgelassenen Hof stammende Guðríður Þorbjarnardóttir begleitete ihren Mann um das Jahr 980 zuerst nach Grönland, bevor sich

Abb. 12-13 Die geschotterte Snæfellsjökull Passstraße beginnt recht harmlos. (Foto: N. Gies)

Abb. 12-14 Allmählich steigt die Snæfellsjökull Passstraße an. (Foto: M. Geyer)

Abb. 12-15 Bei guten Wetterbedingungen ist auch dieser Abschnitt der Snæfellsjökull Passstraße zu meistern. (Foto: M. Geyer)

die beiden vorübergehend in Neufundland niederließen. Dort gebar sie angeblich als erste Europäerin in Nordamerika ein Kind. Später reisten die beiden über Grönland nach Norwegen und weiter nach Rom.

Diese Ersatzroute trifft bei Arnarstapi [125] wieder auf die Hauptstrecke dieser Tour.

Von der Abzweigung an der Küstenstraße führt die Piste 570 zum Snæfellsjökull [124]. Trotz teilweise großer Lavageröllе auf der Fahrbahn ist die Piste mit einem normalen Geländewagen gut zu befahren (12-13). Bei Nebel sollten Sie allerdings unbedingt entsprechend umsichtiger fahren. Die Passstraße zum Snæfellsjökull [124] schraubt sich mit abschnittsweise starken Steigungen rasch nach oben (12-14). Schließlich quert die Piste ein Hochtal (12-15). Bei schlechter Sicht ist der Anblick allerdings kaum wiederzuerkennen (12-16). Am Höhenpunkt 500 m zweigt die Piste F575 (Eysteinsdalsleið) nach Westen ab.

Abb. 12-16 Bei schlechten Wetterbedingungen ist von Aussicht auf der Snæfellsjökull Passstraße keine Spur mehr. (Foto: M. Geyer)

Die letzten Höhenmeter führen meist durch Schneemauern (12-17 und 12-18). Es gibt in diesem Bereich kaum Ausweichstellen, daher ist entsprechende Vorsicht geboten. An der höchsten Stelle der Passstraße über den Snæfellsjökull [124] eröffnet sich am Náttmálahnúkur (590 m) die Aussicht auf die Südküste der Halbinsel Snæfellsnes (12-19). Achten Sie aber im Bereich dieses Abschnitts be-

Abb. 12-17 Oft genug ist auch der weitere Straßenverlauf der Snæfellsjökull Passstraße nur noch undeutlich erkennbar. (Foto: M. Geyer)

Abb. 12-18 Unterhalb der Passhöhe quert die Snæfellsjökull Passstraße noch einmal ein Nebelloch. (Foto: M. Geyer)

sonders auf kleine Lavahöhlen und bleiben Sie mit dem Fahrzeug unbedingt auf der Piste. Von oben betrachtet ist der Ausblick noch spektakulärer (12-20). Der Vulkan Snæfellsjökull [124] (1466 m, 12-21) und die unmittelbare Umgebung sind Teil des gleichnamigen 170 km² großen Nationalparks, der seit 2001 besteht. Geologisch ist der Snæfellsjökull [124] ein aktiver Stratovulkan, der in den letzten 800‘000 Jahren mehrere, teilweise sehr heftige, explosive Ausbrüche zu verzeichnen hatte. Der

Abb. 12-19 Geschafft: die Passhöhe der Snæfellsjökull Passstraße (Foto: M. Geyer)

Abb. 12-20 Grandiose Aussicht von der Passhöhe der Snæfellsjökull Passstraße (Foto: N. Gies)

Abb. 12-21 Der Gipfel des Snæfellsjökull ragt als Nunatak aus dem Eis. (Foto: N. Gies)

jüngste Ausbruch war vor 1800 Jahren (Kristjánsson & Valdimarsdóttir 2010). Der Lavastrom Háahraun auf der Südflanke des Vulkans geht auf diesen Ausbruch zurück. Aschenlagen von diesem Vulkan sind in weiten Gebieten Westislands nachweisbar. Der Snæfellsjökull [124] ist Teil eines mehrere 10er Kilometer langen, in West-Ost-Richtung verlaufenden Vulkansystems, welches sich bis zum Grábrók [132] bei Bifröst erstreckt (Einleitung und **Tour XIII**) und bereits vor 7–8 Millionen Jahren aktiv war. Die Existenz von Palagonit-Tuff verweist zudem auf eine subglaziale Ausbruchstätigkeit. In den Lavaströmen sind zahlreiche Höhlen. Bitte betreten Sie die Höhlen nur im Rahmen von angebotenen Führungen.

Gesichert wurde der Gipfel des Snæfellsjökull [124] erstmalig 1753 von Bjarni Pálsson und Eggert Ólafsson bestiegen (vgl. **Einleitung**). Der Gletscher hat sich heute auf den Gipfelbereich zurückgezogen, wobei der Berggipfel als Nunatak aus dem Eis herausschaut. Messungen haben ergeben, dass der Gletscher von 12,5 km² (2002) auf 10 km² (2010) geschrumpft ist. Dies entspricht der Abnahme anderer Eiskappen in Island. Bei einer Fortdauer dieser Tendenz wird der Gletscher am Snæfellsjökull [124] in ca. 30 Jahren verschwunden sein (Jóhannesson et al. 2011).

Der Snæfellsjökull [124] ist auch Schauplatz des bekannten Romans „Reise zum Mittelpunkt der Erde“ von Jules Verne. Darüber hinaus ranken sich zahlreiche andere Mythen und mehr oder weniger fantasievolle Geschichten um diesen Berg.

Bei der nunmehr beginnenden Abfahrt bietet sich ein schöner Ausblick auf den Stapafell (521 m, 12-22). Kurz vor Erreichen der Küstenstraße 574 führt die Tour an der Höhle Sönghellir

Abb. 12-22 Der Stapafell beherrscht den Anblick bei der Abfahrt an die Südküste der Halbinsel Snæfellsnes. (Foto: M. Geyer)

Abb. 12-23 Im unteren Bereich der Snæfellsjökull Passstraße sind spektakuläre Lavaaufbrüche zu bewundern. (Foto: M. Geyer)

vorbei (Parkplatz, Infotafel). Unmittelbar vor dem Ende der Passstraße Snæfellsjökull [124] sind beidseits der Piste eindrucksvolle Aufbrüche in den Lavafeldern sichtbar (12-23).

An der Küstenstraße 574 angekommen, führt die Strecke zuerst ein kurzes Stück nach Westen, bevor eine Abzweigung auf einer kurzen Stichstraße nach Arnarstapi [125] führt. Von dem kleinen gleichnamigen Fischereihafen (12-24) führt ein sehr abwechslungsreicher, etwa 4 km langer Küstenwanderweg nach Hellnar. Der Weg beginnt am Parkplatz oberhalb des Hafens und führt zuerst an einem kleinen Leuchtturm vorbei und erreicht dann eine Naturbrücke (12-25). In den Felswänden und vorgelagerten Felsinseln nisten auch zahlreiche Seevögel. Etwas oberhalb des Weges rückt eine aus Basaltsteinen errich-

Abb. 12-24 Der kleine Fischereihafen von Arnarstapi an der Südküste der Halbinsel Snæfellsnes (Foto: M. Geyer)

Abb. 12-25 Naturbrücke zwischen Arnarstapi und Hellnar an der Südküste der Halbinsel Snæfellsnes (Foto: M. Geyer)

tete Skulptur ins Blickfeld, welche den Halbtroll Bárður Snæfellsás darstellt, der im Frühmittelalter Stoff für zahlreiche Sagas lieferte. Von der Steilküste bieten sich immer wieder Blicke auf Buchten mit sehr schönen Basaltfächern (12-26). Der Weg quert anschließend das

Abb. 12-26 Basaltfächer an der Südküste der Halbinsel Snæfellsnes zwischen Arnarstapi und Hellnar (Foto: M. Geyer)

Abb. 12-27 Bizarre Lavaformen zwischen Arnarstapi und Hellnar. Im Hintergrund der Stapafell. (Foto: M. Geyer)

Abb. 12-28 Graue Lava mit Fließfalten am Strand von Hellnar (Foto: M. Geyer)

knapp 4000 Jahre alte Lavafeld Hellnahraun (Kristjánsson & Valdimarsdóttir 2010; 12-27) und erreicht den Ort Hellnar. Ein eindrucksvolles Felsentor und ungewöhnliche, graue Lavaformationen mit spezieller Zusammensetzung (vgl. **Einleitung**) prägen vor allem die Bucht nahe des kleinen Hafens (12-28). Von Hellnar geht es über den gleichen Weg zurück nach Arnarstapi [125].

Die Tour bleibt zunächst auf der Küstenstraße 574 und ab der Einmündung in die Straße 54 (Snæfellsnesvegur) weiter in Richtung Borgarnes bzw. Reykjavík. Kurz vor dieser Einmündung ist ein Parkplatz auf der rechten Seite. Eine Infotafel macht Angaben zu Axlar-Björn, der im 16. Jahrhundert zahlreiche Raubmorde begangen hat und 1596 in Laugarbrekku nördlich von Hellnar hingerichtet wurde.

Die Straße 54 verläuft einige Kilometer relativ dicht an der Küste und führt dann in nördlicher Richtung bis zur Piste 571 (Ölkelduvegur). Über diese gelangt man nach wenigen 100 Metern zur Quelle Ölkelda. Hier können Sie lauwarmes, kohlensäurehaltiges Wasser kosten. Nach

Abb. 12-29 Der Eldborg an der Südküste der Halbinsel Snæfellsnes (Foto: M. Geyer)

der Einmündung der Straße 56 (Vatnaleið) rücken nördlich der Straße 54 bei guter Sicht die imposanten Basaltsäulen des Gerðuberg ins Blickfeld und südlich der Straße ist schon von weitem der Vulkan **Eldborg [126]** zu sehen (deutsch: Feuerstadt). Unmittelbar nach der Abzweigung 567 (Kolviðarnesvegur) nach Süden quert die Straße einen Wasserlauf. Gleich danach führt die (schlechte) Piste Rauðamelsvegur nach Norden an den Fuß des Gerðuberg. Wenn Sie etwas mehr Zeit haben, gelangen Sie im weiteren Verlauf zur Kirche Ytri-Rauðamelskirkja und schließlich zur Quelle Rauðamelsölkelda. Die Route führt weiter entlang des Südrands des Lavafelds Rauðhálsahraun, an dessen Ende eine Piste nach rechts abbiegt (Stóra Hraun). Nach etwa 1,5 km zweigt ein kurzer Fußweg nach links und führt nach Landbrotalaug, einer knapp 40 °C warmen Quelle, die in einem sehr kleinen Becken gefasst ist und 2–3 Personen Platz für ein wärmendes Bad bietet.

Von der Hauptroute auf der Straße 54 zweigt nach der Einmündung der Straße 55 (Heydalsvegur) eine Piste nach Westen in Richtung Snorrastaðir ab. Unweit der Häusergruppe führt ein Pfad zunächst flussaufwärts der Kaldá an den Fuß des etwa 3 km entfernt liegenden **Eldborg [126]** (12-29). Geologisch handelt es sich um einen Schweißschlackenkegel mit einem Basisdurchmesser von etwa 200 m, dessen

Abb. 12-30 Rückblick über die Bucht von Borgarnes (Foto: M. Geyer)

heute etwa 50 m tiefer Krater zuletzt vor 5000–6000 Jahren ausgebrochen ist. Der Eldborg [126] ragt etwa 100 m über die Küstenebene empor. Ketten sichern den teilweise steilen Aufstieg.

Weiter geht es auf der Straße 54 nach Borgarnes. Hier wird die Ringstraße erreicht. In Borgarnes (knapp 2000 Einwohner) bestehen alle Einkaufs- und Unterkunftsmöglichkeiten. Ein größeres Gewerbegebiet (mit Tankstellen) liegt direkt an der Zufahrt zur Brücke über den Borgarfjörður. Von der Südostseite der 520 m langen und 1980 fertiggestellten Brücke bietet sich ein hübscher Rückblick auf Borgarnes (12-30).

Die Ringstraße nach **Reykjavík [A]** führt zuerst am Borgarfjörður entlang und schwenkt dann kurz ins Landesinnere ein, bevor sie wieder am Hvalfjörður (deutsch: Walfjord) bei Akranes auf den Nordatlantik trifft.

Wer eine längere Tunnelfahrt scheut oder mehr Zeit hat, der kann auf der Straße 47 (Hvalfjarðarvegur) den Hvalfjörður umrunden. Eine Aluminiumfabrik am Nordufer dieses Fjords ist mit Abstand der wichtigste Arbeitgeber in der Region. Eine in den 1980er Jahren stillgelegte Walfangstation ist seit 2008 wieder in Betrieb. Walfleisch wurde in Island schon immer verzehrt (vgl. **Einleitung**). Die Tour um den Fjord führt auch in der Nähe von Islands zweithöchstem Wasserfall Glymur

Abb. 12-31 Wanderparkplatz am Fuß der Esja (Foto: M. Geyer)

vorbei (Fallhöhe 196 m), der ab dem Parkplatz Botnsdalur durch eine anspruchsvolle mehrstündige Wanderung nur zu Fuß erreichbar ist.

Akranes (etwa 7000 Einwohner) verfügt über sämtliche Einkaufs- und Übernachtungsmöglichkeiten. Die größte Zementfabrik Islands hat hier ihren Sitz. Durch den Bau der Ringstraße wurde die Kleinstadt vom Durchgangsverkehr entlastet und durch den Straßentunnel Hvalfjarðargöng gleichzeitig besser an die Hauptstadtregion angebunden.

Der seit 2018 nicht mehr mautpflichtige Tunnel verkürzt die Fahrt nach Reykjavík um 62 km. Er ist 5770 m lang, führt in einer steilen Rampe bis zu 165 m unter den Meeresboden und wurde 1998 nach nur zweijähriger Bauzeit dem Verkehr übergeben.

Nach dem Tunnel führt die Ringstraße am Hangfuß des Kambshorn (853 m) und des Þverfell (479 m) entlang. Der Schuttfächer an den Hängen ist eindrucksvoll und die Gehöfte wirken winzig. Die Bucht von Reykjavík kommt ins Blickfeld und üblicherweise ist die Stadt von hier aus auch schon zu sehen. Eine unscheinbare Abzweigung führt zum Wanderparkplatz unterhalb der Esja [127], die mit 914 m als der Hausberg von Reykjavík gilt (12-31). Eine Infotafel gibt Hinweise zu verschiedenen Wanderrouten.

Abb. 12-32 Gut markierter Wanderweg zur Besteigung der Esja (Foto: M. Geyer)

Abb. 12-33 Anstieg zur Esja (Foto: M. Geyer)

Bis auf den letzten Abschnitt, der steil und mit Seilen gesichert ist, stellt die Wanderung keine großen Anforderungen (12-32, 12-33). Dennoch sollten Sie mindestens einen halben Tag einplanen und bei Nebel Abstand von einer Besteigung nehmen. Die Aussicht von der Esja [127] ist grandios und reicht von Reykjavík (12-34) bis auf die Reykjanes-Halbinsel und das Hochland bei Þingvellir [11].

Die Ringstraße führt an Mosfellsbær vorbei nach Reykjavík. Am Ortseingang zweigt die Ringstraße Richtung **Vík [B]** nach Süden ab und endet an der Tankstelle **Reykjavík [A]**.

Abb. 12-34 Ausblick auf die Bucht von Reykjavík vom Gipfel der Esja (Foto: M. Geyer)

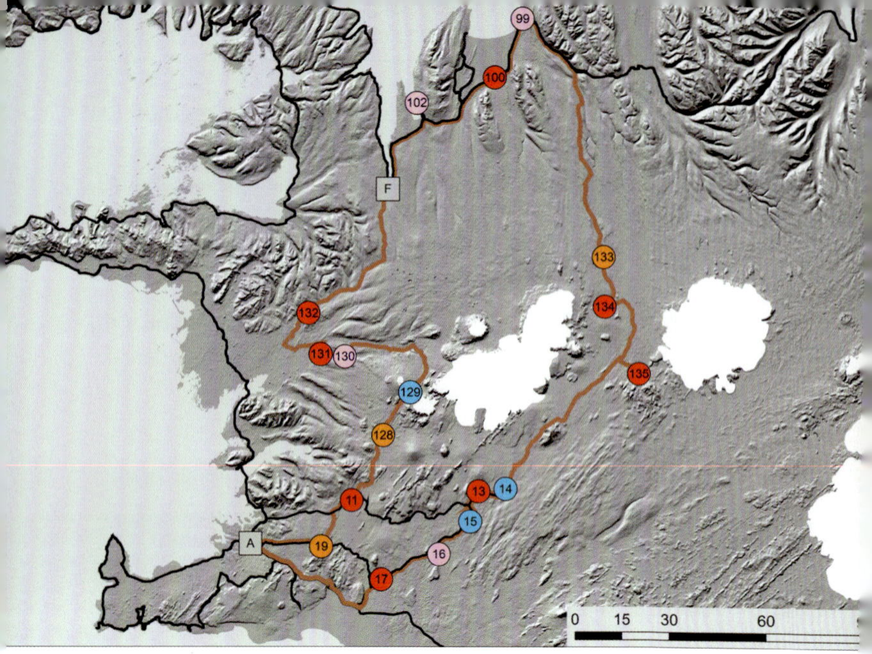

Tour XIII – Hochland

Diese Tour hat eine Länge von 630 km (reine Fahrtzeit mindestens 12 h) und stellt gewisse Anforderungen an Fahrzeug und Fahrer. Eine Übernachtung bietet sich im Raum Blönduós [99] an. Dort sind unterschiedliche Übernachtungsmöglichkeiten vorhanden. Die Strecke ist nur abschnittsweise asphaltiert: Die ersten 70 km von **Olís Tankstelle Reykjavík** [A] bis Þingvellir [11], dann ein etwa 230 km langer Abschnitt zwischen dem Ende der Kaldidalur-Piste F550 und dem Beginn der Kjölur-Piste F35 (Kjalvegur) und am Ende ab Gullfoss [14] bis zu **Olís Tankstelle Reykjavík** [A]. Dort besteht Anschluss an **Tour II**, **Tour III** und **Tour IV**. Entlang der bezeichneten, nicht asphaltierten Abschnitte gibt es nur bei Hveravellir [134] eine Tankmöglichkeit. Bitte beachten Sie die Geschwindigkeitsbegrenzung im Nationalpark Þingvellir sowie auf den Schotterpisten und informieren Sie sich – auch im Sommer – vor Antritt der Fahrt noch einmal über Befahrbarkeit und eventuelle Sperrungen (vgl. **Einleitung**). Planen Sie beim Befahren der Kaldidalur-Piste [128] und der Kjölur-Hochlandpiste [133] (Kjalvegur) ausreichend Zeit ein.

Abb. 13-1 Beginn der Piste 550 durch das Kaldidalur (Foto: M. Geyer)

Verwaltungsmäßig gehört das Gebiet bis zur Mosfellsheiði zur Hauptstadtregion Höfuðborgarsvæðið. Danach geht es abschnittsweise durch Vesturland, Norðurland vestra und südlich Hveravellir [134] bis zum Erreichen der Hochfläche Mosfellsheiði durch Suðurland.

Die Hochland-Tour startet und endet an **Olís Tankstelle Reykjavík** [A] und verläuft bis zur Kreuzung 435/36 am Þingvallavatn gegenläufig zur **Tour II** (Golden Circle). Wer direkt von Keflavík anreist, gelangt über die Straße 413 zum Startpunkt.

Der Streckenverlauf ist nur kurz bei den Rauðhólar-Pseudokratern auf der Ringstraße (**Tour II**, **Tour IV**) und verläuft dann über die Straßen 431 und 435 durch die einsame Hochfläche Mosfellsheiði nach Osten. Dabei passiert die Straße 435 die Aussichtspunkte Passhöhe Nesjavallaleið [19] und Kraftwerk Nesjavellir [18] (**Tour II**). Kurz vor Erreichen des Þingvallavatn zweigt die Tour auf die Straße 360 nach Norden ab und führt zur Einmündung der Straße 36 (Þingvallavegur). Von dort führt die Hochland-Tour an der Abzweigung Þingvellir [11] (**Tour II**) vorbei bis zur Abzweigung der Kaldidalur-Piste F550 (Kaldidalsvegur) und der Straße 52 (Uxhryggjavegur) (13-1).

Abb. 13-2 Schutzhütte zu Beginn der Kaldidalur Piste (Foto: M. Geyer)

Schon nach kurzer Fahrt führt die Kaldidalur-Piste [128] an einer orangefarbenen Schutzhütte vorbei (13-2). Sie ist mit einem Notfalltelefon, einer Kochmöglichkeit sowie ein paar Lebensmitteln und zwei Bänken ausgestattet. Achten Sie bei der Weiterfahrt, vor allem bei schlechter Sicht, auf Steine auf dem Weg. Westlich der Piste rückt der Schildvulkan Ok (1170 m) ins Blickfeld (13-3). Nach dramatischem Eisverlust in den letzten Jahren hat der Ok mit der Enthüllung einer Gedenktafel am 18. August 2019 offiziell seinen Status als Gletscher verloren. Im Hauptkrater des erloschenen Vulkans hat sich längst ein Gletschersee gebildet. Gegenüber erhebt sich der noch vergletscherte Tafelvulkan Þórisjökull (1350 m), dessen Eis früher wahrscheinlich mit dem Langjökull zusammenhing (Eason et al. 2015). Die Kaldidalur-Piste [128] führt im weiteren Verlauf zwischen den beiden Bergen hindurch. An der höchsten Stelle (720 m) steht der Steinhaufen Beinakerlingin. Immer wieder gibt es eindrucksvolle Ausblicke auf die Schuttfächer und einzelne kleine Eiszungen am Þórisjökull (13-4). Das Tal weitet sich zusehends und bald erreicht die Kaldidalur-Piste [128] die Abzweigung zur Piste 551, die an den Rand der Eiskappe des Langjökull führt. Die Kaldidalur-Piste [128] folgt jetzt dem Lauf des Flusses Geitá. Bis zur Einmündung in die Straße 518 in

Abb. 13-3 Kaldidalur Piste: im Hintergrund der Ok (1170 m) (Foto: M. Geyer)

Abb. 13-4 An den Hängen des Þórisjökull (1350 m) fließen nur noch kleine Hängegletscher hinunter. (Foto: M. Geyer)

Richtung Reykholt [130] führt die Piste durch das Lavafeld Geitlandshraun – in der Ferne sind bereits wieder die ersten Häuser zu sehen (13-5).

Abb. 13-5 Das letzte Teilstück der Kaldidalur-Piste führt entlang des Flusses Geitá und des Lavafelds Geitlandshraun. (Foto: M. Geyer)

Die Straße 518 (Hálsasveitarvegur) führt durch Húsafell und das Hvítárdalur abwärts bis zur Abzweigung zum Wasserfall Hraunfossar [129]. Das Wasser ergießt sich aus vielen Spalten des nur etwa 100 Jahre alten Lavastroms Hallmundarhraun und bildet hier zahlreiche Wasserfälle mit geringer Gefällstufe. Der Verlauf des ausgeschilderten Rundwegs führt auch über eine Brücke der Hvítá. Von hier lässt sich das ganze Schauspiel der Hraunfossar [129] und des unterhalb gelegenen Barnafoss bestens betrachten.

Abb. 13-6 Der Hraunfossar besteht aus einer Vielzahl von Einzelfällen mit relativ geringen Gefällstufen. Links: Auf dem Rundweg ist schöne Stricklava aufgeschlossen. (Fotos: M. Geyer)

Entlang des Rundwegs ist auch schöne Stricklava anzutreffen (13-6). Bitte bleiben Sie auf dem Weg, die Geländekanten des Basalts sind glitschig und das Wasser der Hvítá ist kalt und hat eine starke Strömung.

Abb. 13-7 Das historische Badebecken von Snorri Sturluson in Reykholt (Foto: M. Geyer)

Nach etwa 20 km erreicht die Straße 518 Reykholt [130]. Der kleine Ort mit nur etwas über 300 Einwohnern spielt eine wichtige Rolle in der mittelalterlichen Geschichte Islands. Dies liegt an Snorri Sturluson (1179–1241), der zu seiner Zeit der wichtigste Politiker und Dichter seines Landes war und einen Großteil seines Lebens in Reykholt [130] verbrachte. Das mutmaßliche historische Badebecken von Snorri kann besichtigt werden (13-7). Ein Museum und ein Kulturzentrum sind der mittelalterlichen Geschichte und Literatur von Island gewidmet; auch Seminare und Tagungen werden hier organisiert. Allerdings musste für den Bau des Kulturzentrums die Kirche versetzt werden (13-8). In der Umgebung von Reykholt [130] wurden große Anstrengungen zur Wiederaufforstung unternommen.

Abb. 13-8 Für den Bau des Kulturzentrums in Reykholt wurde die Kirche 2001 versetzt (links: Foto in der Kirche) und am jetzigen Standort wieder aufgestellt. (Fotos: M. Geyer)

Die unmittelbare Umgebung von Reykholt [130] ist auch für zahlreiche warme Quellen bekannt, die zu einem geothermalen Niedrigtemperaturgebiet gehören. Über die Straßen 518 und 50 (Borgarfjarðarbraut) sind es nur wenige Kilometer zur heißen Quelle Deildartunguhver [131], die ebenfalls Teil dieses Niedrigtemperaturgebietes ist. Die Quelle steht seit 1978 unter Naturschutz und liegt unmittelbar am Fluss Reykjadalsá (deutsch: Fluss des rauchenden Tals) (13-9). Bei einer mittleren Schüttung von 180 l/s ist sie mit 100°C die heißeste Quelle in Island. Seit 1941 wird mithilfe des heißen Dampfes Gemüse in Gewächshäusern angebaut (13-10). Außerdem werden die Städte Borgarnes und Akranes von hier seit 1981 über ein insgesamt 74 km langes Wasserleitungsnetz mit Heißwasser versorgt. Im 60 km entfernten Akranes kommt das Wasser immer noch mit einer Tempera-

Abb. 13-9 Die Quelle Deildartunguhver mit dem Fluss Reykjadalsá im Hintergrund, dem Beginn der Fernwasserleitung nach Borgarnes und Akranes sowie dem neuen Thermalbad und den Gewächshäusern am rechten Bildrand. (Foto: N. Gies)

Abb. 13-10 Die Quelle Deildartunguhver aus der Nähe mit Warnschild und Tomatenverkauf (Fotos: M. Geyer)

tur von 73°C an. Als Besonderheit der Quelle Deildartunguhver [131] ist Vorkommen des Farngewächses *Blechnum Spicant* zu erwähnen. Unmittelbar neben der Quelle Deildartunguhver [131] befindet sich ein 2018 eröffnetes Thermalbad mit angeschlossenem Restaurant.

Die Straße 50 führt zur Ringstraße, die bei Baulan erreicht wird. Von dort aus geht es nach Norden, an Bifröst und seiner Hochschule vorbei bis zum Parkplatz am Fuß der Kraterreihe Grábrók [132] auf der linken Seite.

Über Treppen führt ein gesicherter Weg etwa 150 Höhenmeter hinauf zum Kraterrand des Grábrók [132] (225 m). Von oben ist auch

Abb. 13-11 Die Kraterreihe des Grábrók; links im Bild der Hochschulcampus von Bifröst und im Hintergrund der Kegel des Vikrafell (Foto: N. Gies)

klar, dass es sich nicht um einen Einzelkrater, sondern um eine Kraterreihe aus drei Vulkanen handelt (13-11). Außerdem ist die Ausdehnung des Lavastromes Grábrókarhraun gut erkennbar. Wer den Rundweg oben am Kraterrand des Grábrók [132] unternimmt, sollte sich auf Windböen gefasst machen. Der Grábrók [132] ist vor etwa 3600 Jahren ausgebrochen und gehört zu einem Spaltensystem, welches sich bis zur Snæfellsnes-Halbinsel hinzieht (13-12). Das Vulkanareal steht unter Naturschutz; bitte verlassen Sie die markierten Wege nicht, das Moos ist sehr trittempfindlich. Für eine Pause bietet sich das etwa 5 km weiter gelegene Hraunsnef Country Hotel mit einem ganzjährig geöffneten Restaurant an.

Die Tour führt knapp 60 km weiter auf der Ringstraße und passiert dabei die Hochebene Holtavörðuheiði, deren höchster Punkt auf 407 m

Abb. 13-12 Blick in das Innere des Grábrókkraters (Foto: F. Rauscher)

liegt. Unterwegs bieten sich vor allem in der Nähe der Passhöhe bei entsprechendem Wetter sehr gute Ausblicke auf die Eiskappe des Langjökull im Südosten. In einer langgezogenen Gefällstrecke führt die Ringstraße von Holtavörðuheiði zum Hrútafjörður nach **Staðarskáli [F]** hinunter. Dort besteht Anschluss an die **Tour XI** und **Tour XII**.

Für die Fortsetzung der Tour geht es von **Staðarskáli [F]** über weitere 100 km über die Ringstraße, durch Blönduós hindurch, bis zur Abzweigung an der Straße 731 (Svínvetningabraut) / F35 (Kjölur). In diesem Abschnitt deckt sich die Hochland-Tour mit der **Tour X**, allerdings in entgegengesetzter Richtung. Wenn Sie genug Zeit haben, können Sie die dort beschriebenen Tourenpunkte **Hvammstangi [102]**, **Hvítserkur [101]**, **Vatsnadalur [100]** und **Blönduós [99]** aufsuchen.

Ab der Abzweigung ist die Straße 731 (Svínvetningabraut) anfangs noch asphaltiert. Zunächst geht es für einige Kilometer im Blöndudalur entlang, bevor nach der Überquerung des Flusses Blanda die Straße 731 verlassen und auf die F35 gewechselt wird (13-13). Die **Kjölur-Hochlandpiste [133]** verläuft die ersten Kilometer weitgehend geradeaus (13-14) und ist dann bis zum Kraftwerk Blöndustöð asphaltiert. Bitte suchen Sie entlang dieser Piste unbedingt eine Parkbucht, wenn Sie sich außer Sichtweite vom Fahrzeug entfernen und achten Sie ständig auf einzelne größere Steine auf der Strecke. Bald führt die Tour nahe an dem See Gilsárlón und weiteren Seen vorbei. Dann kommt noch einmal eine Abzweigung unweit des Sees Blöndulón. Schließlich erreicht die **Kjölur-Hochland-**

Abb. 13-13 Beginn der Kjölur-Hochlandpiste (Foto: M. Geyer)

Abb. 13-14 Unterwegs auf der Kjölur-Hochlandpiste (Foto: M. Geyer)

piste [133] eine Senke unweit eines östlich gelegenen Sees (Arnarbælistjörn). Bis 2018 stand hier noch die orangefarbene Schutzhütte Arnarbæli (13-15), benannt nach der gleichnamigen, etwas östlich gelegenen Erhebung (667 m). Seit 2019 gibt es die komfortablere Unterkunft Áfangi (Abzweigung nach Westen von der Hauptpiste). Von hier aus sind es 36 weitere Kilometer auf der Kjölur Hochlandpiste [133] (13-16), am Hinweisschild zum Berg Dúfunefsfell (730 m) vorbei, bis zur Abzweigung nach Hveravellir [134] (13-17).

Abb. 13-15 Die Schutzhütte Arnarbæli westlich der gleichnamigen Erhebung an der Kjölur-Hochlandpiste gibt es seit 2018 nicht mehr. (Foto: M. Geyer)

Abb. 13-16 Die Kjölur-Hochlandpiste zwischen Arnarbæli und der Abzweigung nach Hveravellir (Foto: M. Geyer)

Diese ist etwa 3 km lang und endet an einem Parkplatz (Infozentrum, Café-Restaurant, Grundversorgung). Hveravellir [134] (deutsch: heiße Quellen im Feld) ist ein bekanntes Geothermalgebiet, das seit 1960 unter Schutz steht. Es liegt auf einer Höhe von 630 m, umfasst eine Fläche von knapp 2 ½ km^2 und grenzt im Süden an das Lavafeld

Abb. 13-17 Abzweigung nach Hveravellir an der Kjölur-Hochlandpiste (Foto: M. Geyer)

Abb. 13-18 Fumarolen, Solfatare und vieles mehr gibt es auf dem Rundweg in Hveravellir zu sehen (Fotos: N. Gies)

Kjalhraun (Daba 2008). In Hveravellir [134] gibt es zahlreiche Fumarolen, Solfataren, Schlammlöcher sowie kleinere Geysire (13-18). Außerdem gibt es in der Umgebung mancher heißer Quellen auch die ansonsten in Island eher seltenen Sinterterrassen. In den letzten Jahren

Abb. 13-19 Auch ein warmes Naturschwimmbad erwartet die Besucher von Hveravellir (Foto links: M. Geyer, Foto rechts: N. Gies)

wurde ein Bohlenweg errichtet – dies geschah nicht nur für den Komfort der Besucher, sondern auch in der Hoffnung, dass der Weg zum Schutz der sensiblen Vegetation beiträgt. Bitte verlassen Sie die ausgeschilderten Wege nicht! Eine weitere Attraktion ist das Naturschwimmbad (13-19). Bitte beachten Sie hier aber die stark schwankende Wassertemperatur! Wenn Sie etwas mehr Zeit haben, dann können Sie in der näheren und weiteren Umgebung auch zahlreiche Wanderungen in Sichtweite der beiden großen Inlandgletscher Langjökull im Westen und Hofsjökull im Osten unternehmen. Im Infozentrum Hveravellir [134] gibt es dazu tagesaktuelle und witterungsangepasste Vorschläge.

Bei Abfahrt von Hveravellir [134] zurück auf die Kjölur Hochlandpiste [133] bietet sich bei entsprechenden Sichtverhältnissen ein grandioser Ausblick (13-20). Als nächster Stopp in der Steinwüste des Hochlandes (13-21) bietet sich eine Stele mit der Orientierungstafel auf einer Anhöhe links der Piste an (13-22). Die Stele erinnert an Geir Zoela (1885–1959), der 40 Jahre für die Entwicklung der Infrastruktur von Island zuständig und 22 Jahre Präsident des Tourismusverbandes war. Kurz danach führt die Straße über die Grenze zur Region Suðurland und we-

Abb. 13-20 Abfahrt von Hveravellir (Foto: M. Geyer)

Abb. 13-21 Die Fahrt führt durch eine Steinwüste. (Foto: M. Geyer)

Abb. 13-22 In dieser Landschaft direkt eine Abwechslung: Erinnerungstele an den Politiker Geir Zoela, im Hintergrund der Hofsjökull. (Foto: M. Geyer)

nig später stehen die Hinweisschilder auf die Berge Strýtur (840 m) und Kjalfell (1000 m) westlich der Piste.

Je nach Wasserstand kommen in der Folge zwei Stellen, an denen ein flaches Rinnsal gequert werden muss. Anschließend führt die Kjölur Hochlandpiste [133] am Hinweisschild zur Piste nach Svartárbotnar / Gíslaskáli vorbei. Wenig später biegt die Piste F347 links nach Kerlingarfjöll [135] (deutsch: Weiberberg) ab. Sie führt anfangs geradeaus (13-23), kommt wenig später am Wasserfall Gýgjarfoss vorbei und erreicht dann den Ort Aðalskáli mit dem Zeltplatz Kerlingarfjöll [135] (13-24) am Fluss Ásgarðsá. Das verschiedentlich noch erwähnte Sommerskigebiet wurde bereits im Jahr 2000 geschlossen. Am Flussufer der Ásgarðsá sind unter anderem auch Obsidiangerölle anzutreffen (13-25). Ein Wanderweg führt von hier aus in das Hveradalir (deutsch: Tal der heißen Quellen), in dem es zahlreiche Schlammtöpfe und Fumarolen gibt. Planen Sie einen halben Tag für diese Strecke ein! Es gibt sehr viel zu entdecken. Eine Piste führt von Aðalskáli noch weiter nach oben zu einem Parkplatz. Von hier aus sind zahlreiche, meist längere Wanderungen möglich (13-26). Mit Kerlingarfjöll [135] wird ein etwa 100 km² großes Vulkangebiet bezeichnet, dessen höchste Erhebung der Snækollar (1488 m) ist. Kerlingarfjöll [135] ist bekannt für seine bunten Farben, die auf den hier vorkommenden Rhyolith zurückgehen, der von Tuffen überlagert wird. Aus der Vogelperspektive ist das

Abb. 13-23 Die Piste F347 nach Kerlingarfjöll (Foto: N. Gies)

Abb. 13-24 Hüttenunterkünfte in Aðalskáli und Brücke über die Ásgarðsá: Hier ist ein möglicher Ausgangspunkt für zahlreiche Wanderungen in das Kerlingarfjöll-Gebiet. (Foto M. Geyer)

Abb. 13-25 In den bunten Ablagerungen am Flussufer der Ásgarðsá ist auch Obsidian anzutreffen. (Fotos: M. Geyer)

Abb. 13-26 Die Piste zum oberen Wanderparkplatz und der Beginn des Wanderweges in Kerlingarfjöll (Fotos: M. Geyer)

Abb. 13-27 Das bunte Farbenspiel des Kerlingarfjöll wirkt von oben noch eindrucksvoller. (Foto: N. Gies)

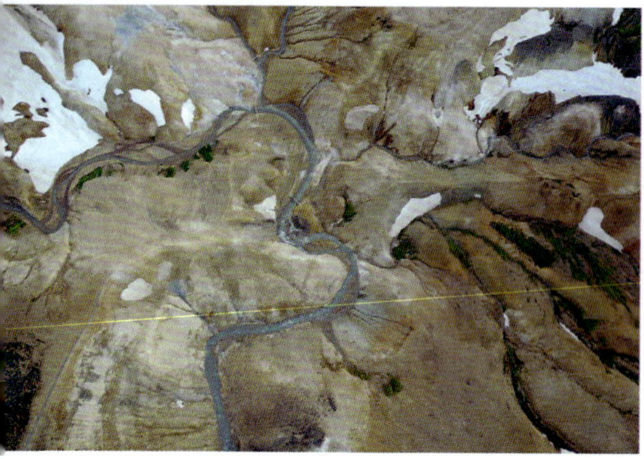

Abb. 13-28 Der Fluss Ásgarðsá schlängelt sich durch das bunte Gebirge Kerlingarfjöll. (Foto: N. Gies)

Panorama noch eindrucksvoller (13-27 und 13-28). Sehr wahrscheinlich handelt es sich um einen subglazial entstandenen Tafelvulkan, als das Gebiet vom Teil des Hofsjökull Inlandgletschers war. Obsidian tritt in Kerlingarfjöll [135] häufig auf, allerdings erst oberhalb der Tufflagen (Áskelsson 1946).

Es geht über die Piste F347 zurück auf die Kjölur Hochlandpiste [133] zur letzten Etappe. Die Piste wird allmählich auch besser. Nach der Abzweigung rechts in Richtung Árbúðir (Zeltplatz, Café und Grundversorgung) führt die Kjölur Hochlandpiste [133] näher an den See Hvítárvatn. Es bietet sich ein sehr schöner Ausblick auf den in diesen See kalbenden Norðurjökull (deutsch: Nordgletscher) (13-29) und wenig später auch auf den ebenfalls hier einmündenden Suðurjökull (deutsch: Südgletscher). Danach wird der kleine Gebirgsstock Bláfell nördlich umfahren. Allmählich wird die Landschaft wieder grüner und die Straße ist im Sommer von Lupinen gesäumt (13-30). Kurz vor dem Wasserfall Gullfoss [14], der durch die Gischt meist schon aus einiger Entfernung sichtbar ist, beginnt wieder der Asphalt.

Abb. 13-29 Der Norðurjökull fließt in den See Hvítárvatn. (Foto: M. Geyer)

Ab Gullfoss [14] geht es am schnellsten über die Straße 35 bis zur Abzweigung der Straße 36 (**Tour II**) und von dort weiter nach Selfoss. Von hier bis zum Ende an **Olís Tankstelle Reykjavík** [A] wird die **Tour IV** in umgekehrter Richtung befahren.

Abb. 13-30 Kurz vor dem Ende der Kjölur Hochlandpiste säumen in den Sommermonaten wieder die Lupinen den Straßenrand. (Foto: M. Geyer)

Wer abschließend noch einmal am Geysir [13] und bei Þingvellir [11] vorbeifahren möchte, wechselt kurz nach Gullfoss [14] auf die Straßen 37/365 sowie 36 und erreicht über Mosfellsbær den Endpunkt **Olís Tankstelle Reykjavík** [A].

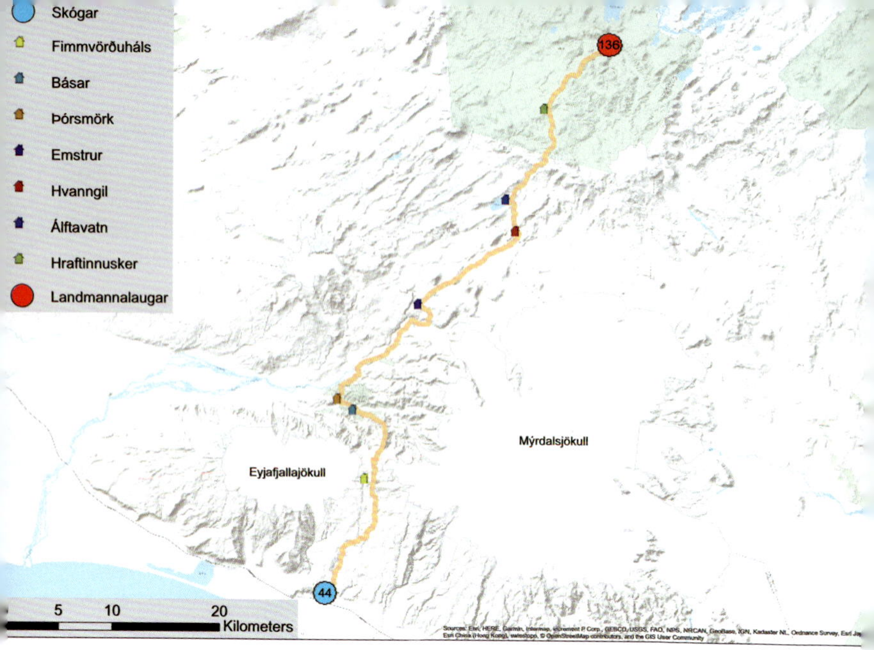

Tour XIV – Laugavegur

Der wohl bekannteste Fernwanderweg Islands ist der Laugavegur (deutsch: warmer Weg). Er verläuft in fünf Etappen mit insgesamt 92 km zwischen dem Skógafoss [44] und Landmannalaugar [136] (550 m). Der Trail kann in beide Richtungen begangen werden, es empfiehlt sich jedoch eine Begehung von der Küste ins Landesinnere, da die heißen Quellen in Landmannalaugar [136] einen perfekten Abschluss für die anstrengenden Tage im Hochland bieten. Alternativ kann der erste Abschnitt der Tour von Skógar nach Þórsmörk übersprungen werden. Wer nicht den kompletten Trail laufen möchte, kann auch mit dem Bus von Reykjavík nach Landmannalaugar [136] reisen und dort kleinere Tageswanderungen durchführen.

Die einfachste Reisemöglichkeit nach Skógar oder Þórsmörk ist mit dem Bus ab Reykjavík. Von dort aus geht es dann zu Fuß Richtung Norden.

Gute Kondition, festes Schuhwerk, witterungsangepasste Kleidung, ein windfestes Zelt und ein guter Schlafsack sind unbedingt mitzunehmen, da die Temperaturen selbst im Sommer im Hochland nachts unter den Gefrierpunkt fallen können. Außerdem ist es ratsam, ein GPS-Gerät dabei zu haben, da einige Abschnitte des Trails das ganze Jahr über mit Schnee bedeckt sind. Entlang des Weges ist das Zelten nur auf den kostenpflichtigen Zeltplätzen in der Nähe der Wanderhütten erlaubt. Die Betten in den Wanderhütten müssen wegen der hohen Nachfrage lange im Voraus gebucht werden und sind recht teuer. Aufgrund des polaren Klimas im Hochland von Island wird der Trail oft erst Mitte/Ende Juni geöffnet und Mitte/Ende August bereits wieder geschlossen.

Die erste Etappe führt ab Skógar, entlang des Skógafoss [44] und weiter über den Fimmvörðuháls. Der 1116 m hohe Pass liegt zwischen den beiden Vulkanen Eyjafjallajökull und Katla. Von dort bietet sich eine grandiose Aussicht über die Südküste Islands. Das Gebiet gehört zur Östlichen Vulkanzone Islands. 2010 begann hier der Ausbruch des Eyjafjallajökull. Der Verlauf des Weges wurde in diesem Bereich wegen der hier entstandenen kleinen Krater Magni (82 m Höhe) und Móði (47 m Höhe) aus Sicherheitsgründen geändert.

Auf der Passhöhe befindet sich eine Hütte, welche zur Not auch als Nachtquartier genutzt werden kann.

Nach dem Abstieg nach Þórsmörk kann zwischen drei verschiedenen Zeltplätzen gewählt werden. Der vor Básar gelegene Fluss Krossá kann je nach Jahreszeit zu viel Wasser für eine sichere Überquerung zu Fuß führen. Es ist empfehlenswert, auf den Bus aus Reykjavík zu warten oder, falls möglich, eine der fahrbaren Fußgängerbrücken zu benutzen (14-1). Krossá ist als der Fluss bekannt, in dem jedes Jahr die meisten Autos bei Flussüberquerungen verunglücken, da viele Menschen die Hinweisschilder

Abb. 14-1 Fahrbare Fußgängerbrücke über die Krossá (Foto: N. Gies)

Abb. 14-2 Viele Hinweisschilder warnen vor Flussdurchquerungen. (Foto: N. Gies)

Abb. 14-3 Blick über den Zeltplatz in Þórsmörk mit Blick auf den Fluss Krossá (Foto: N. Gies)

Abb. 14-4 Die alte Hinweistafel in Þórsmörk (Foto: N. Gies)

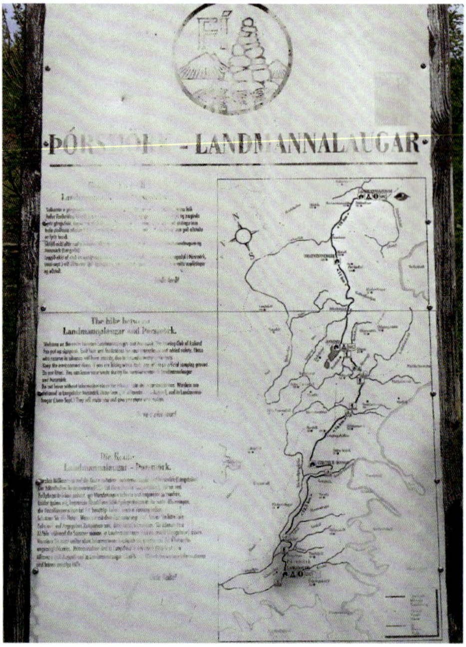

nicht beachten (14-2). Die Kulisse in Þórsmörk (200 m) gibt bereits einen kleinen Vorgeschmack auf die abgeschiedenen Landstriche und Panoramablicke im Verlauf des Laugavegur (14-3). Das alte Hinweisschild in Þórsmörk zeigt eine Karte des Laugavegur und informiert auf Isländisch, Englisch und Deutsch über den Fernwanderweg und die Verhaltensregeln im Hochland (14-4).

Die zweite Etappe ist etwa 15 km lang, steigt

Abb. 14-5 Unweit hinter Þórsmörk im Birkenwald der Blick nach Süden auf den Eyjafjallajökull (Foto: N. Gies)

Abb. 14-6 Die Querung der Þröngá ist bei niedrigem Wasserstand kein Problem. (Foto: N. Gies)

etwa 300 m an und ist in etwa 6–7 h zu bewältigen. Dieser Abschnitt des Trails führt von Þórsmörk nach Emstrur. Er beginnt relativ flach ansteigend, durchquert kleinere Birkenwälder und bei gutem Wetter ist beim Blick zurück der Eyjafjallajökull gut zu erkennen (14-5). Die erste Flussüberquerung ohne Brücke durch den Fluss Þröngá ist bei niedrigem Wasserstand einfach zu bewältigen (14-6). Nach kurzem

Abb. 14-7 Ausblick auf die Ebene Almenningar mit wenig Vegetation (Foto: N. Gies)

Anstieg ändert sich das Terrain zu einer wüstenartig erscheinenden Sand- und Steinlandschaft mit wenig Vegetation (14-7). In nordöstlicher Richtung führt der Laugavegur durch Almenningar, eine karge Ebene mit wenig Vegetation (14-8). Der anschließende Ausblick auf

Abb. 14-8 Rückblick Richtung Süden über die Ebene Almenningar (Foto: N. Gies)

Abb. 14-9 Ein letzter Blick auf den Eyjafjallajökull und den bereits zurückgelegten Weg (Foto: N. Gies)

den bereits zurückgelegten Weg und den Eyjafjallajökull ist bei guter Sicht eine schöne Abwechslung und lädt zu einer kurzen Pause ein (14-9). Auch der Blick auf Basaltsäulen (14-10) sowie rote Mergel-

Abb. 14-10 Basaltsäulen am Rande des Weges (Foto: N. Gies)

Abb. 14-11 Rote Lagen auf der gegenüberliegenden Seite der Schlucht von Syðri – Emstruá (Foto: N. Gies)

schichten (14-11) entschädigt für den Fußmarsch durch die eintönige Ebene. Auf den letzten zwei Kilometern geht es über eine kleine Ebene mit Blick auf einen nordöstlichen Ausläufer des Mýrdalsjökull (14-12) und anschließend über die Schlucht von Syðri – Emstruá (14-13). Es steigt nochmals sehr steil an, bevor es anschließend

Abb. 14-12 Blick auf einen nordöstlichen Ausläufer des Mýrdalsjökul (Foto: N. Gies)

Abb. 14-13 Brücke über die Schlucht von Syðri – Emstruá (Foto: N. Gies)

fast wie von selbst leichten Fußes flach bergab nach Emstrur (465 m) geht. Eine Hinweistafel warnt vor den Gefahren im Falle eines Vulkanausbruches des Mýrdalsjökull (14-14).

Abb. 14-14 Eine Tafel in der Nähe der Hütte Emstruá warnt vor den Gefahren im Falle eines Ausbruchs des Vulkans Katla. (Foto: N. Gies)

Abb. 14-15 Ausblick auf die zu überquerende Sandwüste nahe Emstruá (Foto: N. Gies)

Die dritte Etappe führt mit etwa 15 km von Emstrur aus über einen kleinen Hügel und anschließend über eine weitläufige Ebene (14-15). Einer der wenigen Wegweiser auf dem Laugavegur informiert über die Entfernungen zu den unterschiedlichen Hütten (14-16). Die beiden Brücken auf diesem Abschnitt erleichtern die Flussüberquerungen ungemein und sind eine gute Gelegenheit zum Durchatmen (14-17). Auf dieser Etappe befindet sich außerdem die wohl schwierigste Flussüberquerung, selbstverständlich ohne Brücke. Da das eiskalte Wasser des Bláfjallakvísl knie- bis hüfthoch oder höher sein kann, empfehlen sich Wanderstöcke und ein weiteres Paar Schuhe zur Flussüberquerung (14-18). Die Strömung kann relativ stark sein und es sollte daher vor Antritt der Wanderung überprüft werden, ob eine sichere Überquerung möglich ist. Deutlich einfa-

Abb. 14-16 Wegweiser kurz vor der Überquerung des Flusses Nyrðri Emstruá (Foto: N. Gies)

Abb. 14-17 Komfortable Querung des Flusses Nyrðri Emstruá (Foto: N. Gies)

Abb. 14-18 Flussüberquerung des Gletscherflusses Bláfjallakvísl (Foto: N. Gies)

Abb. 14-19 Schneeüberhänge sind beim Begehen teilweise nicht zu erkennen und können jederzeit nachgeben. (Foto: N. Gies)

cher ist die Querung über den Fluss Kaldaklofskvísl, da hier glücklicherweise eine Holzbrücke errichtet worden ist. Außerdem befinden sich im Laufe des Weges immer wieder Schneeüberhänge, die gerade bei Tauwetter nicht sehr stabil sind und jederzeit nachgeben können (14-19). Nachdem die Hütte Hvanngil (550 m) passiert wurde, ist noch die Überquerung des Flusses Bratthálskvísl zu bewältigen (14-20). Nach etwa 6-stündiger Wanderung erreicht der Laugavegur nun das Etappenziel Álftavatn (550 m) (14-21).

Abb. 14-20 Der Fluss Bratthálskvísl (Foto: N. Gies)

Der Zeltplatz Álftavatn ist am gleichnamigen See gelegen; trotz des kalten Wassers ist ein Bad im See ein Muss für jeden, der in Álftavatn übernachtet.

Abb. 14-21 Der See und die gleichnamige Hütte Álftavatn (Foto: N. Gies)

Abb. 14-22 Auch der Gletscherfluss Grashagakvísl muss überquert werden. (Foto: N. Gies)

Weiter geht es mit der wohl anstrengendsten Etappe des Laugavegur. Von dem auf etwa 550 m gelegenen Álftavatn führt der Trail zunächst in Richtung Nordosten und steigt nach der Überquerung des Gletscherflusses Grashagakvísl (14-22) etwa 500 m steil an auf den Jökultungur (14-23). Mit etwas Glück ist der Grat nicht in den Wolken und der weite Blick auf die bereits zurückgelegte Strecke ist möglich (14-24). Nach der Überquerung des Passes führt der Weg an einigen kleineren Geothermiefeldern vorbei, die sich je nach Windrichtung schon von weitem durch den charakteristischen Schwefelgeruch ankündigen (14-25). Weitere Schlamm-

Abb. 14-23 Aufstieg auf den Pass Jökultungur im Nebel (Foto: N. Gies)

Abb. 14-24 Auf dem Jökultungur öffnet sich der Himmel und erlaubt einen Blick zurück in Richtung Álftavatn. (Foto: N. Gies)

töpfe, dampfende Quellen, Bäche und Solfatare, bunte Böden, diverse Schneefelder und verschiedene Lavafelder machen diese Etappe zu einer der abwechslungsreichsten Abschnitte (14-26). Nach insgesamt 11,5 zurückgelegten Kilometern erreicht der Lauga-

Abb. 14-25 Erste Geothermiefelder kündigen sich durch aufsteigenden Dampf und schwefligen Geruch an. (Foto: N. Gies)

vegur die 1100 m hoch gelegene Hütte Hrafntinnusker. Auch im Sommer kann es vorkommen, dass die Zelte im Schnee aufgebaut

Abb. 14-26 Dampfende Quellen und Bäche zwischen Schneefeldern zwischen Álftavatn und Hrafntinnusker (Foto: N. Gies)

Abb. 14-27 In Hrafntinnusker (1100 m) kann auch im Sommer noch eine geschlossene Schneedecke liegen. (Foto: N. Gies)

werden müssen (14-27). Der Untergrund um Hrafntinnusker ist besonders interessant und gibt der Hütte ihren Namen, da sich hier Unmengen an scharfkantigem Obsidian (isländisch: Hrafntinna, deutsch: Rabenstein) und Bims finden lassen (14-28).

Abb. 14-28 Obsidian in der Nähe der Hütte Hrafntinnusker (Foto: N. Gies)

Nach einem weiteren kurzen Anstieg führt die letzte Etappe des Laugavegur etwa 11 km (fast) nur noch bergab. Vorbei am Geothermiefeld Stórihver über weitere kleinere Hügel bietet sich auch hier ein beeindruckendes Farbenspiel der verschiedenen Böden und immer wieder steigt Rauch zwischen den Schneefeldern auf (14-29).

Vorbei am rhyolithischen Brennisteinsalda, welcher zum Torfajökull-Zentralvulkan gehört und aufgrund seiner Färbung sicher einer der meistfotografierten Berge von Landmannalaugar [136] ist. Er ist außerdem für die

Entstehung des vor Landmannalaugar [136] gelegenen Obsidian- und Lavafeldes Laugahraun gegen Ende des 15. Jahrhunderts verantwort-

Abb. 14-29 Im Geothermiefeld Stórihver dampft es an vielen Stellen aus dem Boden. (Foto: N. Gies)

Abb. 14-30 Der Abstieg nach Landmannalaugar bietet farbenprächtige Ausblicke. (Foto: N. Gies)

lich. Bevor hinter dem Laugahraun der Laugavegur in Landmannalaugar [136] endet, belohnen die letzten Meter jeden Wanderer mit einem wunderschönen Abstieg mit Ausblick auf die bunten Berghänge rund um Landmannalaugar [136] (14-30). Ein Bad in der heißen Quelle sowie ein kühles Bier aus dem zum Supermarkt umfunktionierten amerikanischen Schulbus ist als Belohnung für die Strapazen der Wanderung der perfekte Abschluss (14-31).

Abb. 14-31 Abschluss mit Gruppenfoto in Landmannalaugar (Foto: N. Gies)

Geographische Begriffstabelle

Isländisch	Deutsch
á (f), pl. ár	Fluss
akur (m)	Kornfeld / Acker
alda (f)	Welle
apalhraun (n)	Aa Lava
austur (n)	Osten
bær (m)	Bauernhof / Siedlung
bakki (m)	Flussbank
basalt (n)	Basalt
berg (n)	Gestein / Fels
bjarg (n)	Stein / Steilküste
blágrýti (n)	Basalt
borg (f)	Stadt
brekka (f)	Berghang / Abhang
brú (f)	Brücke
dalur (m), pl. dalir (f)	Tal
dyngja (f)	Schildvulkan
eldborg (f)	Lavaringwall
eldkeila (f)	Stratovulkan
eldur (m)	Feuer
eldfjall (n)	Vulkan
eldstöð (f)	Vulkan
engi (n)	Wiese
ey (f), pl. eyjar	Insel
eyri (f)	Flache Sandbank / Sandige Landspitze
eystri (n)	Östliche Küste
fell (n)	Berg / Hügel
fjall (n), pl. fjöll (f)	Berg
fjallgarður (m)	Bergkette
fjörður (m), pl. firðir (f)	Fjord
fljót (n)	Fluss
flói (m)	Sumpf
foss (m)w	Wassewrfall
gabbró (n)	Gabbro
garður (m)	Garten
gígur (m), pl. gígir (f)	Krater
gil (n)	Schlucht / Klamm
gjá (f)	Spalte
gljúfur (n)	Schlucht
gosberg (n)	Vulkanit
hagi (m)	Hag
háls (m)	Bergkette
heiði (f)	Moor / Sumpf / Berg / Hochebene
hellir (m)	Höhle
helluhraun (n)	Pahoehoe Lava / Stricklava
hlíð (f)	Berghang / Abhang
hnúkur (m)	Gipfel
höfði (m)	Vorberge
höfn (f)	Hafen
hóll (m), pl. hólar (f)	Hügel
hólmur (m)	kleine Insel
holt (n)	Hügel / Bewal-deter Berg / Wald
hrafntinna (f)	Obsidian

hraun (n)	Lava
hreppur (n)	Gemeinde
hryggur (m)	Rücken
hver (m), pl. hverir (f)	Heiße Quelle
hverfjall (n)	Aschenkegel
jarðfræði (f)	Geologie
jökull (m), pl. jöklar (f)	Gletscher / Gletscherbedeckter Berg
jökulsá (f)	Gletscherfluss
kirkja (f)	Kirche
kot (n)	Siedlung / Kleiner Bauernhof
kvísl (f)	Flussarm
lækur (m)	Spalte
laug (f), pl. laugar (f)	Heiße Quelle
leið (f)	Straße
líparít (n)	Rhyolith
lón (n)	Lagune / Haff
móbergsstapi (m)	Glazialer Tafelberg
mörk (f)	Waldgebiet
mynbreytt berg (n)	Metamorphes Gestein
mýri (f), pl. mýrar (f)	Sumpf
nes (n)	Halbinsel
norður (n)	Norden
núpur (m)	Berggipfel / Steiler Berg
nyrðri (n)	Nördlich
oddi (m)	Landzunge
ós (m)	Mündung / Delta
rekaviður (m)	Treibholz

reykur (m)	Rauch
runni (m), pl. runnar (f)	Gebüsch
setberg (n)	Sedimentgestein
skagi (m)	Halbinsel
skáli (m)	Hütte
skarð (n)	Pass
skógur (m)	Waldgebiet
slétta (f)	Ebene
staður (m)	Platz
stapi (m)	Tafelberg
storkuberg (n)	Magmatisches Gestein
strönd (f)	Küstenlinie / Strand
suður (n)	Süden
sveit (f)	Land / Landschaft
syðri	Südlich
sýsla (f), pl. sýslur (f)	Region / Landkreis
tangi (m)	Kleine Landzunge
tindur (m)	Berggipfel
vað (n)	Furt
vatn (n), pl. vötn (f)	See / Wasser
vegur (m)	Straße / Weg
vellir (m)	Weide / Feld
vestri	westlich
vestur (n)	Westen
viður (m)	Wald / Holz
vík (f)	Bucht
vogur (m)	Kleine Bucht
völlur (m), pl. vellir (f)	Feld
þing (n)	Versammlungsplatz

Tourenpunkte

P#	Punktname	Art	Tourenname
1	Perlan	Aussichtspunkt	Tour I Reykjavík
2	Rathaus Reykjavík (Geländemodell)	Kulturpunkt	Tour I Reykjavík
3	Harpa (Konzerthaus)	Kulturpunkt	Tour I Reykjavík
4	Sólfar (Wikinger Denkmal)	Kulturpunkt	Tour I Reykjavík
5	Hallgrímskirche	Kulturpunkt	Tour I Reykjavík
6	Grasagarður Reykjavíkur (Botanischer Garten)	Biologie	Tour I Reykjavík
7	Viðey (Freilichtmuseum)	Kulturpunkt	Tour I Reykjavík
8	Nauthólsvík (Geothermiestrand)	Geopunkt	Tour I Reykjavík
9	Grótta, Seltjarnarnes (Aussichtspunkt)	Aussichtspunkt	Tour I Reykjavík
10	**Kópavogur (Naturkundemuseum)**	Biologie	Tour I Reykjavík
A	Reykjavík (Startpunkt Exkursion 2)	Startpunkt	Tour II Golden Circle
11	Þingvellir (Riftzone)	Geopunkt	Tour II Golden Circle
12	Efri Reykir (Geothermiesonde)	Geopunkt	Tour II Golden Circle
13	Geysir (Springquelle)	Geopunkt	Tour II Golden Circle
14	Gulfoss (Wasserfall)	Wasserfall	Tour II Golden Circle
15	Faxafoss (Wasserfall)	Wasserfall	Tour II Golden Circle
16	Skálholt (Kirche)	Kulturpunkt	Tour II Golden Circle
17	Kerið (Krater)	Geopunkt	Tour II Golden Circle
18	Kraftwerk Nesjavellir	Aussichtspunkt	Tour II Golden Circle
19	Nesjavallaleið (Passhöhe Straße 435)	Aussichtspunkt	Tour II Golden Circle
A	Reykjavík (Endpunkt Exkursion 2)	Endpunkt	Tour II Golden Circle
A	Reykjavík (Startpunkt Exkursion 3)	Startpunkt	Tour III Reykjanes
20	Garður	Aussichtspunkt	Tour III Reykjanes
21	Náttúrustofa Suðvesturlands Sandgerði (Museum)	Biologie	Tour III Reykjanes
22	Miðlína (Kontinentbrücke)	Geopunkt	Tour III Reykjanes
23	Reykjanesviti	Aussichtspunkt	Tour III Reykjanes
24	Gunnuhver (Geothermiefeld)	Geopunkt	Tour III Reykjanes
25	Bláa Lónið (Thermalbad)	Kulturpunkt	Tour III Reykjanes
26	Hópsnes (Schiffsfriedhof)	Kulturpunkt	Tour III Reykjanes

27	Krýsuvíkurberg (Vogelfelsen)	Biologie	Tour III Reykjanes
28	Grænavatn (Maarsee)	Geopunkt	Tour III Reykjanes
29	Seltún (Geothermiefeld)	Geopunkt	Tour III Reykjanes
30	Kleifarvatn (See)	Geopunkt	Tour III Reykjanes
31	Leiðarendi (Lavahöhle)	Geopunkt	Tour III Reykjanes
32	Þríhnúkagígur (Vulkanschlot)	Geopunkt	Tour III Reykjanes
33	Raufarhólshellir (Lavahöhle)	Geopunkt	Tour III Reykjanes
A	Reykjavík (Endpunkt Exkursion 3)	Endpunkt	Tour III Reykjanes
A	Reykjavík (Startpunkt Exkursion 4)	Startpunkt	Tour IV Südküste (westlicher Abschnitt)
34	Hellisheiði (Geothermiekraftwerk)	Geopunkt	Tour IV Südküste (westlicher Abschnitt)
35	Kambar (Parkplatz Ringstraße Abfahrt Hveragerði)	Aussichtspunkt	Tour IV Südküste (westlicher Abschnitt)
36	Hveragerði (Erdbebenausstellung)	Geopunkt	Tour IV Südküste (westlicher Abschnitt)
37	Reykjadalur (Geothermiefeld)	Geopunkt	Tour IV Südküste (westlicher Abschnitt)
38	Hverasvæðið (Geothermiepark)	Geopunkt	Tour IV Südküste (westlicher Abschnitt)
39	Suðurlandsvegur (Abzweigung Straße 30)	Geopunkt	Tour IV Südküste (westlicher Abschnitt)
40	Hvolsvöllur Lava Centre (Museum)	Geopunkt	Tour IV Südküste (westlicher Abschnitt)
41	Seljalandsfoss (Wasserfall)	Wasserfall	Tour IV Südküste (westlicher Abschnitt)
42	Eyjafjallajökull	Aussichtspunkt	Tour IV Südküste (westlicher Abschnitt)
43	Seljavallalaug (Schwimmbad)	Kulturpunkt	Tour IV Südküste (westlicher Abschnitt)
44	Skógafoss (Wasserfall)	Wasserfall	Tour IV Südküste (westlicher Abschnitt)
45	Sólheimajökull (Gletscher)	Gletscher	Tour IV Südküste (westlicher Abschnitt)
46	Sólheimasandur (Flugzeugwrack)	Kulturpunkt	Tour IV Südküste (westlicher Abschnitt)
47	Dyrhólaey (Vogelfelsen)	Biologie	Tour IV Südküste (westlicher Abschnitt)
48	Reynisdrangar (Strand)	Geopunkt	Tour IV Südküste (westlicher Abschnitt)
49	Vík í Mýrdal (Vogelfelsen)	Biologie	Tour IV Südküste (westlicher Abschnitt)
B	Vík (Endpunkt Exkursion 4)	Endpunkt	Tour IV Südküste (westlicher Abschnitt)
50	Heimaey, Kirkjubæjarhraun (Häuserfriedhof)	Geopunkt	Tour V (Westmänner-Inseln)
51	Heimaey, Eldfell (Krater)	Geopunkt	Tour V (Westmänner-Inseln)

52	Heimaey, Eldheimar (Vulkanmuseum)	Geopunkt	Tour V (Westmänner-Inseln)
53	Heimaey, Sagnheimar (Inselmuseum)	Kulturpunkt	Tour V (Westmänner-Inseln)
54	Heimaey, Sæheimar (Naturkundemuseum)	Biologie	Tour V (Westmänner-Inseln)
55	Heimaey, Heimaklettur	Aussichtspunkt	Tour V (Westmänner-Inseln)
56	Heimaey, Skansinn (Historische Gebäude)	Kulturpunkt	Tour V (Westmänner-Inseln)
57	Heimaey, Helgafell (Krater)	Aussichtspunkt	Tour V (Westmänner-Inseln)
58	Heimaey, Stórhöfði (Vogelfelsen)	Biologie	Tour V (Westmänner-Inseln)
B	Vík (Startpunkt Exkursion 6)	Startpunkt	Tour VI Südküste (östlicher Abschnitt)
59	Kirkjubæjarklaustur (Basaltpflaster)	Geopunkt	Tour VI Südküste (östlicher Abschnitt)
60	Gígjukvísl (Brücke)	Kulturpunkt	Tour VI Südküste (östlicher Abschnitt)
61	Svartifoss (Wasserfall)	Wasserfall	Tour VI Südküste (östlicher Abschnitt)
62	Svínafellsjökull (Gletscher)	Gletscher	Tour VI Südküste (östlicher Abschnitt)
63	Fjallsárlón (Gletscherlagune)	Gletscher	Tour VI Südküste (östlicher Abschnitt)
64	Jökulsárlón (Gletscherlagune)	Gletscher	Tour VI Südküste (östlicher Abschnitt)
65	Höfn (Hafen)	Aussichtspunkt	Tour VI Südküste (östlicher Abschnitt)
C	Höfn (Endpunkt Exkursion 6)	Endpunkt	Tour VI Südküste (östlicher Abschnitt)
C	Höfn (Startpunkt Exkursion 7)	Startpunkt	Tour VII Ostfjorde und Umgebung
66	Lækjavík (Parkplatz)	Geopunkt	Tour VII Ostfjorde und Umgebung
67	Blábjörg (Strandaufschluss Gautavík)	Geopunkt	Tour VII Ostfjorde und Umgebung
68	Öxi-Panoramastraße	Aussichtspunkt	Tour VII Ostfjorde und Umgebung
69	Lagarfljót (See)	Kulturpunkt	Tour VII Ostfjorde und Umgebung
70	Hengifoss (Wasserfall)	Wasserfall	Tour VII Ostfjorde und Umgebung
71	Egilsstaðir (Gletscherschliff)	Kulturpunkt	Tour VII Ostfjorde und Umgebung
72	Fagridalur	Aussichtspunkt	Tour VII Ostfjorde und Umgebung
73	Hólmanes	Aussichtspunkt	Tour VII Ostfjorde und Umgebung

74	Svínaskálastekkur (ehemalige Walfangstation)	Kulturpunkt	Tour VII Ostfjorde und Umgebung
75	Helgustaðir (ehemaliges Calcitbergwerk)	Geopunkt	Tour VII Ostfjorde und Umgebung
D	Egilsstaðir (Startpunkt Exkursion 7)	Endpunkt	Tour VII Ostfjorde und Umgebung
D	Egilsstaðir (Startpunkt Exkursion 8)	Startpunkt	Tour VIII Nordisland (Nordosten)
76	Hlíðarvegur	Aussichtspunkt	Tour VIII Nordisland (Nordosten)
77	Ytra Lón	Aussichtspunkt	Tour VIII Nordisland (Nordosten)
78	Rauðanes	Aussichtspunkt	Tour VIII Nordisland (Nordosten)
79	Raufarhöfn (Leuchtturm und Denkmal)	Kulturpunkt	Tour VIII Nordisland (Nordosten)
80	Hraunhafnartangi	Aussichtspunkt	Tour VIII Nordisland (Nordosten)
81	Kópasker (Erdbebenmuseum)	Geopunkt	Tour VIII Nordisland (Nordosten)
82	Ásbyrgi (Hufeisencanyon)	Geopunkt	Tour VIII Nordisland (Nordosten)
83	Hringsbjarg	Aussichtspunkt	Tour VIII Nordisland (Nordosten)
84	Tungulending (Bachanschnitt)	Geopunkt	Tour VIII Nordisland (Nordosten)
85	Húsavík	Kulturpunkt	Tour VIII Nordisland (Nordosten)
86	Akureyri	Kulturpunkt	Tour VIII Nordisland (Nordosten)
E	Akureyri (Endpunkt Exkursion 8)	Endpunkt	Tour VIII Nordisland (Nordosten)
E	Akureyri (Startpunkt Exkursion 9)	Startpunkt	Tour IX Nordisland (Akureyri – Mývatn)
87	Vaðlaheiði	Aussichtspunkt	Tour IX Nordisland (Akureyri – Mývatn)
88	Goðafoss (Wasserfall)	Wasserfall	Tour IX Nordisland (Akureyri – Mývatn)
89	Mývatn, Skútustaðagígar (Pseudokrater)	Geopunkt	Tour IX Nordisland (Akureyri – Mývatn)
90	Mývatn (Kieselgursee)	Geopunkt	Tour IX Nordisland (Akureyri – Mývatn)
91	Námafjall	Aussichtspunkt	Tour IX Nordisland (Akureyri – Mývatn)
92	Hverir (Geothermiefeld östlich Mývatn)	Geopunkt	Tour IX Nordisland (Akureyri – Mývatn)
93	Hlíðardalur (Parkplatz Naturdusche Straße 863)	Geopunkt	Tour IX Nordisland (Akureyri – Mývatn)
94	Krafla-Víti (Krater)	Geopunkt	Tour IX Nordisland (Akureyri – Mývatn)

95	Dettifoss (Wasserfall)	Wasserfall	Tour IX Nordisland (Akureyri – Mývatn)
96	Hafragilsfoss (Wasserfall)	Wasserfall	Tour IX Nordisland (Akureyri – Mývatn)
97	Eldhraun (Lavafeld)	Geopunkt	Tour IX Nordisland (Akureyri – Mývatn)
E	Akureyri (Endpunkt Exkursion 9)	Endpunkt	Tour IX Nordisland (Akureyri – Mývatn)
E	Akureyri (Startpunkt Exkursion 10)	Startpunkt	Tour X Nordisland (westlich Akureyri)
98	Öxnadalur	Aussichtspunkt	Tour X Nordisland (westlich Akureyri)
99	Blönduós	Kulturpunkt	Tour X Nordisland (westlich Akureyri)
100	Vatnsdalur (Bergsturzmassen)	Geopunkt	Tour X Nordisland (westlich Akureyri)
101	Hvítserkur (Dyke)	Geopunkt	Tour X Nordisland (westlich Akureyri)
102	Hvammstangi (Museum)	Kulturpunkt	Tour X Nordisland (westlich Akureyri)
F	Staðarskáli (Endpunkt Exkursion 10)	Endpunkt	Tour X Nordisland (westlich Akureyri)
F	Staðarskáli (Startpunkt Exkursion 11)	Startpunkt	Tour XI Westfjorde
103	Broddanes (Jugendherberge)	Biologie	Tour XI Westfjorde
104	Húsakíkurkleif (Kohlelagen)	Geopunkt	Tour XI Westfjorde
105	Djúpavík (ehemalige Fischfabrik)	Kulturpunkt	Tour XI Westfjorde
106	Krossneslaug (Schwimmbad)	Geopunkt	Tour XI Westfjorde
107	Laugarhóll (Torfhäuser)	Kulturpunkt	Tour XI Westfjorde
108	Steingrímsfjarðarheiði	Aussichtspunkt	Tour XI Westfjorde
109	Drangajökull (Gletscher)	Gletscher	Tour XI Westfjorde
110	Reykjanes (Salzgewinnung)	Geopunkt	Tour XI Westfjorde
111	Hvítanes (Seehundbeobachtung)	Biologie	Tour XI Westfjorde
112	Súðavík (Arctic Fox Center)	Biologie	Tour XI Westfjorde
113	Ísafjörður	Kulturpunkt	Tour XI Westfjorde
114	Bolungarvík (Naturkunde-museum / Botanischer Garten)	Biologie	Tour XI Westfjorde
115	Dynjandi (Wasserfall)	Wasserfall	Tour XI Westfjorde
116	Reykjarfjarðarsundlaug (Schwimmbad)	Kulturpunkt	Tour XI Westfjorde
117	Garðar (Schiffswrack)	Kulturpunkt	Tour XI Westfjorde
118	Hnjótur (Volkskunde- und Luftfahrtmuseum)	Kulturpunkt	Tour XI Westfjorde
119	Látrabjarg (Vogelfelsen)	Biologie	Tour XI Westfjorde
120	Surtarbrandsgil (Kohlelagen)	Geopunkt	Tour XI Westfjorde
121	Skálanes	Aussichtspunkt	Tour XI Westfjorde

G	Búðardalur (Endpunkt Exkursion 11)	Endpunkt	Tour XI Westfjorde
G	Búðardalur (Startpunkt Exkursion 12)	Startpunkt	Tour XII Snæfellsnes und Westisland
122	Grundarfjörður	Aussichtspunkt	Tour XII Snæfellsnes und Westisland
123	Öndverðarnes (Leuchtturm)	Aussichtspunkt	Tour XII Snæfellsnes und Westisland
124	Snæfellsjökull	Aussichtspunkt	Tour XII Snæfellsnes und Westisland
125	Arnarstapi (Fischereihafen)	Geopunkt	Tour XII Snæfellsnes und Westisland
126	Eldborg (Krater)	Geopunkt	Tour XII Snæfellsnes und Westisland
127	Esja (Aussichtsberg)	Aussichtspunkt	Tour XII Snæfellsnes und Westisland
A	Reykjavík (Endpunkt Exkursion 12)	Endpunkt	Tour XII Snæfellsnes und Westisland
A	Reykjavík (Startpunkt Exkursion 13)	Startpunkt	Tour XIII Hochland
128	Kaldidalur, Schutzhütte	Aussichtspunkt	Tour XIII Hochland
129	Hraunfossar (Wasserfall)	Wasserfall	Tour XIII Hochland
130	Reykholt (Kulturzentrum)	Kulturpunkt	Tour XIII Hochland
131	Deildartunguhver (Geothermiefeld)	Geopunkt	Tour XIII Hochland
132	Grábrók (Krater)	Geopunkt	Tour XIII Hochland
133	Kjölur-Hochlandpiste	Aussichtspunkt	Tour XIII Hochland
134	Hveravellir (Geothermiefeld)	Geopunkt	Tour XIII Hochland
135	Kerlingarfjöll (Vulkanlandschaft)	Geopunkt	Tour XIII Hochland
A	Reykjavík (Endpunkt Exkursion 13)	Endpunkt	Tour XIII Hochland
136	Landmannalaugar	Geopunkt	Tour XIV Laugavegur

Literatur

Allgemein (Auswahl zur Geologie von Island):

Björnsson, H. (2017): The Glaciers of Iceland. 617 S., Atlantis Advances in Quaternary Science, Springer; Heidelberg.

Fraedrich, W. & N. Heidari (2019): Iceland from the West to the South. 285 S., GeoGuide Springer; Heidelberg.

Gasser, M., C. Feucht, L. Gustafsson, L. Kristjánsson, þ. Þordarson & J. Helgason (2019): Guidebook to the Geology of East Iceland. 154 S.; Breiðdalssetur, Breiðdalsvík.

Gudmundsson, Á. (2018): Die faszinierende Geologie von Islands Südwesten. 285 S., Springer Spektrum; Heidelberg.

IUGS (2008): Geology of Iceland. 33 IGC Excursion 5, 52 S., Paris.

Sæmundsson, K. & E. Gunnlaugsson (2014): Icelandic rocks and Minerals. 232 S., Mal og menning; Reykjavík.

Thordarson, T. & Á. Höskuldsson (2014): Iceland. Classic Geology of Europe 3, 256 S., Dunedin Academic Press; Edinburgh.

Winter, J.D. (2009): Principles of Igneous and Metamorphic Petrology. 720 S., Prentice Hall; Upper Saddle River (NJ).

Touren (bei den Routenbeschreibungen zusätzlich zitierte Literatur):

Anderson, L., G. Flower, A. Jarosc, G. Aðalgeirsdótti, Á. Geirsdótti, G. Miller, D. Harning, Th. Thorsteinsson, E. Magnússon & F. Pálsson (2018): Holocene glacier and climate variations in Vestfirðir, Iceland, from the modeling of Drangajökull ice cap. Quaternary Science Reviews, 190: 36–56; Amsterdam.

Áskelson, J. (1946): A Contribution to the Geology of the Kerlingarfjöll. Acta Naturalia Islandica, 1(2): 3–14; Reykjavík.

Daba, G. (2008): Comparative study on the high-temperature fields of Hveravellir in Iceland and Tendaho in Ethiopia. United Nations University, Reports 2008 (14): 157–176; Reykjavík.

Denk, T., F. Grimsson, R. Zetter & L. Simonarson (2011): Late Cainozoic Floras of Iceland: 15 Million Years of Vegetation and Climate History in the Northern Atlantic. Topics in Geobiology, 35, Springer; Heidelberg.

Eason, D., J. Sinton, K. Grönvold & M. Kurz (2015): Effects of deglaciation on the petrology and eruptive history of the Western Volcanic Zone, Iceland. Bull. Volcanol. 2015: 25–48; Heidelberg.

Einarsson, P. (2008): Plate boundaries, rifts and transforms in Iceland. Jökull 58 (12): 35–58; Reykjavík.

Friðleifsson, G. & A. Albertsson (2000): Deep Geothermal Drilling on the Reykjanes Ridge. Proceed. World Geothermal Congress: 3701–3706; Kyushu Tohoku.

Friðleifsson, G. (Hrsg.) (2018): The Iceland Deep Drilling Project at Reykjanes: Drilling into the root zone of a black smoker analog. J. Volcanol. Geotherm. Res. 2018: 1–19; Amsterdam.

Friðleifsson, G. & W. Elders (2017): The Iceland Deep Drilling Project geothermal well at Reykjanes successfully reaches its supercritical target. GRC Transactions, 41: 1095–1107; Davis CA.

Geyer, M. & N. Gies (2018): Ein Besuch auf den Westmänner-Inseln. Fossilien 35 (2): 34–42; Wiebelsheim.

Guðmundsson, M., A. Bonnel & K. Gunnarsson (2002): Seismic soundings of sediment thickness on Skeiðarársandur, SE-Iceland. Jökull 51: 53–64; Reykjavík.

Hauptfleisch, U. & A. Einarsson (2012): Age of the Younger Laxá Lava and Lake Myvatn, northern Iceland, determined by AMS Radiocarbon Dating. Radiocarbon 54: 155–164; Tuscon.

Hellmann, L., W. Tegel & U. Büntgen (2015): Arktisches Treibholz – ein einzigartiges Umweltarchiv. GeoPanorama 3: 10–14; Bern.

Hjort, C., Ó. Ingólfsson & H. Norðdahl (1985): Late Quaternary Geology and Glacial History of Hornstrandir, Northwest Iceland. A Reconnaissance Study. Jökull, 35: 9–29; Reykjavík.

Jakobsson, S. P. & J. G. Moore (1986). Hydrothermal minerals and alteration rates at Surtsey volcano, Iceland. GSA Bulletin 97(5): 648–659; Boulder CO.

Jakobsson, S. P., J. G. Moore & I. H. Thorseth (2013): Palagonitization and lithification of Surtsey tephra. Proc. Surtsey 50th Anniversary Conf., 12–15 August 2013; Reykjavík.

Jóhannesson, T., H. Björnsson, F. Pálsson, O. Sigurðsson & Þ. Þorsteinsson (2011): LiDAR mapping of the Snæfellsjökull ice cap, western Iceland. Jökull 61: 19–32; Reykjavík.

Karlsdóttir, S. (Hrsg.) (2012): The 2010 Eyjafjallajökull eruption, Iceland. 206 S., Icelandic Meteorological Office & Institute of Earth Sciences, University of Iceland; Reykjavík.

Kristjánsson B. & M. Valdimarsdóttir (2010) Þjóðgarðurinn Snæfellsjökull. Jarðfrædi. Umhverfisstofnun, 23 S.; Reykjavík.

Kristjansson, L. (2002): Iceland Spar: The Helgustadir Calcite Locality and its Influence on the Development of Science. JGE, 50/4: 419–427; Northfield MN.

Lorenz, J., R. Rößler & R. Schmitt (2010): Fossiles Holz aus Fluorapatit und Calcit von der Tjörnes-Halbinsel, Nord-Island. Der Aufschluss, 61: 17–25; Heidelberg.

Magilligan, F.J., B. Gomez, L.E.K. Mertes, L.C. Smith, N.D. Smith, D. Finnegan & J.B. Garvin (2002): Geomorphic effectiveness, sandur development, and the pattern of landscape response during jökulhlaups: Skeiöarársandur, southeastern Iceland. Geomorphology, 44: 95–113; Amsterdam.

Mattson, H. B. & A. Höskuldsson (2003): Geology of the Heimaey volcanic centre, south Iceland: early evolution of a central volcano in a propagating rift? J. Volcanol. Geotherm. Res. 127: 55–71; Amsterdam.

Rauscher, F. & M. Geyer (2018): Relikt aus wärmeren Zeiten – Braunkohle auf Island. Fossilien 35 (6): 50–54, Quelle & Meyer; Wiebelsheim.

Sæmundsson, K. (1967): Vulkanismus und Tektonik des Hengill-Gebiets in Südwest-Island. Acta-Naturalia-Islandica, II-7: 114 S.; Reykjavík.

Schmacker, A., I. Benediktsson, O. Ingólfsson, B. Friis, N. Korsgaard, K. Kjaer & J. Keiding, (2012): Late Holocene and modern glacier changes in the marginal zone of Sólheimajökull, South Iceland. Jökull, 62: 111–130; Reykjavík.

Schomacker, A. (2010): Expansion of ice-marginal lakes at the Vatnajökull ice cap, Iceland, from 1999 to 2009. Geomorphology, 119 (3–4): 232–236; Amsterdam.

Schwarzbach, M. (1983): Geologenfahrten in Island. 130 S., Karawane-Verlag, Ludwigsburg.

Símonarson, L. & J. Eiríksson (2008): Tjörnes – Pliocene and Pleistocene sediments and fauna. Jökull, 58: 331–342; Reykjavík.

Sinton, J., K. Grönvold & K. Saemundsson (2005): Postglacial eruptive history of the Western Volcanic Zone, Iceland. Geochem. Geophys. Geosyst., 6(12): 34 S, Washington D.C.

Stevenson, J.A., S. Loughlin, C. Rae, T. Þórðarson, A. E. Milodowski, J. S. Gilbert, S. Harangi, R. Lukács, B. Højgaard, U. Árting, S. Pyne-O'Donnell, A. MacLeod, B. Whitney & M. Cassidy (2012): Distal deposition of tephra from the Eyjafjallajökull 2010 summit eruption. J. Geophys. Res., 117: B00C10; Washington D.C.

Thordarson, T. & G. Larsen (2007): Volcanism in Iceland in historical time: Volcano types, eruption styles and eruptive history. J. of Geodynamics, 43: 118–152, Elsevier; Amsterdam.

Williams, R. S. & J. G. Moore (1983): Man against Volcano: The Eruption of Heimaey, Vestmannaeyjar, Iceland. 17 S., U.S. Geological Survey; Alexandria VA.

Autoren

Dr. Matthias Geyer ist als selbständiger Fachübersetzer, Buchautor und Geologe im Bereich Geotourismus tätig. Seit mehreren Jahren ist er Lehrbeauftragter an der Universität Freiburg und der Pädagogischen Hochschule Heidelberg.

Nils Gies studiert als passionierter Geländegeologe Geowissenschaften an der Universität Göteburg (Schweden). Seine Schwerpunkte sind Geochemie, Petrologie und Geochronologie.